高等学校土木工程专业"十三五"规划教材
高校土木工程专业规划教材

建 筑 电 工

（第三版）

朱 克 编著

中国建筑工业出版社

图书在版编目(CIP)数据

建筑电工/朱克编著. —3 版 .—北京：中国建筑工业出版
社，2019.7（2023.4重印）

高校土木工程专业规划教材.

ISBN 978-7-112-23673-2

Ⅰ．①建… Ⅱ．①朱… Ⅲ．①建筑工程-电工技术-高
等学校-教材 Ⅳ．①TU85

中国版本图书馆 CIP 数据核字(2019)第 081987 号

本书共分七章，主要内容有：电工基础、电子技术基础、变压器、异步电动
机原理与控制、建筑供电与安全用电、建筑电气照明以及现代建筑电气技术等。
在简要阐述基本原理的基础上，着重介绍有关建筑电工实用的设计、施工知识和
最新的电气技术、国家设计标准规范等，通过一些设计实例进一步加以分析说明。

本书既可作为土木工程、建筑工程及物业管理等相关专业的教材使用，也可
用作工程技术人员和施工人员的学习参考书或培训教材。

为便于教师教学，作者制作了课件，如有需求，请写明书名，发邮件至 jckj
@cabp. com. cn 索取，或到 http://edu. cabplink. com 下载，电话(010)58337285。

* * *

责任编辑：王美玲 朱首明
责任校对：芦欣甜

高等学校土木工程专业"十三五"规划教材
高校土木工程专业规划教材
建 筑 电 工
（第三版）
朱 克 编著

*

中国建筑工业出版社出版、发行（北京海淀三里河路9号）
各地新华书店、建筑书店经销
北京红光制版公司制版
北京建筑工业印刷厂印刷

*

开本：787×1092毫米 1/16 印张：17¼ 字数：415千字
2019年8月第三版 2023年4月第三十五次印刷
定价：**42.00**元（赠课件）
ISBN 978-7-112-23673-2
（33962）

第 三 版 前 言

随着我国经济建设及现代科学技术的迅速发展，建筑领域中引进吸收大量的高新电子信息、计算机网络和智能化技术，采用了许多先进的新设备、新器件，尤其是建筑智能化已经成为社会发展的需要。近几年来，我国建筑领域中的许多国家设计标准规范进行了修订和重新颁布。

本书是在《建筑电工》（第二版）的基础上进行修订，保持第二版的特色和基本大纲，着重修订和补充了有关建筑领域中出现的新技术、新器件、新设备和新标准的内容，特别是对智能化技术在建筑电气技术、设备方面的应用作了比较多的介绍。本书主要作为普通高等院校和职业技术学院的建筑工程、土木工程和物业管理等专业学生的教材，也可供建筑领域的工程技术人员和管理人员培训参考使用。

"建筑电工"是一门专业技术基础课，本书第一章至第四章为基础知识部分，深入浅出，阐述电工学的基本理论和基本计算方法。第五章至第七章为专业知识部分，主要介绍现代建筑工程技术中各种电气实践知识，除传统的强电内容外，增加了相关的弱电知识、电子信息技术、自动控制技术、计算机网络技术和智能化技术的应用，以及国家有关部门新颁布的设计标准规范等。各学校在教学中，可以根据教学要求，对本书内容自行适当取舍，并安排一定的习题课、实验课和参观实习教学环节。

《建筑电工》（第三版）修订编写过程中，得到东南大学和有关生产企业的大力帮助，参加修订编写工作的还有范静玉高级工程师和朱正玮同志，在此表示深深的感谢。

第 二 版 前 言

自第一版《建筑电工》出版以来，已有十余年了。这些年来，科学技术不断进步，电工技术、电子技术迅速发展。特别是以计算机和网络为核心的信息技术向建筑行业的应用与渗透，形成了完美体现建筑艺术与信息技术结合的智能型建筑。现代新型建筑能够提供安全、高效、便捷的工作环境；提供健康、舒适的建筑环境；以及满足节能环保的要求。与此同时有关建筑、设备和系统设计、施工的国家新标准或修订标准大量发布。这就要求我们对本教材的内容及时进行相应的修订和更新工作，满足新时代经济发展、科技进步和生活水平提高的要求。

建筑电工课程是一门实践性较强的专业技术基础课。《建筑电工》（第二版）保持了第一版的特色和基本大纲。

本教材第一章至第四章为基础知识部分。阐述建筑工程中所需的基本理论和基本知识，主要体现实用性。考虑学生的基础和需要，没有过多、过深的理论分析和数学推导，着重介绍必需的基本理论知识，以及按照工程计算的要求，重点介绍必须掌握的计算公式和计算方法。

本教材第五章至第七章为专业知识部分。主要阐述现代建筑工程技术中各种建筑电气实践知识，以强电为主，兼顾电子技术、自动控制和计算机系统在建筑工程中的应用实例。《建筑电工》（第二版）根据新技术的发展和国家新标准，进行较大的修订和补充，力求少而精、深入浅出地介绍专业实践知识并拓宽新技术知识面。

本教材适合课程教学学时为30～60左右。各个学校教师可根据教学计划中学时的多少，对本书内容适当取舍，以达到不同程度的教学要求。学时较多时，教学中可安排一定的习题课、实验课和现场参观实习等教学环节，培养学生分析问题、解决问题的实践工作能力。而学时较少，又不安排实验课的学校，建议对第二章电子技术基础等内容只作简要介绍，教学中以专业应用知识介绍为主。

《建筑电工》（第一版）出版后，使用本教材的学校领导和教师根据教学实践的情况，提出了宝贵的意见。近几年来，又希望我们重新修订《建筑电工》教材，并且给予一些具体建议。在《建筑电工》（第二版）编写过程中，得到东南大学建筑设计院吴修林高级工程师热情的帮助指导，范静玉同志也参加了一定的工作。在此再次表示衷心的感谢。

第 一 版 前 言

随着现代建筑、高层建筑和建筑施工电气化、自动化技术的迅速发展，各种先进的机电设备、电子电气设备等得到了广泛应用，并且成为现代建筑和施工先进性的标志之一。建筑电气设计、施工已经成为土木、建筑的工程技术人员必须掌握的专业基础技术知识之一。

本书第一章至第四章主要介绍土木、建筑工程中所需的电工、电子技术的基本理论和基本知识。其中基础部分包括：直流电路、单相和三相交流电路、磁场和磁路以及常用电工材料；半导体元件结构、特性参数，整流和放大电路的基本工作原理以及常用电子器件；变压器的结构、工作原理，重点介绍了电力变压器、自耦变压器、电压和电流互感器以及电焊变压器等；三相和单相异步电动机的结构、工作原理、运行特性，低压控制电器、控制电路以及常用建筑工程设备的控制电路。

本书第五章至第七章着重介绍建筑、高层建筑和建筑工地的供电、安全用电、电气照明以及现代建筑的电气技术。主要内容有：供电系统、建筑和建筑工地的供电、高层建筑供电、建筑防雷及安全用电；照明基本概念、照明电光源和灯具、照明计算以及照明线路设计施工；现代化建筑中采用的电梯、空调系统、电视与通信系统、消防与保安系统以及大楼微机管理系统。

建筑电工是一门实践性较强的专业技术基础课。在学习过程中应注意掌握电工学的基本理论、基本知识和基本技能。以便更好地学习和掌握建筑工程电气设计、施工的有关专业知识，为今后工作打下一定的基础。学习时应认真复习、做习题和实验，主动掌握本书所述内容和提高分析问题、解决问题的能力。

在本书编写过程中，得到东南大学土木系蒋永生教授，建筑设计院吴修林高级工程师热情的帮助指导和认真审阅，并提出许多宝贵意见。培训中心洪蔚同志也参加了一定的工作。在此表示衷心的感谢。

目　　录

第一章　电　工　基　础

本章主要介绍直流电路、单相、三相交流电路和磁路的基本电学量、基本定律及基本分析计算方法，最后介绍常用电工材料。这些内容是电工学的重要理论基础，也是以后学习电子技术、变压器、电动机以及建筑供电、照明等各种电路、电器的工作原理和分析计算的基础。因此，要求对这些内容能深入理解、熟练掌握和正确应用。

第一节　直　流　电　路

一、基本概念

1. 电路的组成

电路是电流的通路，它是为了某种需要由若干电气设备与器件按一定方式组合而成的。

图 1-1（a）是一个简单的实物电路，它由干电池、灯泡、闸刀开关和连接导线组成。当闸刀开关合上时，电流就在电路中流通，灯泡发光。

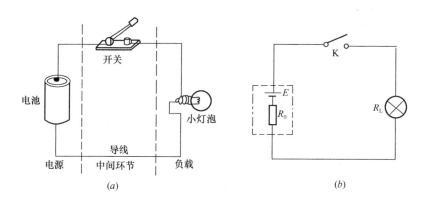

图 1-1　电路
(a) 电路的组成；(b) 电路图（电路模型）

由此可知，要构成一个电路，至少需要有三个部分：

（1）电源　电源是指电路中供给电能的设备，如图 1-1（a）中的电池。电源的作用是将其他形式的能量转换为电能。如电池将化学能转换为电能；发电机将机械能转换为电能等，它是推动电路中电流流动的原动力。

（2）负载　是指用电设备，即电路中消耗电能的设备。它的作用是将电能转换为其他形式的能量。如电灯将电能转换为光能；电炉将电能转换为热能；电动机将电能转换为机械能等。

（3）中间环节　主要包括连接导线和一些控制电器，它们将电源和负载连接成一个闭合回路。它们是起传输、分配电能以及保护等的作用。

电路可分为内电路和外电路，对于电源来说，电源内部的电路称为内电路，负载和中间环节称为外电路。

在电工技术中，为了分析问题的方便，可以将实际器件抽象成理想化的模型，用一些规定的图形符号来表示各种实际器件，将实际电路用电路模型来表示。例如图 1-1 (a) 所示的实际电路就可以用图 1-1 (b) 所示的电路模型表示，其中电池用电动势 E 和内电阻 R_0 表示，灯泡用负载电阻 R_L 表示，开关用无接触电阻的理想开关 K 表示。由于金属导线的电阻相对于负载电阻来说很小，一般可以忽略不计，即认为它是理想导线。

今后介绍分析的电路，一般均为理想化的电路模型。在电路图中，各种电路元件用规定的图形和文字符号表示。

电路通常有两个作用，一是用来传递或转换电能，例如，发电厂的发电机将热能、水能等转换为电能，通过变压器、输电线等输送到建筑工地，在那里电能又被转换为机械能（如搅拌机）、光能（如夜间照明）等；二是用来实现信息的传递和处理，例如电视机，它的接收天线把载有语言、音乐、图像信息的电磁波接收后转换为相应的电信号，而后通过电路将信号进行传递和处理，送到显像管和喇叭（负载），将原始信息显示出来。

根据电路中使用的电源不同，电路可分为直流电路和交流电路。电路中具有的电源电压值是恒定不变的，该电路称为直流电路；电源的电压值随时间交替变化的电路称为交流电路。

2. 电路的基本物理量

（1）电流 电流是电荷在电路中有规则的定向运动形成的。电流的大小是用单位时间 Δt 内通过导体某一横截面的电荷量 Δq 来量度的，它称为电流强度 i（简称电流），其关系式为

$$i = \frac{\Delta q}{\Delta t} \tag{1-1}$$

通常规定正电荷的移动方向作为电流的正方向。所以自由电子移动时形成的电流，其方向与正电荷移动的方向相反。

大小和方向都不随时间变化的电流称为直流电流，简称直流（DC），电流强度用符号 I 表示。直流电流强度 I 与电荷量 Q 的关系式为

$$I = \frac{Q}{t} \tag{1-2}$$

在国际单位制（SI）中，电流强度的单位为安培（A），简称安，即每秒内通过导体截面的电量为 1 库仑（C）时，则电流为 1A。电流较小的单位是毫安（mA）和微安（μA），它们的关系为

$$1A = 10^3 \, mA = 10^6 \, \mu A$$

我们把大小和方向都随时间周期性变化，且在一周期内平均值为零的电流称为交流电流，简称交流（AC），我们日常生活中使用的电流就是正弦交流电流。周期性变化，但在一个周期内的平均值不等于零的电流称为脉动电流，电子技术中常用的脉冲控制信号就是脉动电流。

在分析与计算直流电路时，开始往往难以判断电路中电流的实际方向。通常可以先任

意选定某一方向作为电流的正方向（称为参考方向），把电流看成代数量进行计算。如果计算后该电流值为正值，说明电流的实际方向与参考方向相同；反之，电流值为负值，则电流的实际方向与参考方向相反。

（2）电位与电压　电荷在电场或电路中具有一定的能量，电场力将单位正电荷从某一点沿任意路径移到参考点所做的功称为该点的电位或电势。电路中某两点间的电位差称为电压，例如 A、B 两点的电位分别为 V_A、V_B，则两点之间的电压为

$$U_{AB} = V_A - V_B$$

电位、电压的单位是伏特（V），简称伏。电场力将 1 库仑（C）正电荷从 A 点移到 B 点所做的功为 1 焦耳（J）时，A、B 两点之间的电压为 1V。电压的单位还有毫伏（mV）、微伏（μV）和千伏（kV），它们的关系为

$$1kV = 10^3 V$$

$$1V = 10^3 mV = 10^6 \mu V$$

与电流一样，电压也分为直流电压、交流电压等。在分析与计算电路时，我们也可以选定某一个方向为电压的参考方向，把电压看成代数量进行计算。

就像人们以海平面作为衡量物体所处高度的参考点一样，计算电位也必须有一个参考点才能确定它的具体数值。参考点的电位一般规定为零，高于参考点的电位为正，低于参考点的电位为负。在电工学中通常以大地的电位为零。有些用电设备为了使用安全，将机壳与大地相连，称为接地。但是，在某些电气系统或电子仪器中，为了安全或抑制干扰等原因，不允许接地，常常选择系统中某一个公共点作为该系统的参考点，该点也称为系统的零点。

（3）电动势　从电源的外电路看，正电荷在电场力的作用下，从高电位向低电位移动，形成了电流，即电源使电荷移动做功。为了使电流维持下去，电源必须依靠其他非电场力（例如电池的化学能），把正电荷从电源的低电位端（负极）移到高电位端（正极）。将单位正电荷从电源的负极移到正极所做的功，称为电源的电动势，用符号 E 表示，电动势的单位也是伏特（V）。

电动势是衡量电源做功能力的一个物理量，这和前面所述的电压是衡量电场力做功的能力是相似的。它们的区别在于电场力能够在外电路中把正电荷从高电位端（正极）移向低电位端（负极），电压的正方向规定为自高电位端指向低电位端，是电位降低的方向；而电动势能把电源内部的正电荷从低电位端（负极）移向高电位端（正极），电动势的正方向规定为在电源内部自低电位端指向高电位端，也就是电位升高的方向。

（4）电阻与电阻率　物体阻碍电流通过的能力用"电阻"这一物理量来表示，电阻的符号为 R 或 r，电阻的单位是欧姆（Ω），简称欧。电阻较大的单位是千欧（kΩ）和兆欧（MΩ），其关系为

$$1k\Omega = 10^3 \Omega$$

$$1M\Omega = 10^6 \Omega$$

导体的电阻不仅和导体的材料种类有关，而且还和导体的尺寸有关。实验证明，同一材料的导体电阻和导体的截面积 S 成反比，和导体长度 L 成正比，可用下式表示

$$R = \rho \frac{L}{S} \tag{1-3}$$

式中 L 的单位为米(m)，S 的单位为平方毫米(mm^2)，R 的单位为欧(Ω)，ρ 是比例常数，叫做导体的电阻率，单位是欧·毫米^2/米(Ω·mm^2/m)。

电阻率是一个仅与导体材料的种类有关的物理量，在数值上等于长度为 1m，截面积为 1mm^2 的导体在温度为 20℃时所具有的电阻值。例如，铜的电阻率 $\rho=0.0175$Ω·mm^2/m；铝的电阻率 $\rho=0.029$Ω·mm^2/m 等。

导体的电阻值还与温度有关。为了计算导体在不同温度下的电阻值，我们引进电阻温度系数的概念。所谓电阻温度系数是指：导体在温度每增加 1℃时，电阻值所增大的百分数，用符号 α 表示。例如，铜的平均电阻温度系数 $\alpha=0.0041$/℃。

知道导体的温度系数 α，就可以算出材料在温度变化时的电阻。例如，R_1 是温度为 t_1 时的导体电阻，R_2 是温度为 t_2 时的导体电阻。它们之间的关系可用下式表示

$$R_2 = R_1 + \alpha R_1(t_2 - t_1)$$
$$= R_1[1 + \alpha(t_2 - t_1)] \tag{1-4}$$

所有物质按其传导电流的能力，通常分为导体、绝缘体和半导体等三类。

电阻的倒数 $G=\dfrac{1}{R}$ 称为电导，它是表示物体导电能力的一个物理量，电导的单位是 1/Ω，(Ω^{-1})，或称为西门子 (S)。

(5) 电功率与电能 当电路中电流通过用电设备时，电能将转换成其他形式的能量而做功。单位时间内电流所做的功称为电功率，简称功率，用符号 P 表示。在国际单位制 (SI) 中，电功率的单位是瓦特，简称瓦 (W)。还可采用千瓦 (kW) 和毫瓦 (mW) 表示，它们的关系是

$$1kW = 10^3 W$$
$$1W = 10^3 mW$$

用电设备的电功率 P 与电源的电压 U、通过的电流 I 及负载电阻 R 的关系可用下式表示

$$P = UI = I^2R = \frac{U^2}{R} \tag{1-5}$$

用电设备工作一定的时间 t 之后，所消耗的电能 W 可用下式表示

$$W = P \cdot t \tag{1-6}$$

当功率的单位用千瓦，时间的单位用小时表示时，电能的单位为千瓦·小时(kW·h)，习惯上称为度。一般电度表的计量单位都以度表示。

3. 电路的工作状态

我们已经知道电路由电源、负载和中间环节三个基本部分组成的。在实际工作中，由于它们的连接方式不同，电路可以有开路、短路和负载等三种工作状态。下面以最简单的直流电路为例，分别简单介绍在三种工作状态下的电流、电压和功率方面的特征。

(1) 开路 在图 1-2 (a) 所示的电路中，当开关打开时，电路处于开路(空载)状态。电路的电流为零，电源的内阻压降 IR_0 也等于零，这时电源的端电压 U（亦称空载电压）等于电源的电动势 E，负载电阻 R 不消耗功率。电路的 I、U、电源产生的功率 P_E 和负载消耗的功率 P 可用下式表示

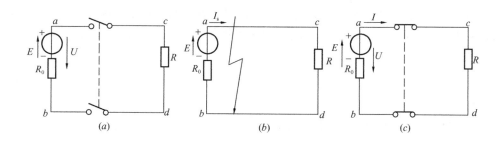

图 1-2 电路的工作状态

(a) 开路；(b) 短路；(c) 负载工作状态

$$\left.\begin{array}{l} I = 0 \\ U = E \\ P_E = 0 \\ P = 0 \end{array}\right\} \tag{1-7}$$

（2）短路 在图 1-2（b）所示的电路中，负载电阻 R 为零时或者由于某种原因电源两端短接直接连通，电流不通过负载电阻，电路处于短路状态。电路短路时，外电路电阻 R 为零，电源端电压 U 也为零，电源电动势全部降在电源的内阻 R_0 上。一般电源内阻很小，因此电路电流就很大，此电流称为短路电流。它们可用下式表示

$$\left.\begin{array}{l} U = 0 \\ I = I_S = \dfrac{E}{R_0} \\ P_E = I^2 \cdot R_0 \\ P = 0 \end{array}\right\} \tag{1-8}$$

由于电路短路时，短路电流很大，容易损坏电源，造成严重事故，应该尽力预防。一般产生短路的原因是由于电气设备和线路的绝缘损坏或者接线错误引起的，因此必须注意安全。为了防止短路事故，通常在电路的电源引入处接入熔断器或自动断路器，进行自动保护。

（3）负载工作状态 在图 1-2（c）所示的电路中，当合上开关时，电流通过负载电阻消耗电能，电路处于负载工作状态。电流、电压和功率的关系可用下式表示

$$\left.\begin{array}{l} I = \dfrac{E}{R_0 + R} \\ U = IR = E - IR_0 \\ P = UI = EI - I^2 R_0 = P_E - P_0 \end{array}\right\} \tag{1-9}$$

式中 P——负载消耗功率；

P_E——为电源产生功率；

P_0——电源内阻 R_0 的消耗功率。

式（1-9）的分析计算参阅欧姆定律的有关部分。

二、基本定律

1. 欧姆定律

（1）一段电路的欧姆定律 当电阻两端加上电压时，电阻中就会有电流通过，如图

5

1-3（a）所示。实验证明：在一段没有电动势而只有电阻的电路中，电流 I 的大小与电阻 R 两端的电压 U 高低成正比，与电阻值 R 的大小成反比。这就是一段电路的欧姆定律，可用下式表示

$$I = \frac{U}{R} \tag{1-10}$$

从上式可以看出：

1）如果保持电阻不变，当电压增加时，电流也随之增加。反之，当电压减小时，电流也随之减小，电压与电流之间成正比变化。

2）如果保持电压不变，当电阻增加时，电流减小。当电阻减小时，电流就增大，电阻与电流之间成反比变化。

所以欧姆定律表示了电压、电流和电阻三者之间的变化关系，只要知道其中任意两个量，就可以求出第三个量。遵循欧姆定律的电阻称为线性电阻，它的电路特性是与电压和电流无关的常数。线性电阻的伏安特性如图 1-4 所示。

（2）全电路欧姆定律　对于以直流发电机或蓄电池等作电源，供电给负载的电路，如图 1-3（b）所示。

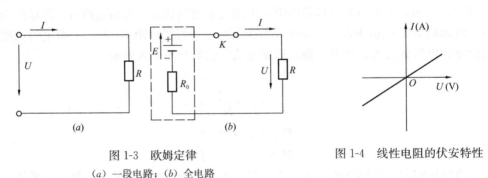

图 1-3　欧姆定律　　　　　　　　图 1-4　线性电阻的伏安特性
（a）一段电路；（b）全电路

图中电源的电动势为 E，电源的内阻为 R_0，E 与 R_0 构成了电源的内电路，如图中虚线所框的部分。负载电阻 R 是电源的外电路。外电路和内电路共同组成了全电路。全电路的计算，仍可用欧姆定律进行，可用下式表示

$$I = \frac{E}{R + R_0} \tag{1-11}$$

或

$$E = IR + IR_0 = U + IR_0$$
$$U = E - IR_0 \tag{1-12}$$

这就是全电路欧姆定律的表达式。式中 IR_0 称为电源的内部压降（或称内阻压降），U 称为电源的端电压。当电路闭合时，电源的端电压 U 等于电源的电动势 E 减去内部压降 IR_0。电流愈大，则电源的端电压下降得愈多，表示它们关系的曲线，称为电源的外特性曲线，如图 1-5 所示。

一般情况下，电路的负载电阻总是要比电源的内阻大得多。因而电源的内部压降 IR_0 总是比电源的端电压 U 要小得多，电源电动势与电源端电压接近相等，即 $U \approx E$。

如果将式（1-12）各项乘以 I，则得到功率平衡式

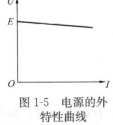

图 1-5　电源的外特性曲线

$$UI = EI - I^2 R_0 \tag{1-13}$$

$$P = P_{\mathrm{E}} - P_0$$

或
$$P_{\mathrm{E}} = P + P_0 \tag{1-14}$$

由上式可见，电源产生的电功率 P_{E} 等于负载消耗的电功率 P 与电源内阻 R_0 上消耗的电功率 P_0 之和，它完全符合能量守恒定理。

【例 1-1】 如图 1-2 所示，电源的电动势 $E=12\mathrm{V}$，电源的内阻 $R_0=0.5\Omega$，负载电阻 $R=10\Omega$，当开关 K 合上后，试求：

(1) 电阻 R 中流过的电流 I，电阻 R 两端的电压 U 和消耗电功率 P；电源的内部压降 U_0 和内阻消耗功率 P_0 各为多大？

(2) 当 $R=0$ 时，电路中的 I、U、P、U_0 及 P_0 各为多大？

(3) 当 $R=\infty$ 时，电路中的 I、U、P、U_0 及 P_0 各为多大？

【解】 (1)
$$I = \frac{E}{R + R_0} = \frac{12}{10 + 0.5} = 1.14\mathrm{A}$$

$$U = IR = 1.14 \times 10 = 11.4\mathrm{V}$$

$$P = I^2 \cdot R = (1.14)^2 \times 10 = 13\mathrm{W}$$

$$U_0 = IR_0 = 1.14 \times 0.5 = 0.57\mathrm{V}$$

$$P_0 = I^2 \cdot R_0 = (1.14)^2 \times 0.5 = 0.65\mathrm{W}$$

(2) 当 $R=0$ 时，外电路处于短路状态

$$I = \frac{E}{R + R_0} = \frac{E}{R_0} = \frac{12}{0.5} = 24\mathrm{A}$$

$$U = IR = 0$$

$$P = I^2 R = 0$$

$$U_0 = IR_0 = 24 \times 0.5 = 12\mathrm{V}$$

$$P_0 = I^2 R_0 = 24^2 \times 0.5 = 288\mathrm{W}$$

(3) 当 $R=\infty$ 时，外电路处于开路状态

$$I = 0$$

$$U = E = 12\mathrm{V}$$

$$P = 0$$

$$U_0 = 0$$

$$P_0 = 0$$

由上述计算我们可以注意到，由于电源内阻一般比较小，当负载电阻等于零时，通过电源的电流很大，在电源内阻上的电压降和消耗功率都将很大，这时电源很容易损坏，应该避免。

2. 楞次—焦耳定律

当电流通过电炉的电阻丝时，电炉会发热，电流通过导体时，部分电能转换为热能，提高了导体的热量。我们把这种由电能转化为热能而放出热量的现象，叫做电流的热效应。实验证明，电流通过导体时所产生的热量 Q 与电流 I 的平方、导体本身的电阻 R 以及通电时间 t 成正比。我们称这个关系为楞次—焦耳安律，可用下式表示

$$Q = 0.24I^2 Rt \tag{1-15}$$

当电流 I 单位为安培（A），电阻单位为欧姆（Ω），时间单位为秒（s）时，热量单位为卡路里（C）。0.24 为热功当量，相当于电阻为 1Ω 的导体中通过 1A 的电流时，每秒钟产生的热量。

利用电流的热效应可以为人类服务，但是在某些场合却是有害的。如在变压器、电动机等电气设备中，电流通过线圈时所产生的热量，会使这些设备的温度升高，如果散热条件不好，严重时可能烧坏设备，这是值得我们重视的。

为了使电气设备能安全、经济地运行，就必须对电压、电流和功率等数值给予一定的限制。电气设备在安全工作时所能允许承受的最大工作电压、电流和功率等数值，称为额定值，通常用 I_n、U_n、P_n 或 I_e、U_e、P_e 等符号表示。

为了避免导线在传输电能时过度发热，根据绝缘材料的允许温度，对于各种型号的导线也规定了不同截面积的最大允许电流，这一点将在第五章中有关部分专门介绍。

3. 克希荷夫定律

不能用简单串、并联方法简化为单一回路的电路称为复杂电路或网络，这种电路单靠欧姆定律是不够的，还需利用克希荷夫定律、叠加原理等进行分析计算。

首先介绍几个名词：

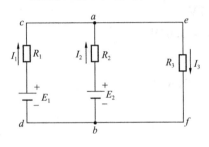

图 1-6 复杂电路

（1）支路 电路中通过同一电流的每个分支称为支路。图 1-6 中的 ab、cd 等均是支路。

（2）节点 电路中三条或三条以上支路的连接点称为节点。图 1-6 中 a、b 两点为节点。

（3）回路 电路中任一闭合路径称为回路。图 1-6 中的 $abdca$、$aefba$、$aefbdca$ 均是回路，其中回路 $abdca$ 和 $aefba$ 内部不包含支路，称为网孔。

任何复杂电路都有三条以上的支路，两个以上的节点和两个以上的回路。图 1-6 所示的复杂电路有三条支路、两个节点和三个回路。

克希荷夫定律包括电流定律和电压定律。

（1）克希荷夫电流定律（KCL） 克希荷夫电流定律是用来确定连接在同一节点上各支路电流间的关系。由于电流的连续性，电路中任何一点（包括节点在内）均不能堆积电荷。克希荷夫电流定律指出：在任一瞬时，流入电路中任一节点的电流之和等于流出该节点的电流之和，即

$$\Sigma I_入 = \Sigma I_出 \tag{1-16}$$

如果规定流入节点的电流为正号，流出节点的电流为负号，则上式可改写为

$$\Sigma I = 0 \tag{1-17}$$

因此，克希荷夫电流定律也可表述为：在任一瞬时，电路中任一个节点上电流的代数和等于零。

克希荷夫电流定律通常应用于节点，但也可以把它推广应用于包围部分电路的任一假设的闭合面，如图 1-7 所示。

【例 1-2】 图 1-8 表示某复杂电路中的一个节点 a。已知 $I_1 = 5A$，$I_2 = 2A$，$I_3 = -3A$，试求通过 R 的电流 I_4。

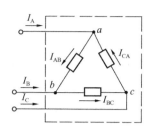

图 1-7 KCL 的扩展应用

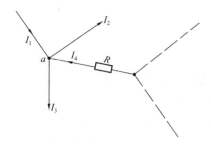

图 1-8 例 1-2 图

【解】 假设通过 R 的电流 I_4 的参考方向如图 1-8 所示。根据克希荷夫电流定律列出电流方程为

$$I_1 - I_2 - I_3 + I_4 = 0$$
$$5 - 2 + 3 + I_4 = 0$$
$$I_4 = -6A$$

I_4 为负值，表明与设定的参考方向相反，通过 R 的电流 I_4 的实际方向是从 a 点流出的。

（2）克希荷夫电压定律（KVL） 克希荷夫电压定律指出：在任一瞬时，沿电路任一回路循行一周（顺时针方向或逆时针方向），回路中各段电压的代数和恒等于零，即

$$\Sigma U = 0 \qquad (1\text{-}18)$$

一般规定电位升取正号，电位降取负号。对于由电源电动势和电阻构成的回路，克希荷夫电压定律指出回路中的各电动势的代数和等于各电阻上电压降的代数和，则上式可改写为

$$\Sigma E = \Sigma IR \qquad (1\text{-}19)$$

应用克希荷夫电压定律分析计算时，要首先假设回路的循行方向，凡是电动势的正方向与循行方向一致时，该电动势取正号，相反时取负号。通过电阻的电流方向与循行方向一致时，该电阻上的电压降取正号，相反时取负号。电动势列在方程的一边，电压降列在方程的另一边。如果回路中没有电动势，那么方程的电动势取零。

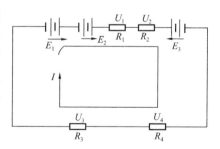

图 1-9 例 1-3 图

【例 1-3】 在图 1-9 中，$E_1 = 100V$，$E_2 = 200V$，$E_3 = 125V$，$R_1 = 5\Omega$，$R_2 = 10\Omega$，$R_3 = 20\Omega$，$R_4 = 15\Omega$，求回路中的电流。

【解】 首先选择回路的循行方向，由于 E_2 最大，所以选 E_2 的正方向为回路的循行方向，如图 1-9 中所示。列出方程如下：

$$E_1 + E_2 - E_3 = IR_1 + IR_2 + IR_3 + IR_4$$

代入已知数据后，解得：

$$I = \frac{E_1 + E_2 - E_3}{R_1 + R_2 + R_3 + R_4}$$

$$= \frac{100 + 200 - 125}{5 + 10 + 20 + 15}$$
$$= 3.5\text{A}$$

4. 叠加原理

叠加原理指出：由线性元件和多个电源组成的线性电路中，任何一条支路的电流等于各个电源分别单独作用时，在该支路所产生的电流的代数和。

应用叠加原理时要注意，叠加原理只适用于线性电路，不适用于非线性电路；叠加原理只适用于支路电流或电压的叠加，而不能用于功率的叠加，因为电流与功率不成正比，它们不是线性关系。

【例 1-4】 求图 1-10 (a) 所示电路中，已知 $E_1 = 12\text{V}$，$E_2 = 6\text{V}$，$R_1 = R_2 = 1\Omega$，$R_3 = 4\Omega$，试求电路中的电流 I_3。

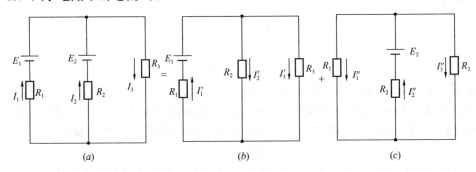

图 1-10 叠加原理

【解】 按照叠加原理，把电路分解成由电源 E_1 和 E_2 单独作用的两个电路，如图 1-10 (b)、(c) 所示。

(1) 当电源 E_1 单独作用时，通过 R_3 的电流 I_3' 为

$$I_3' = \frac{E_1}{R_1 + R_2 /\!/ R_3} \cdot \frac{R_2}{R_1 + R_3} \text{（注：} /\!/ \text{ 表示电阻并联）}$$

$$= E_1 \cdot \frac{R_2}{R_1 R_2 + R_2 R_3 + R_1 R_3}$$

$$= 12 \times \frac{1}{1 \times 1 + 1 \times 4 + 1 \times 4}$$

$$= \frac{4}{3}\text{A}$$

(2) 当电源 E_2 单独作用时，通过 R_3 的电流 I_3'' 为

$$I_3'' = \frac{E_2}{R_2 + R_1 /\!/ R_3} \cdot \frac{R_1}{R_1 + R_3} \text{（注：} /\!/ \text{ 表示电阻并联）}$$

$$= E_2 \frac{R_1}{R_1 R_2 + R_2 R_3 + R_1 R_3}$$

$$= 6 \times \frac{1}{1 \times 1 + 1 \times 4 + 1 \times 4}$$

$$= \frac{2}{3}\text{A}$$

(3) 原电路中通过 R_3 的支路电流 I_3，由于 I_3' 和 I_3'' 的方向均和 I_3 的图示方向相同，

因此
$$I_3 = I'_3 + I''_3 = \frac{4}{3} + \frac{2}{3} = 2\text{A}$$

（4）对本题 R_3 上的功率计算和讨论

$$P_3 = I_3^2 \cdot R_3 = (I'_3 + I''_3)^2 R_3$$
$$= 2^2 \times 4 = 16\text{W}$$

而

$$I'^2_3 R_3 + I''^2_3 \cdot R_3$$
$$= \left(\frac{4}{3}\right)^2 \times 4 + \left(\frac{2}{3}\right)^2 \times 4$$
$$= 8.89\text{W}$$

显然它们是不相等的，所以功率的计算不能用叠加原理。

三、直流电路的计算

1. 电阻串联与并联

在实际电路中，可能有多个电阻，它们的连接形式可以多种多样，其中最简单是串联和并联电路。如果采用一个电阻来代替串联、并联或其他连接形式的所有电阻，而不改变外部电路的电压和电流，这一个电阻就称为等效电阻。用等效电阻代替其他电阻的方法称为电阻等效变换，相应的电路称为等效电路。

等效变换的依据是欧姆定律和克希荷夫定律。

（1）电阻的串联　如果多个电阻顺序相联，并且在这些电阻中通过同一电流，这样的连接方式称为电阻的串联(图 1-11)。

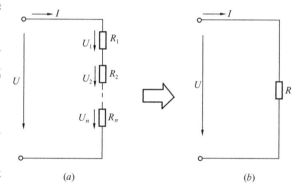

图 1-11　电阻的串联

串联等效电阻的计算公式为

$$R = R_1 + R_2 + \cdots + R_n = \sum_{i=1}^{n} R_i \tag{1-20}$$

根据克希荷夫电压定律和欧姆定律可以求出各个串联电阻上的电压与总电压的关系式为

$$\left.\begin{array}{l} U = U_1 + U_2 + \cdots + U_n \\[4pt] U_1 = I \cdot R_1 = \dfrac{R_1}{R} \cdot U \\[4pt] U_2 = I \cdot R_2 = \dfrac{R_2}{R} \cdot U \\[4pt] \vdots \\[4pt] U_n = I \cdot R_n = \dfrac{R_n}{R} \cdot U \end{array}\right\} \tag{1-21}$$

由式（1-21）可见，串联电阻上电压的分配与电阻成正比，分电阻越大，分配到的电压值就越高，该式又称为串联电阻的分压公式。

（2）电阻的并联　如果多个电阻连接在两个公共的节点之间，每个电阻上受到同一电压，这样的连接方式称为电阻的并联（图1-12）。

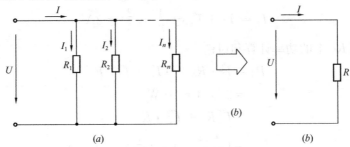

图1-12 电阻的并联

并联等效电阻的计算公式为

$$\frac{1}{R} = \frac{1}{R_1} + \frac{1}{R_2} + \cdots\cdots + \frac{1}{R_n} = \sum_{i=1}^{n} \frac{1}{R_i} \tag{1-22}$$

电阻的倒数称为电导，用符号 G 表示，在国际单位制中，电导的单位为西门子（S），因此并联等效电导等于各个分电导之和，即

$$G = \sum_{i=1}^{n} G_i \tag{1-23}$$

根据克希荷夫电流定律和欧姆定律可以求出各个并联电阻中的电流与总电流的关系式为

$$\left. \begin{aligned} I &= I_1 + I_2 + \cdots + I_n \\ I_1 &= \frac{U}{R_1} = \frac{IR}{R_1} = \frac{R}{R_1} \cdot I \\ I_2 &= \frac{U}{R_2} = \frac{IR}{R_2} = \frac{R}{R_2} \cdot I \\ I_3 &= \frac{U}{R_3} = \frac{IR}{R_3} = \frac{R}{R_3} \cdot I \\ &\vdots \\ I_n &= \frac{U}{R_n} = \frac{IR}{R_n} = \frac{R}{R_n} \cdot I \end{aligned} \right\} \tag{1-24}$$

由式（1-24）可见，并联电阻上电流的分配与电阻成反比，分电阻越大，分配到的电流值就越小。该式称为并联电阻的分流公式。

如果只有 R_1 与 R_2 两个电阻并联，则并联等效电阻和分流公式分别为

$$R = \frac{1}{\frac{1}{R_1} + \frac{1}{R_2}} = \frac{R_1 \cdot R_2}{R_1 + R_2} \tag{1-25}$$

$$\left. \begin{aligned} I_1 &= \frac{I \cdot R}{R_1} = \frac{I}{R_1} \cdot \frac{R_1 \cdot R_2}{R_1 + R_2} = \frac{R_2}{R_1 + R_2} \cdot I \\ I_2 &= \frac{I \cdot R}{R_2} = \frac{I}{R_2} \cdot \frac{R_1 \cdot R_2}{R_1 + R_2} = \frac{R_1}{R_1 + R_2} \cdot I \end{aligned} \right\} \tag{1-26}$$

（3）电阻的串并联　电路中，电阻的串联和并联相结合的连接方式称为电阻的串并联或混联。计算这种电路可按下列步骤进行。

1）应用电阻串联和电阻并联的公式把电路简化，从而求出电路的总的等效电阻；

2）根据总等效电阻和总电压算出电路中的总电流；

3）根据串并联电路的分压或分流公式，逐步计算出各部分的电压和电流。

【例 1-5】　有一电阻电路如图 1-13（a）所示。已知电源电压 $U=12V$。试求电路的总等效电阻和各电流值。

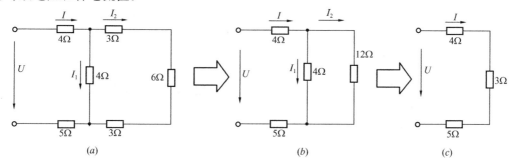

图 1-13　电阻电路

【解】　从电路的最右边开始计算电阻串、并联的等效电阻，最后得总等效电阻为

$$R = 4 + [4 /\!/ (3+6+3)] + 5 = 12\Omega$$

总电流为

$$I = \frac{U}{R} = \frac{12}{12} = 1A$$

利用分流公式（1-26），由图 1-13（b）可求其他电流值

$$I_1 = \frac{12}{4+12} \cdot I = \frac{12}{4+12} \times 1 = 0.75A$$

$$I_2 = \frac{4}{4+12} \cdot I = \frac{4}{4+12} \times 1 = 0.25A$$

2. 电阻的星形与三角形连接

在电路中，有时电阻的连接既不是串联，又不是并联，这样就不能用电阻的串、并联来化简。如图 1-14（a）中，R_1、R_3 和 R_4 为星形连接，R_1、R_2 和 R_3 为三角形连接。如果将 a、b、c 三端点间的三角形（△形）连接的三个电阻等效变换为星形（Y形）连接的另外三个电阻，电路结构形式就变成图 1-14（b）所示。那么电路中五个电阻就很容易通

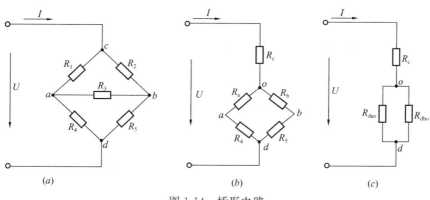

图 1-14　桥形电路

过串、并联变换，计算出总等效电阻和各部分的电流。

　　星形连接的电阻与三角形连接的电阻等效变换的条件是：对应端间的电压（如 U_{ab}、U_{bc}、U_{ca}）对应相等，对应端（如图 1-15 所示的 a、b、c）流入或流出的电流也对应相等，也就是说，经过这样变换后，不影响电路其他部分的电压和电流。

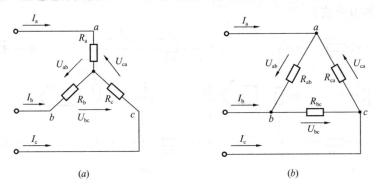

图 1-15　电阻 Y-△ 等效变换

　　根据满足上述等效变换的条件，经过分析推导后，将星形连接等效变换为三角形连接时，它们的关系式为

$$\left.\begin{array}{l} R_{ab} = \dfrac{R_a R_b + R_b R_c + R_c R_a}{R_c} \\[2ex] R_{bc} = \dfrac{R_a R_b + R_b R_c + R_c R_a}{R_a} \\[2ex] R_{ca} = \dfrac{R_a R_b + R_b R_c + R_c R_a}{R_b} \end{array}\right\} \tag{1-27}$$

　　可以将上述关系式归纳成下面的一般公式

$$三角形（△ 形）电阻 = \frac{星形（Y 形）相邻电阻的乘积之和}{对面的星形（Y 形）电阻}$$

　　将三角形连接等效变换为星形连接时的关系式为

$$\left.\begin{array}{l} R_a = \dfrac{R_{ab} \cdot R_{ca}}{R_{ab} + R_{bc} + R_{ca}} \\[2ex] R_b = \dfrac{R_{bc} \cdot R_{ab}}{R_{ab} + R_{bc} + R_{ca}} \\[2ex] R_c = \dfrac{R_{ca} \cdot R_{bc}}{R_{ab} + R_{bc} + R_{ca}} \end{array}\right\} \tag{1-28}$$

　　可以将上述关系式归纳成下面的一般公式

$$星形（Y 形）电阻 = \frac{三角形（△ 形）相邻电阻的乘积}{三角形（△ 形）电阻之和}$$

　　若星形连接的三个电阻相等，即 $R_a = R_b = R_c = R_Y$ 时，称为对称星形连接，变换所得的三角形连接的电阻相等，也是对称三角形连接，由式（1-27）可求得

$$R_\triangle = R_{ab} = R_{bc} = R_{ca} = 3R_Y$$

反之也可得

$$R_Y = \frac{1}{3} R_\triangle$$

【例1-6】 图1-14（a）桥形电路中，已知$R_1 = 20\Omega$，$R_2 = 100\Omega$，$R_3 = 80\Omega$，$R_4 = 72\Omega$，$R_5 = 40\Omega$，$U = 10\text{V}$，试求该电路的总电阻R和总电流I。

【解】 把a、b、c三端点间的三角形连接的三个电阻等效变换为星形连接的三个电阻，可得

$$R_a = \frac{20 \times 80}{20 + 100 + 80} = 8\Omega$$

$$R_b = \frac{100 \times 80}{20 + 100 + 80} = 40\Omega$$

$$R_c = \frac{20 \times 100}{20 + 100 + 80} = 10\Omega$$

得到图1-14（b）的电路结构形式，然后用串并联方法，如图1-14（c）所示，可得总等效电阻为

$$R = R_c + [(R_a + R_4) \, /\!/ \, (R_b + R_5)]$$
$$= 10 + [(8 + 72) \, /\!/ \, (40 + 40)]$$
$$= 10 + 40 = 50\Omega$$

总电流为

$$I = \frac{U}{R} = \frac{10}{50} = 0.2\text{A}$$

说明：本题亦可以将a端点或b端点的星形连接的三个电阻等效变换为三角形连接的另外三个电阻后，再用串并联方法求得总等效电阻。如果需要求各支路的电流，可根据总电流用分流公式求得。

3. 支路电流法

支路电流法是分析计算复杂电路最基本的方法。这种方法是以支路电流为待求量，根据克希荷夫电流定律和电压定律列出与待求量数目相等的电流、电压方程，通过解方程组求出支路电流。

支路电流法计算电路的步骤为：

（1）标出各支路电流的方向。如果不能确定电流的实际方向，可先任意假设一个方向。最后根据计算得的电流值是正还是负，判别实际方向与假设方向一致或相反。

（2）根据克希荷夫电流定律，对n个节点列出$(n-1)$个独立的电流方程式。所谓独立的电流方程，一般是指在方程中至少包含一个在其他方程中没有出现过的新支路电流。

（3）根据克希荷夫电压定律，对各回路列出$b-(n-1)$个独立的电压方程式。独立的电压方程数等于电路的网孔数。网孔是指内部不包含其他支路的回路。具有b个支路、n个节点的电路中，网孔数为$b-(n-1)$个。

（4）解联立方程组，求出各未知的支路电流。上面根据克希荷夫电流定律和电压定律一共可列出$(n-1)+[b-(n-1)]=b$个独立方程，所以能解出b个支路电流。

【例1-7】 试求图1-16电路的各支路电流。

【解】 在电路图中标出电流和回路循行方向，根据KCL与KVL列出方程为：

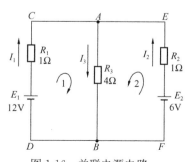

图1-16 并联电源电路

节点 A $I_1 + I_2 - I_3 = 0$

回路 1 $E_1 = I_1 R_1 + I_3 R_3$

回路 2 $E_2 = I_2 R_2 + I_3 R_3$

将已知数据代入上面的方程，得

$$I_1 + I_2 - I_3 = 0$$
$$I_1 + 4I_3 = 12$$
$$I_2 + 4I_3 = 6$$

解联立方程组得：

$$I_1 = 4\text{A}$$
$$I_2 = -2\text{A}$$
$$I_3 = 2\text{A}$$

说明：对本题的计算结果，可以对上面没有使用的回路 $AEFBDCA$，用 KVL 验证，即

$$\Sigma U = -E_1 + I_1 R_1 - I_2 R_2 + E_2$$
$$= -12 + 4 \times 1 - (-2) \times 1 + 6$$
$$= 0$$

电压方程平衡，故计算正确。

4. 节点电压法

节点电压法也是分析计算复杂电路的基本方法，它是应用克希荷夫电流定律，首先求出未知的节点电压，然后再用欧姆定律来求解各支路电流。这种方法适用于节点少而支路多的复杂电路。

对于图 1-16 所示电路，只有两个节点 A 和 B，节点间的电压 U 称为节点电压，其正方向由 A 指向 B。

各支路的电流可根据克希荷夫电压定律和欧姆定律求得为

$$\left. \begin{array}{ll} U = E_1 - I_1 R_1, & I_1 = \dfrac{E_1 - U}{R_1} \\[2mm] U = E_2 - I_2 R_2, & I_2 = \dfrac{E_2 - U}{R_2} \\[2mm] U = I_3 R_3, & I_3 = \dfrac{U}{R_3} \end{array} \right\} \tag{1-29}$$

将上式各电流代入节点 A 的电流方程

$$I_1 + I_2 - I_3 = 0$$

$$\frac{E_1 - U}{R_1} + \frac{E_2 - U}{R_2} - \frac{U}{R_3} = 0$$

经移项整理后，可得到节点 A 和 B 间的节点电压为

$$U = \frac{\dfrac{E_1}{R_1} + \dfrac{E_2}{R_2}}{\dfrac{1}{R_1} + \dfrac{1}{R_2} + \dfrac{1}{R_3}} = \frac{\Sigma \dfrac{E}{R}}{\Sigma \dfrac{1}{R}} \tag{1-30}$$

上式中，分母各项为支路电阻的倒数，总是为正；分子各项可正可负，当电动势和节点电压的正方向相反时正号，相同时则取负号。由式（1-30）求出节点电压后，即可根据式（1-29）计算各支路电流。

【例 1-8】 用节点电压法重解【例 1-7】电路。

【解】 节点 A 和 B 间的节点电压为

$$U = \frac{\dfrac{E_1}{R_1} + \dfrac{E_2}{R_2}}{\dfrac{1}{R_1} + \dfrac{1}{R_2} + \dfrac{1}{R_3}} = \frac{\dfrac{12}{1} + \dfrac{6}{1}}{1 + 1 + \dfrac{1}{4}} = 8\text{V}$$

$$I_1 = \frac{E_1 - U}{R_1} = \frac{12 - 8}{1} = 4\text{A}$$

$$I_2 = \frac{E_2 - U}{R_2} = \frac{6 - 8}{1} = -2\text{A}$$

$$I_3 = \frac{U}{R_3} = \frac{8}{4} = 2\text{A}$$

计算结果与上面支路电流法的结果相同。

第二节 单相正弦交流电路

一、基本概念

1. 正弦交流电

大小和方向随时间作周期性变化且平均值为零的电动势、电压和电流统称为交流电。交流电的波形可以为正弦、三角形或矩形等。其中随时间作正弦规律变化的电动势、电压和电流，称为正弦交流电，如图 1-17（a）所示，在工农业生产和日常生活中用得最多的还是正弦交流电。由于正弦电压、电流的方向和大小都是周期性变化的，在电路图上所标的正方向是指正半周时的电流方向，而图上虚线箭标表示的方向是指实际电流的方向，"＋"、"－"代表电压的实际极性。分析电路时，一般都采用正方向作为参考方向。

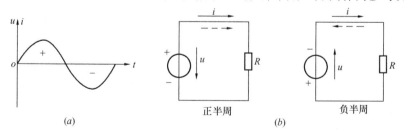

图 1-17 正弦电压和电流

正弦交流电的瞬时值可用正弦函数表示，如正弦交流电流为

$$i = I_m \sin(\omega t + \psi) \tag{1-31}$$

式中 ω 为角频率，I_m 为电流幅值，ψ 为初相位。角频率、幅值和初相位称为正弦电量的三要素，下面分别介绍。

（1）频率与周期 正弦交流电作周期性变化一次所需的时间称为周期 T。每秒内变化

17

的次数称为频率 f，其单位是赫兹（Hz）。

频率是周期的倒数，即

$$f = \frac{1}{T} \tag{1-32}$$

正弦交流电每秒内变化的电角度称为角频率 ω，其单位是弧度/秒（rad/s）。它与频率和周期的关系为

$$\omega = 2\pi f = \frac{2\pi}{T} \tag{1-33}$$

在我国的供电系统中，交流电的频率是 50Hz，周期是 0.02s，角频率是 314rad/s。

（2）幅值与有效值　正弦交流电在任一瞬间的值称为瞬时值，用小写字母来表示，如 i、u 和 e 分别表示电流、电压及电动势的瞬时值。瞬时值中最大的值称为幅值或最大值，用带下标 m 的大写字母来表示，如 I_{m}、U_{m} 和 E_{m} 分别表示电流、电压及电动势的幅值。正弦电流的数学表达式为

$$i = I_{\mathrm{m}}\sin\omega t$$

为了确切地衡量其大小，在工程技术中常采用有效值 I 表示为

$$I = \sqrt{\frac{1}{T}\int_0^T i^2\,\mathrm{d}t} \tag{1-34}$$

从上式可以看出：电流的有效值等于瞬时值的平方在一个周期内积分的平均值取平方根，因此，有效值又称均方根值。交流电流的有效值就是指一个具有同样热效应的直流电流值。一般交流电压表、电流表测得的数值为有效值，交流电设备铭牌上标注的额定电压、额定电流也是指有效值。

根据上述有效值的定义，不难得到正弦交流电量的最大值与有效值之间的关系为

$$I_{\mathrm{m}} = \sqrt{2}I = 1.414I \tag{1-35}$$

（3）相位与相位差　在正弦交流电路的分析中，常常会出现多个相同频率的正弦量，例如图 1-18（a）表示的两个频率相同的正弦电流为

$$i_1 = I_{\mathrm{m}1}\sin(\omega t + \psi_1)$$
$$i_2 = I_{\mathrm{m}2}\sin(\omega t + \psi_2)$$

上式中 $I_{\mathrm{m}1}$、$I_{\mathrm{m}2}$ 为正弦交流电流的幅值，（$\omega t + \psi_1$）和（$\omega t + \psi_2$）称为正弦交流电的相位角或相位。不同的相位角对应不同的瞬时值。$t = 0$ 时的相位角称为初相角或初相位，上式中的 ψ_1 和 ψ_2 就是初相角。初相角和时间起点的选择有关。在电路计算中，一般把初相角 ψ 为零的正弦交流电作为参考电量。

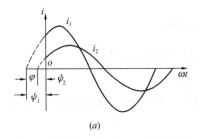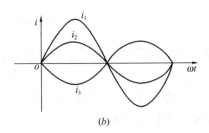

图 1-18　相位与相位差

对于两个同频率正弦交流电的相位角之差，称为相位差，用 φ 表示。上式中 i_1 与 i_2 的相位差为

$$\varphi = (\omega t + \psi_1) - (\omega t + \psi_2) = \psi_1 - \psi_2 \qquad (1\text{-}36)$$

可见，相位差就是两个同频率正弦交流电的初相角之差。因为 $\psi_1 > \psi_2$，我们称 i_1 比 i_2 超前 φ 角，或者说 i_2 比 i_1 滞后 φ 角。

在图 1-18 (b) 中表示的三个同频率的正弦交流电的波形，i_1 与 i_2 具有相同的初相角（$\psi_1 = \psi_2 = 0°$）即相位差 $\varphi = 0$，则称为这两个交流电同相。i_1 的初相角 $\psi_1 = 0°$，i_3 的初相角 $\psi_3 = -180°$，i_1 与 i_3 的相位差 $\varphi = 180°$，则称为这两个交流电反相。

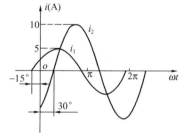

【例 1-9】 两个同频率 $f = 50\mathrm{Hz}$ 的正弦交流电流的波形如图 1-19 所示。试求：（1）这两个电流的周期、角频率；（2）它们的相位差；（3）写出它们的瞬时值函数表达式和有效值。

图 1-19 例 1-9 图

【解】 （1）它们的频率相同，所以周期、角频率也相同。

$$T = \frac{1}{f} = \frac{1}{50} = 0.02\mathrm{s}$$

$$\omega = 2\pi f = 2\pi \times 50 = 314\mathrm{rad/s}$$

（2）从图中可以看出 $\psi_1 = +15°$，$\psi_2 = -30°$，故

$$\varphi = \psi_1 - \psi_2 = 15° - (-30°) = 45°$$

从波形图可以看出电流 i_1 超前电流 i_2 的相位差为 $45°$。

（3）根据图示 $I_{m1} = 5\mathrm{A}$，$I_{m2} = 10\mathrm{A}$，它们的瞬时值函数表达式分别为

$$i_1 = 5\sin(314t + 15°)$$

$$i_2 = 10\sin(314t - 30°)$$

电流 i_1、i_2 的有效值分别为

$$I_1 = \frac{I_{m1}}{\sqrt{2}} = \frac{5}{\sqrt{2}} = 3.535\mathrm{A}$$

$$I_2 = \frac{I_{m2}}{\sqrt{2}} = \frac{10}{\sqrt{2}} = 7.07\mathrm{A}$$

2. 正弦交流电的相量表示法

正弦交流电可以用三角函数式表示，也可以用随时间变化的波形图表示。这两种方法虽然都能正确地表示一个正弦交变量，但是用来分析和计算交流电路进行四则运算却很麻烦。为了简化交流电路的分析和计算，可应用工程技术中广泛使用的相量表示法。将正弦交流电的电压和电流以相量图或复数形式来表示，使正弦交流电的运算变换为几何或代数运算。相量表示法的基础是复数，为了理解和掌握相量法，我们首先复习一下有关复数的知识。

（1）复数的表示形式与运算

1）复数的代数式

$$A = a + jb$$

式中 a 为复数的实部，b 为复数的虚部，$j=\sqrt{-1}$ 为虚数单位。

2）复数的向量表示　复数可以用由实轴与虚轴组成的复平面上的向量 $\overrightarrow{OA}$ 表示，如图 1-20 所示。向量的长度 OA 用 $|A|$ 表示，称为复数的模，向量与实轴的夹角 ψ 称为复数的辐角，各量之间的关系为

$$|A| = \sqrt{a^2 + b^2}$$

$$\psi = \arctan \frac{b}{a}$$

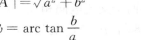

图 1-20　复数的向量表示

3）复数的三角函数形式

由于

$$a = |A|\cos\psi$$
$$b = |A|\sin\psi$$

所以复数的三角函数形式为

$$A = |A|(\cos\psi + j\sin\psi)$$

4）复数的指数形式

$$A = |A|\mathrm{e}^{j\psi}$$

5）复数的极坐标形式

$$A = |A| \underline{/\psi}$$

由于复数的表示形式很多，我们可以根据分析和计算电路的需要选用正确的复数形式进行变换和运算。一般来说，复数的加、减法运算可以采用代数形式，实部与实部相加、减，虚部与虚部相加、减；或者在复平面上采用复数的向量作图法进行复数的加、减。而复数的乘除法运算可以采用指数形式，将其模数相乘或相除，幅角相加或相减。一般不采用向量作图法进行复数的乘、除运算。

【例 1-10】　已知两复数为 $A_1 = a_1 + jb_1$，$A_2 = a_2 + jb_2$。求它们的和、差、积、商。

【解】　1）利用代数形式求它们的和与差

$$A_1 + A_2 = (a_1 + a_2) + j(b_1 + b_2)$$
$$A_1 - A_2 = (a_1 - a_2) + j(b_1 - b_2)$$

2）利用向量作图法求它们的和与差

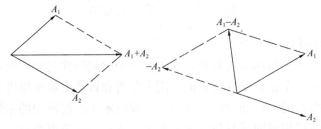

图 1-21　向量作图法求复数和与差

3）利用指数形式求它们的积与商，先将 A_1，A_2 化为指数形式

$$|A_1| = \sqrt{a_1^2 + b_1^2}, \quad |A_2| = \sqrt{a_2^2 + b_2^2}$$

$$\psi_1 = \arctan \frac{b_1}{a_1}, \quad \psi_2 = \arctan \frac{b_2}{a_2}$$

$$A_1 = |A_1| \, e^{j\psi_1}$$
$$A_2 = |A_2| \, e^{j\psi_2}$$

求积与商

$$A_1 \cdot A_2 = |A_1| \cdot |A_2| \, e^{j(\psi_1 + \psi_2)}$$
$$A_1 / A_2 = |A_1| / |A_2| \cdot e^{j(\psi_1 - \psi_2)}$$

（2）正弦交流电的相量表示　设正弦交流电压 $u = U_m \sin(\omega t + \psi)$，其波形如图 1-22（b）所示。在直角坐标系中，以坐标原点 O 为中心，作逆时针方向旋转的向量，如图 1-22（a）所示。向量的长度为电压的最大值 U_m，旋转的角速度为 ω，$t = 0$ 时向量与横轴的夹角 ψ 为正弦交流电压的初始角。这个向量在纵轴上的投影即为该电压的瞬时值。$t = 0$ 时，$u_0 = U_m \sin\psi$；$t = t_1$ 时，$u_1 = U_m \sin(\omega t_1 + \psi)$，向量与横轴的夹角为 $(\omega t_1 + \psi)$。这样，用旋转向量既能表示正弦交变量的三要素（幅值、角频率、初相位），又能表达出正弦交变量的瞬时值。所以用旋转向量可以完善地表示正弦交流电。

必须指出，表示正弦交流电的向量与一般的空间向量（如力、速度等）是不同的，它是正弦交变量的一种表示方法。为了区别，我们把表示随时间变化的正弦交流电的向量称为相量，并用大写字母上加符号"·"表示，如 $\dot{U}_m$、$\dot{I}_m$ 等。

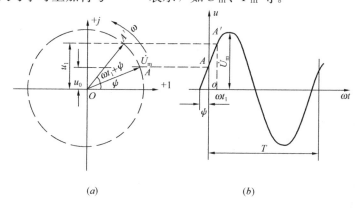

图 1-22　用相量表示正弦交流电

在实际工作中常用正弦交流电的有效值，所以作相量图时，常使相量的长度为正弦交流电的有效值。显然，这种用有效值表示其长度的旋转向量在纵轴上的投影就不再是正弦交流电的瞬时值了。正弦交流电的有效值相量用符号 $\dot{E}$、$\dot{U}$、$\dot{I}$ 表示，幅值相量用符号 $\dot{E}_m$、$\dot{U}_m$、$\dot{I}_m$ 表示。注意：在讨论多个正弦交流电的相量关系时，应该是指相同频率的交流电。如图 1-23 所示的电流相量图。

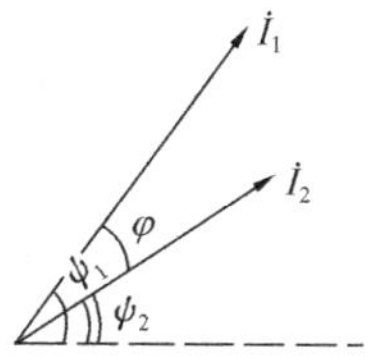

图1-23　电流相量图

二、单一参数的交流电路

电阻、电感和电容都是表征电路性质的物理量，统称为电路参数。

在直流电路中，电感和电容只是在电压或电流突变时才能表现出它们的作用。而在恒定的直流电路中，电感相当于短路，电容相当于开路。在电压和电流不断变化的交流电路中，电感和电容对交流电流起着不可忽略的阻碍作用。

在实际电路中，电阻、电感和电容三个参数是同时存在的。但在一定条件下，可能只有一个参数起主要作用，其他参数影响很小，可以忽略，这种理想化的电路称为单一参数电路。下面我们首先讨论在单一参数的正弦交流电路中各电量的关系，在此基础上再分析多参数的电路。

1. 电阻电路

在交流电路中常常遇到照明白炽灯、电阻炉、电烙铁等电阻性负载，它们的电阻在电路中起主要作用，电感、电容的影响很小，可以忽略，这种电路称为电阻电路，如图 1-24 (a) 所示。

(1) 电压与电流关系　在交流电路中电压和电流的方向是不断变化的，为了分析方便起见，我们假定电压和电流的正方向如图 1-24 (a) 所示，并且假定电压的初相角为 $0°$，即以电压作为参考矢量，则设加在负载电阻 R 两端的正弦交流电压为

$$u = \sqrt{2}U\sin\omega t$$

式中 U 为电压有效值，由欧姆定律可得电路的电流为

$$i = \frac{u}{R} = \sqrt{2}\frac{U}{R}\sin\omega t = \sqrt{2}I\sin\omega t$$

上式表明，通过电阻的电流和加在电阻两端的电压具有相同的频率和相位，它们的关系式为

有效值

$$\left. \begin{array}{l} I = \dfrac{U}{R} \\[2mm] \varphi = 0（同相位） \end{array} \right\} \tag{1-37}$$

相位差

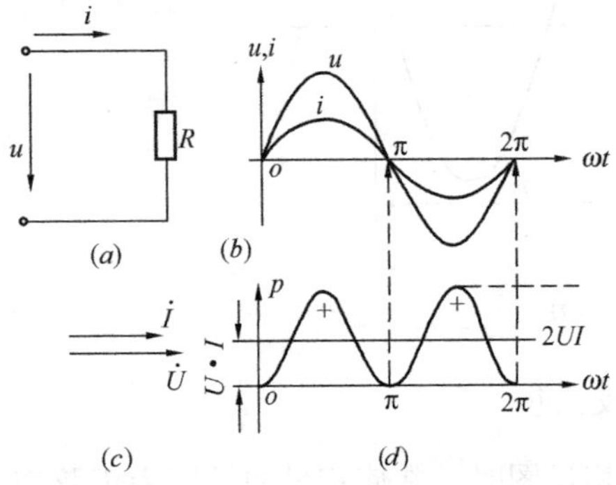

图 1-24　电阻电路

(a) 电路图；(b) 电压电流波形图；
(c) 相量图；(d) 功率曲线

将电压、电流用相量表示为

$$\dot{U} = Ue^{j0°}$$

$$\dot{I} = Ie^{j0°}$$

相量表示式　　$$\dot{U} = \dot{I} \cdot R \tag{1-38}$$

该式即为欧姆定律的相量表示式。电阻电路中电压、电流的波形图和相量图如图 1-24 (b)、(c) 所示。

(2) 功率关系　在交流电阻电路中，由于电压和电流随时间按正弦规律变化，电阻 R 上每一瞬间所消耗的功率 p 称为瞬时功率。它等于瞬时电压 u 和瞬时电流 i 的乘积，可表示为

$$p = u \cdot i = 2UI\sin^2\omega t = UI(1 - \cos 2\omega t) \tag{1-39}$$

由式 (1-39) 可见，p 是由两部分组成的，第一部分是常数 UI；第二部分是幅值为 UI，并以 2ω 的角频率随时间而变化的交变量 $UI\cos 2\omega t$，瞬时功率变化曲线如图 1-24 (d) 所示。因为电压和电流的相位相同，所以瞬时功率总为正值。

瞬时功率在一个周期内的平均值，称为平均功率或有功功率 P，即

$$P = \frac{1}{T}\int_0^T p\,\mathrm{d}t = \frac{1}{T}\int_0^T UI(1 - \cos 2\omega t)\,\mathrm{d}t$$

$$= UI = I^2R \tag{1-40}$$

式中U、I均为正弦电压、电流的有效值，平均功率的单位为瓦（W）或千瓦（kW）。

电阻电路中消耗的电能量为

$$W = P \cdot t = UIt = I^2Rt$$

【例 1-11】 一单相 220V、1000W 的电炉，接在 50Hz、220V 的交流电源上，试求电炉的电阻、电流和使用 8 小时消耗的电能是多少度？

【解】 电炉的电阻

$$R = \frac{U^2}{P} = \frac{220^2}{1000} = 48.4\Omega$$

电炉的电流

$$I = \frac{P}{U} = \frac{1000}{220} = 4.55A$$

消耗的电能

$$W = P \cdot t = 1000 \times 8 = 8\text{kW} \cdot \text{h}$$

2. 电感电路

电感线圈是电工技术中常用的元件之一。电动机的绕组、日光灯的镇流器线圈等，一般电阻都比较小，可以忽略，看做纯电感元件。

（1）电压与电流的关系 将电感线圈接入正弦交流电路中，因为电流是交变的，所以线圈中会产生自感电动势 e_L。交流电压 u、电流 i 和自感电动势 e_L 的正方向如图 1-25（a）所示。

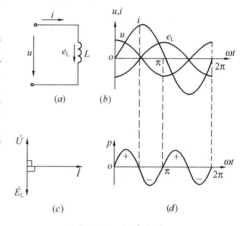

图 1-25 电感电路
(a) 电路图；(b) 电压、电流波形；
(c) 相量图；(d) 功率曲线

设通过电感线圈 L 的电流为

$$i = \sqrt{2}I\sin\omega t$$

根据电磁感应定律，线圈上产生的自感电动势为

$$e_L = -L\frac{\mathrm{d}i}{\mathrm{d}t}$$

当电感线圈的电阻忽略不计时，自感电动势 e_L 必与外加电压 u 相平衡，因此

$$u = -e_L = L\frac{\mathrm{d}i}{\mathrm{d}t} = \sqrt{2}\omega LI\sin(\omega t + 90°)$$

$$= \sqrt{2}U\sin(\omega t + 90°)$$

上式表明，通过线圈的电流与电源电压、自感电动势具有相同的频率，但是它们的相位不同，电流滞后电压 90°（即 1/4 周期），自感电动势与外加电压是相平衡的，任何时刻都是大小相等，方向相反的，其波形图和相量图如图 1-25（b）、（c）所示。它们的关系式为

$$
\left.
\begin{array}{ll}
\text{有效值} & U = \omega L \cdot I = 2\pi f L \cdot I = X_L \cdot I \\
\text{相位差} & \varphi = 90°（\text{电流滞后电压}90°）
\end{array}
\right\}
\tag{1-41}
$$

式中 $X_L = \omega L$ 称为电感抗或感抗，单位为欧姆（Ω）。在正弦交流电路中，ω 是常数，当电感为常数时，则 X_L 也为常数。因此电感电路中，电流与电压成正比。感抗是交流电路的基本参数之一，电感线圈的电感愈大，通过电流的频率愈高，则其感抗 X_L 愈大，对电流的阻碍作用也愈大。因此，电感线圈常被用于抑制高频电流或阻碍电流变化的场合。而对于直流电流，电感线圈可看做短路，即 $X_L = 0$。

将电流、电压用相量表示为

$$\dot{I} = Ie^{j0°}$$

$$\dot{U} = Ue^{j90°} = I \cdot X_{\text{L}}e^{j90°}$$

相量表示式为：

$$\dot{U} = \dot{I} \cdot jX_{\text{L}} \tag{1-42}$$

（2）功率关系　电感电路的瞬时功率等于电压、电流瞬时值的乘积，即

$$p = u \cdot i = 2UI\sin(\omega t + 90°) \cdot \sin\omega t \tag{1-43}$$

$$= UI\sin2\omega t$$

由式（1-43）可见，瞬时功率的幅值为 UI，而角频率为电压、电流角频率的两倍。瞬时功率的变化曲线如图 1-25（d）所示。

在一个周期内的平均功率（或称有功功率）为

$$P = \frac{1}{T}\int_0^T p\,\mathrm{d}t = \frac{1}{T}\int_0^T UI\sin2\omega t\,\mathrm{d}t = 0$$

可见在纯电感电路中，是不消耗功率的，电感元件是一种储能元件。在第一和第三个 1/4 周期内，电流与电压的方向一致，$p > 0$，电感线圈从电源吸取电能，转换为储存在线圈中的磁场能；在第二和第四个 1/4 周期内，电流与电压的方向相反，$p < 0$，电感线圈储存的磁场能又送回到电源。这种交换能量的规模，可用无功功率 Q_{L} 表示，其关系为

$$Q_{\text{L}} = UI = I^2X_{\text{L}} = \frac{U^2}{X_{\text{L}}} \tag{1-44}$$

为了区别于有功功率，无功功率的单位用乏尔（var）或千乏尔（kvar），简称乏或千乏。

【例 1-12】　正弦交流电源电压 $U = 220\text{V}$，$f = 50\text{Hz}$，接上电感线圈的电感 $L = 0.01\text{H}$，电阻可忽略不计。试求通过线圈中的电流 I、有功功率 P 和无功功率 Q_{L} 为多少？

【解】　$X_{\text{L}} = \omega L = 2\pi fL = 2\pi \times 50 \times 0.01 = 3.14\Omega$

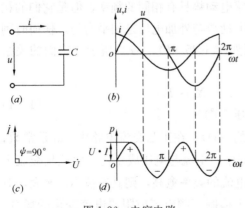

$$I = \frac{U}{X_{\text{L}}} = \frac{220}{3.14} = 70\text{A}$$

$$P = 0$$

$$Q_{\text{L}} = UI = 220 \times 70 = 15400\text{var}$$

3. 电容电路

（1）电压与电流的关系　电容也是电工技术中的常用元件之一。将电容接入正弦交流电路中，因为电源电压 u 是交变的，所以电容器极板上的电荷也是交变的（$Q = C \cdot U$），即电容器作周期性的充放电，因而在电路中就形成了电流 i，它们的正方向如图 1-26（a）所示。

图 1-26　电容电路

(a) 电路图；(b) 电压、电流波形；
(c) 相量图；(d) 功率曲线

设电源电压 $u = \sqrt{2}U\sin\omega t$，则电流为

$$i = C\frac{\mathrm{d}u}{\mathrm{d}t} = C\frac{\mathrm{d}(\sqrt{2}U\sin\omega t)}{\mathrm{d}t}$$

$$= \sqrt{2}U \cdot \omega C \cdot \sin(\omega t + 90°)$$

$$= \sqrt{2}I\sin(\omega t + 90°) \tag{1-45}$$

上式表明，在电容电路中，电流 i 和电压 u 具有相同的频率，在相位关系上，电流超前电压 90°（即 1/4 周期），它的波形图和相量图如图 1-25（b）、（c）所示。它们的关系式为

$$\left. \begin{array}{ll} \text{有效值} & I = U \cdot \omega C = U2\pi fC = \dfrac{U}{X_C} \\[3mm] \text{相位差} & \varphi = -90°（\text{电流超前电压 90°}） \end{array} \right\} \tag{1-46}$$

式中的 $X_C = \dfrac{1}{\omega C}$ 称为容抗，单位为欧姆（Ω）。容抗也是交流电路的一个基本参数，容抗 X_C 的大小与电容量 C 及交流电路的频率 f 成反比。当电容 C 一定时，频率越低容抗愈大，对电流的阻碍作用也愈大。在直流电路中，可以认为频率 $f=0$，则容抗 $X_C = \infty$，电路相当于开路，直流电流不能通过电容器。相反，频率愈高容抗愈小，因此高频交流电流容易通过电容器。

将电压与电流用相量表示为

$$\dot{U} = Ue^{j0°}$$

$$\dot{I} = Ie^{j90°} = \frac{U}{X_C}e^{j90°}$$

相量表示式：
$$\dot{U} = -j\dot{I}\,X_C \tag{1-47}$$

（2）功率关系

电容电路的瞬时功率

$$p = u \cdot i = 2UI\sin\omega t \sin(\omega t + 90°)$$

$$= UI\sin 2\omega t \tag{1-48}$$

由上式可见，瞬时功率的幅值为 UI，而角频率为电压、电流角频率的两倍，瞬时功率的变化曲线如图 1-26（d）所示。

在一个周期内的平均功率（有功功率）为

$$P = \frac{1}{T}\int_0^T p\,\mathrm{d}t = \frac{1}{T}\int_0^T UI\sin 2\omega t\,\mathrm{d}t = 0$$

可见在纯电容电路中，是不消耗功率的，电容元件也是一种储能元件。在第一和第三个 1/4 周期内，当电压增加时，电压与电流的方向相同，$p>0$，电容器充电，电源或其他电路元件向电容器输送能量并以电场能储存在电容中；在第二和第四个 1/4 周期内，电压下降，电压与电流的方向相反，电容器放电，$p<0$，电容中的能量又送回到电源，电容器与电源或其他电路元件之间进行能量交换。这种交换能量的规模可以用无功功率 Q_C 表示，其关系式为

$$Q_C = UI = \frac{U^2}{X_C} = I^2 X_C \tag{1-49}$$

单一参数电路各电量之间的关系见表 1-1。

		R	L	C
电压和电流关系	瞬时值	$u_R = iR$	$u_L = L\dfrac{\mathrm{d}i}{\mathrm{d}t}$	$i = C\dfrac{\mathrm{d}u_C}{\mathrm{d}t}$
	有效值	$U_R = IR$	$U_L = IX_L = I\omega L$	$U_C = IX_C = I \cdot \dfrac{1}{\omega C}$
	相 量	$\dot{U}_R = \dot{I}R$	$\dot{U}_L = \dot{I} \cdot jX_L$	$\dot{U}_C = \dot{I} \cdot (-jX_C)$
	相量图	→$\dot{U}_R$　→$\dot{I}$	$\dot{U}_L$　$\dot{I}$	$\dot{I}$　$\dot{U}_C$
功率关系	瞬时功率	$p = UI(1 - \cos 2\omega t)$	$p = UI \sin 2\omega t$	$p = UI \sin 2\omega t$
	平均功率（有功功率）	$P = UI$	$P = 0$	$P = 0$
	无功功率	0	$Q_L = U_L I = I^2 X_L$	$Q_C = U_C I = I^2 X_C$

【例 1-13】 将一个 $15\mu\mathrm{f}$ 的电容器接在 220V，50Hz 的正弦交流电源上，试求通过电容器的电流 I、有功功率 P 和无功功率 Q_C 为多少？

【解】
$$X_C = \frac{1}{\omega C} = \frac{1}{2\pi fC} = \frac{1}{2\pi \times 50 \times 15 \times 10^{-6}} = 212\Omega$$

$$I = \frac{U}{X_C} = \frac{220}{212} = 1.03\mathrm{A}$$

$$P = 0$$

$$Q_C = UI = 220 \times 1.03 = 226.6\mathrm{var}$$

三、RLC 串联交流电路

把电阻 R、电感 L 和电容 C 等几个电路参数同时存在的交流电路称为多参数交流电路。通常可以分为串联、并联和复杂交流电路。在多参数正弦交流电路中，各个电阻、电感和电容两端的电压和通过它们的电流之间的关系是由各个参数的性质决定的，不受电路结构形式的影响。前面所述的单一参数交流电路中各电量之间关系完全适用于多参数电路。如果正弦交流电量用相量表示，电抗用复电抗表示，那么利用直流电路中介绍过的欧姆定律、克希荷夫定律、叠加原理等列出电压、电流相量方程进行分析计算，求解后再由相量变为正弦量。

1. 电压与电流的关系

电阻、电感与电容元件串联的交流电路如图 1-27（a）所示。电路中的各元件均通过同一电流，如果电源电压 u 为正弦交流量，则电流 i 与各元件上的分电压 u_R、u_L、u_C 均为同频率的正弦交变量，其正方向如图 1-27 所示。根据克希荷夫电压定律（KVL）可以得到

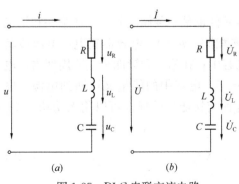

(a)　　　　　　(b)

图 1-27 RLC 串联交流电路

$$u = u_R + u_L + u_C$$

如果各正弦量用相量表示，电抗用复电抗表示，如图 1-27（b）所示。根据克希荷夫电压定律和单一参数电路的电压、电流关系可以列出串联电路的电压相量方程为

$$\dot{U} = \dot{U}_R + \dot{U}_L + \dot{U}_C = \dot{I}R + \dot{I}(jX_L) + \dot{I}(-jX_C)$$

$$= \dot{I}[R + j(X_L - X_C)] = \dot{I}Z \tag{1-50}$$

上式为欧姆定律的复数表示形式，式中 Z 为电路的复阻抗，$X = (X_L - X_C)$ 为电路的电抗，它们的单位都是欧姆。

$$Z = R + j(X_L - X_C)$$

即串联电路的复阻抗等于电阻和电抗的复数之和。复阻抗写成指数形式表示为

$$Z = |Z| \, e^{j\varphi} = \sqrt{R^2 + (X_L - X_C)^2} \, e^{j \arctan \frac{X_L - X_C}{R}} \tag{1-51}$$

式中 $|Z| = \sqrt{R^2 + (X_L - X_C)^2}$ 称为复阻抗的模，简称阻抗。$\varphi = \arctan \frac{X_L - X_C}{R}$ 为电源电压与电流的相位差角。根据电压三角形，可以求得电源电压的有效值为

$$U = \sqrt{U_R^2 + (U_L - U_C)^2} = \sqrt{(IR)^2 + (IX_L - IX_C)^2}$$

$$= I\sqrt{R^2 + (X_L - X_C)^2} \tag{1-52}$$

RLC 串联交流电路的电压与电流关系也可用作图法在相量图上求得，由于串联电路中通过的是同一电流，所以以电流 $\dot{I}$ 为参考相量，利用单一参数电路的概念，画出的电阻电压 $\dot{U}_R$ 与 $\dot{I}$ 同相，电感电压 $\dot{U}_L$ 超前于电流 $\dot{I}$ 的 90°角，电容电压 $\dot{U}_C$ 滞后于电流 $\dot{I}$ 的 90°角，各电压相量相加为总电压 $\dot{U}$，如图 1-28（a）所示，其中总电压 $\dot{U}$ 和分电压 $\dot{U}_R$、($\dot{U}_L + \dot{U}_C$) 组成一个直角三角形的关系称为电压三角形，如图 1-28（b）所示。将电压三角形各边同除以电流 I，则可得阻抗三角形，如图 1-28（c）所示。

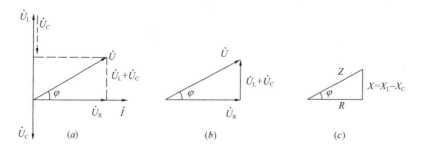

图 1-28　RLC 串联交流电路

（a）相量图；（b）电压三角形；（c）阻抗三角形

利用相量图作图和相量运算的结果是完全相同的，前者在表示各电量的相位关系方面比较直观简便，后者适用于复杂电路的计算，比较精确。

由图 1-28（a）的相量图可以看出，当 $X_L > X_C$ 时，$U_L > U_C$，电流滞后总电压，这时整个电路为一个感性负载，称为感性电路；当 $X_L < X_C$ 时，$U_L < U_C$，电流将超前总电压，这时整个电路为一个容性负载，称为容性电路。但不管感性电路还是容性电路，阻抗 Z 总是正值。

2. 功率关系

通过单一参数交流电路的分析，我们已经知道，电阻是消耗能量的，而电感和电容不

消耗能量，电源与电感、电容之间进行能量的交换。因此，在 RLC 串联交流电路中，同时存在着有功功率和无功功率。经过推导，各种功率的表达式为

有功功率 $\qquad P = U_R I = I^2 R = UI\cos\varphi$

无功功率 $\qquad Q = (U_L - U_C)I = I^2(X_L - X_C)$

$\qquad\qquad\qquad = Q_L - Q_C = UI\sin\varphi$

视在功率 $\qquad S = UI = \sqrt{P^2 + Q^2}$

$$(1\text{-}53)$$

式中的功率因数角 φ 是电源电压与电流之间的相位差，它由电路的参数决定。Q_L 为电感的无功功率，Q_C 是电容的无功功率，整个电路的无功功率为二者之差，即电路中电感和电容的无功功率可以互相补偿。视在功率 S 的单位为伏安（VA）或千伏安（kVA）。

在常用电器设备中，如荧光灯电路、电焊机、电动机等都可以分解为电阻和电感的串联电路。例如，荧光灯管是发光元件，消耗能量，相当于一个电阻；镇流器的电阻小且具有较大的电感，因此，荧光灯电路相当于电阻和电感串联的电路（荧光灯电路的介绍参阅第六章建筑电气照明有关内容）。又如交流电焊机，它是变压器、可变电抗器、焊把、焊条与焊接工件组成的串联交流电路，如图 1-29（a）所示。调节可变电抗器可以调节电弧工作电流的大小，电弧可认为是电阻性负载，该电路也相当于电阻和电感串联的交流电路，如图 1-29（b）所示。

【例 1-14】 交流电焊机等效电路中，总电压 U 为 65V，电弧最大工作电流 I 为 500A。电弧电压 U_2 为 24V。请画出电量相量图和试求可变电抗器上的电压降 U_1、功率因数 $\cos\varphi$ 和电弧消耗的有功功率 P。

【解】 （1）画相量图

选择电流 I 为参考相量作横轴，按比例作 $OU_2 = 24V$，作垂直线。作斜线 $OU = 65V$，通过与垂线相交点作水平线并与纵轴相交，OU_1 的长度就是我们要求的 U_1 值，φ 角的大小就是所求的功率因数角。电量相量图如图 1-29（c）所示。

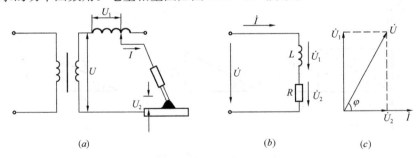

图 1-29 交流电焊机的串联电路

（a）工作原理图；（b）电路图；（c）相量图

（2）解析法计算

电感压降 $\qquad U_1 = \sqrt{U^2 - U_2^2} = \sqrt{65^2 - 24^2} = 60.4V$

功率因数 $\qquad \cos\varphi = \dfrac{U_2}{U} = \dfrac{24}{65} = 0.37$

有功功率 $\qquad P = IU_2 = 500 \times 24 = 12000W = 12kW$

或 $\qquad\qquad\qquad P = UI\cos\varphi = 65 \times 500 \times 0.37 = 12kW$

四、RL 与 C 并联交流电路

实际应用的电器设备大多属于电感性负载，可看做由电阻与电感串联的电路。在这类电感性负载中，需要较多的无功功率，其功率因数 $\cos\varphi$ 均小于 1。例如，荧光灯电路功率因数约 0.5；三相异步电动机的功率因数；在满载时为 0.8～0.9，而空载或轻载时将下降到 0.2～0.5。负载功率因数低将使电源设备不能充分利用，输电线路上的电能损耗增加，通常在电感性负载的两端并联上一个电容器，以此方法提高整个电路的功率因数，这种电路又称为电容并联补偿电路。

1. 电压与电流的关系

电感性负载与电容器并联的交流电路如图 1-30（a）所示。各支路的阻抗不仅影响电流的大小，而且还要影响电流的相位。因此，先分别求出各支路的电流 I_1 和 I_2，然后根据克希荷夫电流定律用相量求和的方法来计算总电流。

在并联支路的电路中，各支路两端的电压相等，所以选电压为参考相量。各支路电流分别为

$$I_1 = \frac{U}{|Z_1|} = \frac{U}{\sqrt{R^2 + X_L^2}}$$

$$\varphi_1 = \arctan\frac{X_L}{R}$$

$$I_2 = \frac{U}{X_C}$$

支路 1 为感性电路，电流 $\dot{I}_1$ 滞后于电压 $\dot{U}$ 的相位角为 φ_1。支路 2 为纯电容电路，电流 $\dot{I}_2$ 超前电压 $\dot{U}$ 的相位角为 90°。电路的总电流为各支路电流的相量和，电压与电流的相量图如图 1-30（b）所示，总电流 I 的大小为

$$I = \sqrt{(I_1\cos\varphi_1)^2 + (I_1\sin\varphi_1 - I_2)^2} \tag{1-54}$$

总电流与电源电压的相位差角为

$$\varphi = \arctan\frac{I_1\sin\varphi_1 - I_2}{I_1\cos\varphi_1} \tag{1-55}$$

2. 功率与功率因数的提高

电感性负载与电容器并联的交流电路，各种功率的表达式为

有功功率　$P = UI\cos\varphi$

无功功率　$Q = UI\sin\varphi$

视在功率　$S = UI$

从图 1-30（b）可见，没有并接电容器 C 时，感性负载消耗的有功功率为 $UI_1\cos\varphi_1$，接入电容器后，整个电路消耗的有功功率为 $UI\cos\varphi$。因为有功电流 $I_1\cos\varphi_1 = I\cos\varphi$，所以接入电容不会改变电路的有功功率，它等于电阻上消耗的功率。但是接入电容器后，无功电流将由 $I_1\sin\varphi_1$ 减小到 $I_1\sin\varphi_1 - I_2 =$

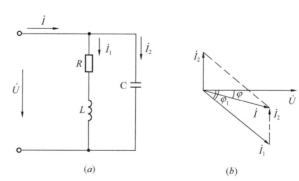

图 1-30　电感性负载与电容器并联交流电路
（a）电路图；（b）相量图

$I\sin\varphi$，使无功功率 Q 相应减少，功率因数 $\cos\varphi > \cos\varphi_1$ 得到提高。同时，$I < I_1$，接入电容后整个电路的总电流 I 得到减小，视在功率 S 也相应减小。因此，并联补偿电容器并不能改变负载本身的功率因数，而是通过补偿负载所需要的无功功率来改变线路总电压与总电流之间的相位差以提高供电线路的功率因数。所以，一般都在用户变电所中将补偿电容器并联在总负载上，进行无功功率的补偿。

【例 1-15】 已知电感性负载（RL 串联电路）的功率 P 和功率因数 $\cos\varphi_1$，要求把电路的功率因数提高到 $\cos\varphi$ 时，试求补偿电容器 C 的大小。

【解】 由图 1-30 (b) 的相量图可见，并联电容前后，消耗的有功功率不变，即

$$P = UI_1\cos\varphi_1 = UI\cos\varphi \tag{1}$$

$$I_1 = \frac{P}{U\cos\varphi_1} \tag{2}$$

$$I = \frac{P}{U\cos\varphi} \tag{3}$$

由图可知

$$I_2 = I_1\sin\varphi_1 - I\sin\varphi \tag{4}$$

将式（2）、式（3）代入式（4）可得

$$I_2 = \frac{P\sin\varphi_1}{U\cos\varphi_1} - \frac{P\sin\varphi}{U\cos\varphi} = \frac{P}{U}(\tan\varphi_1 - \tan\varphi) \tag{5}$$

又由于

$$I_2 = \frac{U}{X_C} = \frac{U}{\dfrac{1}{2\pi fC}} = U \cdot 2\pi fC$$

将上式代入式（5）得

$$U \cdot 2\pi fC = \frac{P}{U}(\tan\varphi_1 - \tan\varphi)$$

由上式，补偿电容 C 为

$$C = \frac{P}{2\pi fU^2}(\tan\varphi_1 - \tan\varphi) \quad (\text{F}) \tag{1-56}$$

补偿电容器的容量（无功功率）为

$$Q_C = UI_2 = U \cdot \frac{P}{U}(\tan\varphi_1 - \tan\varphi)$$

$$= P(\tan\varphi_1 - \tan\varphi) \quad (\text{var}) \tag{1-57}$$

第三节 三 相 交 流 电 路

三相交流电路是电力系统中普遍采用的一种电路，目前电能的生产、输送、分配和应用几乎全部采用三相交流电。与单相交流电比较，它具有经济、可靠、工作性能良好等优点。三相交流电是在单相交流电路的基础上发展起来的。单相交流电路的基本理论、定律和分析计算方法在三相交流电路中都是适用的。

一、三相交流电源

1. 三相交流电动势的产生

三相交流电源是由三个频率相同、大小相等、彼此之间具有 120°相位差的对称三相电动势组成的，一般称为对称三相电源。其对称三相电动势是由三相交流发电机产生的，

三相交流发电机的结构原理图如图 1-31 所示。

三相交流发电机主要由电枢和磁极两部分组成。电枢是固定的，亦称定子。定子铁芯由硅钢片叠装而成，在定子槽中安装完全相同的三组电枢绕组（三相绕组）AX、BY、CZ，分别称为 A 相、B 相和 C 相绕组。每相绕组的始端标为 A、B、C，而末端标为 X、Y、Z。三个绕组在空间位置上彼此相隔 120°。

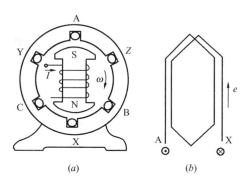

图 1-31 三相交流发电机结构原理图

磁极是转动的，又称转子，转子铁芯上绕有励磁绕组。当原动机带动发电机转子以顺时针方向等速（角速度为 ω）旋转时，每相电枢绕组依次被磁力线切割，在三个绕组中将会分别产生频率相同、幅值相等、相位互差 120°的三个正弦交变电动势 e_A、e_B、e_C，称为对称三相电动势。

每相电动势的正方向，规定为从每相绕组的末端指向始端。若以 A 相电动势作为参考相量（初相位等于零），则对称三相电动势的瞬时表达式为：

$$\left.\begin{array}{l} e_A = E_m\sin\omega t \\ e_B = E_m\sin(\omega t - 120°) \\ e_C = E_m\sin(\omega t - 240°) = E_m\sin(\omega t + 120°) \end{array}\right\} \quad (1\text{-}58)$$

三相电动势也可用相量表示为

$$\left.\begin{array}{l} \dot{E}_A = Ee^{j0°} = E \\ \dot{E}_B = Ee^{-j120°} = E(\cos 120° - j\sin 120°) \\ \dot{E}_C = Ee^{j120°} = E(\cos 120° + j\sin 120°) \end{array}\right\} \quad (1\text{-}59)$$

三相电动势的波形图及相量图如图 1-32（a）、（b）所示。

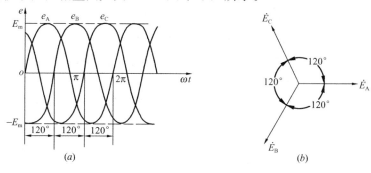

图 1-32 三相电动势的波形图及相量图

三相电动势依次达到正的最大值的先后顺序称为相序。图 1-32 中三相电动势的相序为 A→B→C。从图中还可知，三相电动势的瞬时值之和或相量和都等于零，即

$$e_A + e_B + e_C = 0$$

$$\dot{E}_A + \dot{E}_B + \dot{E}_C = 0$$

2. 三相电源的连接

如果把三相发电机三相绕组的三个末端 X、Y、Z 接在一起形成一个公共点，称为中性点或零点，用字母 N 表示。而把三相绕组的三个始端引出，或将中性点和三个始端一起引出向外供电，这种连接方法称为星形连接，如图 1-33（a）所示。

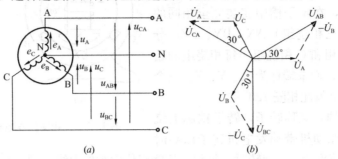

图 1-33　三相电源的星形连接

（a）绕组的星形连接；（b）电源电压相量图

从三相绕组始端引出的三根导线称为端线、相线或火线，用字母 A、B、C 表示三相，或分别用黄、绿、红颜色标出。从中性点引出的线称为中线，以黑颜色标出。如果中性点接地，则中线又称地线。每相端线与中线之间的电压称为相电压，其有效值用 U_A、U_B、U_C 或一般用 U_P 表示。两根端线之间的电压称为线电压，其有效值用 U_{AB}、U_{BC}、U_{CA} 或一般用 U_l 表示。各相电压的正方向，选定为自始端指向末端（自端线指向中线），而线电压的正方向，例如 U_{AB} 是自 A 端指向 B 端。

三相电源星形连接时，线电压相量与相电压相量之间的关系，可利用克希荷夫电压定律分析运算得到

$$\left.\begin{aligned}
\dot{U}_{AB} &= \dot{U}_A - \dot{U}_B = \sqrt{3}\dot{U}_A e^{j30°} \\
\dot{U}_{BC} &= \dot{U}_B - \dot{U}_C = \sqrt{3}\dot{U}_B e^{j30°} \\
\dot{U}_{CA} &= \dot{U}_C - \dot{U}_A = \sqrt{3}\dot{U}_C e^{j30°}
\end{aligned}\right\} \tag{1-60}$$

由上式可见，在数值上线电压是相电压的 $\sqrt{3}$ 倍（$U_l = \sqrt{3}U_P$），在相位上线电压比对应的相电压超前 30°。由于相电压是三相对称电压，线电压也是对称电压。星形连接时，三相电源的相电压与线电压的相量图如图 1-33（b）所示。

将星形连接三相电源的三根端线和一根中线同时引出的供电系统称为三相四线制，它可以向用电负载提供相电压和线电压两种电压。例如我国低压供电系统都能提供 220V 和 380V 两种电压。如果不引出中线，只用三根端线，则称三相三线制，这种电源只能提供一种电压（线电压）。

三相发电机的绕组也可以按顺序将始端与末端依次连接，组成一个闭合三角形，由三个连接端点向外引出三条导线供电，这种接法称为三角形连接，如图 1-34 所示。三相电源三角形连接时，线电压等于相应的相电压，电源只能提供一种电压。

二、三相负载的连接与计算

负载接到三相电路中必须注意负载的类型和工作

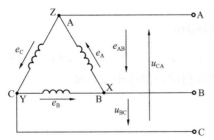

图 1-34　三相电源的三角形连接

额定电压值，根据其额定工作电压接上三相电源的相电压或者线电压。有的负载为单相负载只需单相交流电源，例如白炽灯、单相异步电动机等。一般家用电器均使用 220V 的单相交流电源，由三相四线制电源的相电压供电。有的负载本身就是三相负载，例如三相异步电动机等，一般工作额定电压为 380V，必须接上三相电源的线电压才能工作。事实上，三相负载都可以看做三个单相负载组成的，它们的连接方法有星形连接或三角形连接。

1. 负载星形连接的三相电路

负载星形连接的三相电路如图 1-35 所示，由三相四线制电源供电。

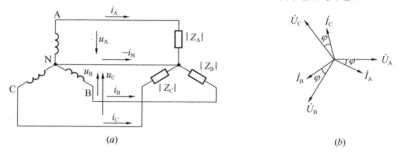

图 1-35 负载星形连接的三相电路

(a) 三相电路；(b) 相量图

三相负载的阻抗分别为 Z_A、Z_B、Z_C，电压和电流的正方向都在图中标示。三相电路中的电流分为相电流和线电流，每相负载中的电流 I_P 称为相电流，每根火线中的电流 I_l 称为线电流。在负载为星形连接时，相电流即为线电流，即 $I_P = I_l$，各相负载中电流的有效值为

$$I_A = \frac{U_A}{|Z_A|}, I_B = \frac{U_B}{|Z_B|}, I_C = \frac{U_C}{|Z_C|} \tag{1-61}$$

如果 X_A、X_B、X_C 分别为三相负载的电抗值，R_A、R_B、R_C 分别为三相负载的电阻值，则各相负载中相电流与相电压的相位差角为

$$\varphi_A = \arctan\frac{X_A}{R_A}, \varphi_B = \arctan\frac{X_B}{R_B}, \varphi_C = \arctan\frac{X_C}{R_C} \tag{1-62}$$

根据克希荷夫电流定律，中线内的电流为

$$i_N = i_A + i_B + i_C \tag{1-63}$$

或用相量表示

$$\dot{I}_N = \dot{I}_A + \dot{I}_B + \dot{I}_C \tag{1-64}$$

如果三相负载是对称的，即 $X_A = X_B = X_C = X$，$R_A = R_B = R_C = R$，则三相负载的各相电流大小相等，相电流与相电压之间的相位差角也相等，三个电流的相量和为零，如图 1-35 (b) 所示，所以中线内的电流为零，可分别表示为

$$I_A = I_B = I_C = I_P = \frac{U_P}{|Z|}$$

$$\varphi_A = \varphi_B = \varphi_C = \varphi = \arctan\frac{X}{R}$$

$$\dot{I}_N = \dot{I}_A + \dot{I}_B + \dot{I}_C = 0$$

在三相负载对称的情况下，既然中线中没有电流通过，那么可以省去中线，形成没有中线的三相电路，称为三相三线制电路。工业的电气生产设备大多为对称三相负载，广泛

采用三相三线制电路。同时，无论有无中线，星形连接负载的线电压就是电源的线电压。根据电压的相量关系，不难看出星形连接的三相对称负载的相电压也是对称的，其线电压是相电压的$\sqrt{3}$倍，即$U_l = \sqrt{3}U_P$；线电压超前相应的相电压$30°$，负载相电压与线电压之间的关系与电源相同，其相量表达式为

$$\left.\begin{array}{c} \dot{U}_{AB} = \sqrt{3}\dot{U}_A e^{j30°} \\ \dot{U}_{BC} = \sqrt{3}\dot{U}_B e^{j30°} \\ \dot{U}_{CA} = \sqrt{3}\dot{U}_C e^{j30°} \end{array}\right\} \tag{1-65}$$

如果星形连接的三相负载是不对称的，中线内将有电流通过，这时中线不能省去，应采用三相四线制供电线路。一旦中线因故断开，则负载的各相电压将不再对称，有的相电压很低，有的相电压很高，使负载不能正常工作。而建筑负荷的三相负载一般都是不对称的，为防止这种不正常的现象出现，要求中线连接牢固，并且不准在中线上安装开关或熔断器。

计算对称负载的三相电路，只需计算一相电量即可，因为对称负载的电压和电流也都是对称的，即大小相等，相位差$120°$。

【例 1-16】 有一台三相异步电动机的绕组星形连接，由线电压U_l为380V的对称三相50Hz交流电源供电，若电动机在额定功率运行时，每相绕组的电阻R为6Ω，感性电抗X_L为8Ω，求在额定功率运行时，电动机的相电流和线电流，并作出它们的相量图。

【解】 该电路是星形——星形连接的对称三相电路，可以只计算其中一相如A相的电量，即可知道其他两相的电量。

计算相电压U_P（U_A）

$$U_A = \frac{U_l}{\sqrt{3}} = \frac{380}{\sqrt{3}} = 220V$$

A相负载阻抗为

$$|Z_A| = \sqrt{R^2 + X_L^2} = \sqrt{6^2 + 8^2} = 10Ω$$

A相的相电流为

$$I_A = \frac{U_A}{|Z_A|} = \frac{220}{10} = 22A$$

A相的U_A与I_A的相位差为

$$\varphi = \text{arc tan}\frac{X_L}{R} = \text{arc tan}\frac{8}{6} = 53.1°$$

即A相相电流$\dot{I}_A$滞后于相电压$\dot{U}_A$的相位差角为$53.1°$，由于是星形连接，A相线电流即为相电流。B相、C相相电流、线电流有效值与A相相同，在相位上分别滞后于A相$120°$和$240°$，其等效电路和相量图如图1-36所示。

2. 负载三角形连接的三相电路

负载三角形连接的三相电路如图1-37（a）所示，各相负载阻抗分别为Z_{AB}、Z_{BC}、Z_{CA}。三相负载直接接在电源的线电压上，所以负载的相电压等于电源的线电压，即$U_P = U_l$，负载的相电压也是对称的。其电压和电流的正方向已在图1-37中标示。

各相负载的相电流有效值为

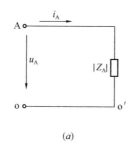
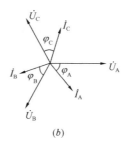

(a)　　　　　　　　　　　　　(b)

图 1-36　例 1-16 图

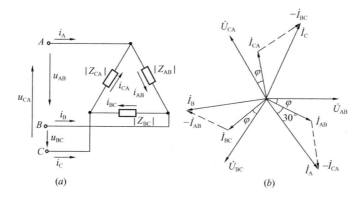

(a)　　　　　　　　　　　　　(b)

图 1-37　负载三角形连接电路

（a）三相电路；（b）相量图

$$I_{AB} = \frac{U_{AB}}{\mid Z_{AB} \mid}, I_{BC} = \frac{U_{BC}}{\mid Z_{BC} \mid}, I_{CA} = \frac{U_{CA}}{\mid Z_{CA} \mid} \tag{1-66}$$

如果 X_{AB}、X_{BC}、X_{CA} 分别为三相负载的电抗值，R_{AB}、R_{BC}、R_{CA} 分别为三相负载的电阻值，则各相负载中相电流与相电压的相位差角为

$$\varphi_{AB} = \text{arc tan} \frac{X_{AB}}{R_{AB}}, \varphi_{BC} = \text{arc tan} \frac{X_{BC}}{R_{BC}}, \varphi_{CA} = \text{arc tan} \frac{X_{CA}}{R_{CA}}$$

根据克希荷夫电流定律，三角形连接的三相电路中，端线的线电流 I_A、I_B、I_C 与相电流 I_{AB}、I_{BC}、I_{CA} 的相量关系为：

$$\left.\begin{aligned} \dot{I}_A &= \dot{I}_{AB} - \dot{I}_{CA} \\ \dot{I}_B &= \dot{I}_{BC} - \dot{I}_{AB} \\ \dot{I}_C &= \dot{I}_{CA} - \dot{I}_{BC} \end{aligned}\right\} \tag{1-67}$$

当三相负载对称时，其阻抗和相电流与相电压的相位差是相等的，即

$$\mid Z_{AB} \mid = \mid Z_{BC} \mid = \mid Z_{CA} \mid = \mid Z \mid = \sqrt{R^2 + X^2}$$

$$\varphi_{AB} = \varphi_{BC} = \varphi_{CA} = \varphi = \text{arc tan} \frac{X}{R}$$

又因为三相线电压对称相等，所以三相负载的相电流对称相等，即

$$I_{AB} = I_{BC} = I_{CA} = I_P = \frac{U_P}{\mid Z \mid}$$

三相对称负载作三角形连接时，各电流、电压相量图如图 1-37（b）所示。根据相量图可以求得线电流 I_A 和相电流 I_{AB} 的关系，即

$$\frac{1}{2}I_{\text{A}} = I_{\text{AB}}\cos 30° = \frac{\sqrt{3}}{2}I_{\text{AB}}$$

$$I_{\text{A}} = \sqrt{3}I_{\text{AB}}$$

或用一般式表达为

$$I_l = \sqrt{3}I_{\text{P}} \tag{1-68}$$

若用相量表示为

$$\left.\begin{aligned} \dot{I}_{\text{A}} &= \sqrt{3}\dot{I}_{\text{AB}}\text{e}^{-j30°} \\ \dot{I}_{\text{B}} &= \sqrt{3}\dot{I}_{\text{BC}}\text{e}^{-j30°} \\ \dot{I}_{\text{C}} &= \sqrt{3}\dot{I}_{\text{CA}}\text{e}^{-j30°} \end{aligned}\right\} \tag{1-69}$$

以上分析说明，在三角形连接的三相对称负载电路中，负载相电压等于线电压；负载线电流是相电流的$\sqrt{3}$倍，在相位上，线电流滞后相应相电流30°。所有三相电流、电压都是对称的，计算时只要计算一相电量就可得到其他两相电量。负载作三角形连接时，电路中没有中线，因此它是三相三线制电路。

【例 1-17】　某三相负载，每相额定工作电压为380V，每相阻抗为38Ω，三相电源的线电压为380V，试问电源与负载的连接方法？并求出负载的相电流和线电流？

【解】　根据负载每相的额定工作电压和电源电压，三相负载应采用三角形连接。由于负载是对称的，所以各相相电流和线电流也是对称的。

负载相电流　　　　　　$$I_{\text{P}} = \frac{U_{\text{P}}}{|Z|} = \frac{380}{38} = 10\text{A}$$

负载线电流　　　　$$I_l = \sqrt{3}I_{\text{P}} = \sqrt{3} \times 10 = 17.32\text{A}$$

三、三相电路的功率

在三相交流电路中，不论负载是星形连接还是三角形连接，三相负载所消耗的总有功功率 P 为各相负载消耗的有功功率之和，即

$$\begin{aligned} P &= P_{\text{A}} + P_{\text{B}} + P_{\text{C}} \\ &= U_{\text{A}}I_{\text{A}}\cos\varphi_{\text{A}} + U_{\text{B}}I_{\text{B}}\cos\varphi_{\text{B}} + U_{\text{C}}I_{\text{C}}\cos\varphi_{\text{C}} \end{aligned} \tag{1-70}$$

在三相对称电路中，各相的相电压、相电流和相功率因数都相等，因此各相功率也相等，三相总有功功率为

$$P = 3U_{\text{P}}I_{\text{P}}\cos\varphi \tag{1-71}$$

通常对称三相负载铭牌上所标出的是额定线电压和线电流。因此为了计算方便，我们用线电压和线电流来表示三相功率。当负载星形连接时，负载的线电压为相电压的$\sqrt{3}$倍$(U_l = \sqrt{3}U_{\text{P}})$，负载的线电流即为相电流$(I_l = I_{\text{P}})$；负载三角形连接时，负载的线电压即为相电压$(U_l = U_{\text{P}})$，负载的线电流为相电流的$\sqrt{3}$倍$(I_l = \sqrt{3}I_{\text{P}})$。这样，不管负载是星形连接还是三角形连接，如果用负载的线电压和线电流表示，三相负载的总有功功率都可表示为

$$P = \sqrt{3}U_l I_l \cos\varphi \tag{1-72}$$

应注意，上式中 φ 角仍为相电压与相电流的相位差角，它只决定于负载的性质，与负载连接的方式无关。

同理可以推导出三相电路中的总无功功率为各相负载的无功功率之和，即

$$Q = Q_A + Q_B + Q_C$$
$$= U_A I_A \sin\varphi_A + U_B I_B \sin\varphi_B + U_C I_C \sin\varphi_C \tag{1-73}$$

三相对称电路的总无功功率为

$$Q = 3U_P I_P \sin\varphi = \sqrt{3}U_l I_l \sin\varphi \tag{1-74}$$

总视在功率为

$$S = 3U_P I_P = \sqrt{3}U_l I_l \tag{1-75}$$

三种功率之间的关系为

$$\left. \begin{array}{l} P = S\cos\varphi \\ Q = S\sin\varphi \\ S = \sqrt{P^2 + Q^2} \end{array} \right\} \tag{1-76}$$

【例 1-18】 三相交流电源星形连接，线电压 $U_l = 380V$，有一个对称三相负载，各相电阻 $R = 6\Omega$，感抗 $X_L = 8\Omega$，试求负载作星形连接和三角形连接时的线电流 I_l、相电流 I_P 和三相有功功率 P_Y、P_Δ，并作比较。

【解】 （1）对称负载星形连接时

$$|Z| = \sqrt{R^2 + X_L^2} = \sqrt{6^2 + 8^2} = 10\Omega$$

$$\varphi = \text{arc} \tan \frac{X_L}{R} = \text{arc} \tan \frac{8}{6} = 53.1°$$

$$I_l = I_P = \frac{U_P}{|Z|} = \frac{380/\sqrt{3}}{10} = 22A$$

$$P_Y = \sqrt{3}U_l I_l \cos\varphi = \sqrt{3} \times 380 \times 22 \times \cos 53.1° = 8.68kW$$

（2）对称负载三角形连接时

$$I_P = \frac{U_P}{|Z|} = \frac{380}{10} = 38A$$

$$I_l = \sqrt{3}I_P = \sqrt{3} \times 38 = 65.8A$$

$$P_\Delta = \sqrt{3}U_l I_l \cos\varphi = \sqrt{3} \times 380 \times 65.8 \times \cos 53.1° = 26kW$$

（3）分析比较 在同一电源电压下，同一负载作三角形连接时，线电流是星形连接时的 $\sqrt{3}$ 倍；三角形连接时相电压是星形连接时的 $\sqrt{3}$ 倍；三角形连接时有功功率是星形连接的 3 倍。

由此可见，在同一电源电压下，三相负载消耗的总功率与连接方式有关。若正常工作接法是星形连接，而错接成三角形，则负载会由于电压和电流过高而损坏甚至烧毁；若正常工作接法是三角形，而错接成星形，则负载会由于电压和电流过低，输出功率过小而不能正常工作。在工业生产中，大功率的三相异步电动机其正常工作接法为三角形连接，为了减小启动电流，在启动时采用星形连接；而当电动机转速升高到一定值时，又换接成正常工作时的三角形连接，以保证输出额定功率。

第四节　磁　场　和　磁　路

一、磁场

不仅永久磁铁的周围存在磁场，而且通过电流的导体周围也同样存在着磁场。产生磁场的电流称为激磁电流或励磁电流，这种现象称为电流的磁效应。表征磁场方向和强弱的基本物理量为磁感应强度 B，它是一个矢量。它与激磁电流方向之间的关系可用右手螺旋定则来确定。磁场内某一点的磁感应强度可用该点磁场作用于 1m 长，通有 1A 电流导体上的力 F 来衡量（该导体与磁场方向垂直），即其大小可表示为

$$B = \frac{F}{lI} \tag{1-77}$$

如果磁场内各点的磁感应强度的大小相等，方向相同，这样的磁场称为均匀磁场（图 1-38）。

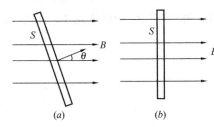

图 1-38　均匀磁场的磁通

在均匀磁场中，磁感应强度 B 与垂直于磁场方向的面积 S 的乘积，称为通过该面积的磁通 Φ，表示为

$$\Phi = B \cdot S \tag{1-78}$$

在国际单位制中，磁感应强度 B 的单位是特斯拉（T），面积的单位是平方米（m^2），磁通 Φ 的单位是韦伯（Wb）。

如果不是均匀磁场，应取磁感应强度 B 的平均值进行计算。如果该面积不垂直于磁场方向，该面积的法线与磁场方向的夹角为 θ 角，则可用下式表示

$$\Phi = BS\cos\theta \tag{1-79}$$

二、磁路欧姆定律

磁路是磁通集中通过的路径。在工程技术中，磁路是指良好导磁材料制成所需形状的磁通路（图 1-39）。磁路和电路都是变压器、电动机、电磁铁、电工测量仪表等电工设备的基本组成部分。

通过环形铁芯线圈的实验和分析推导可以得到磁路中的磁感应强度 B 和磁通 Φ 的表达式为

$$B = \mu \frac{IN}{l} = \mu H \tag{1-80}$$

$$\Phi = BS = \mu \frac{IN}{l} \cdot S = \frac{IN}{l/\mu S} = \frac{F_\mathrm{m}}{R_\mathrm{m}} \tag{1-81}$$

式中　　μ——磁导率，它是表示磁路材料导磁性能的参数，其单位为亨/米（H/m）；

　　　I——激磁电流；

　　　N——线圈匝数；

　$H = \dfrac{IN}{l}$——称为磁场强度，也是矢量，单位为安培/米（A/m）；

　　　S——为磁路的截面积；

　　　l——磁路的平均长度；

38

$$F_m = IN \quad \text{——产生磁通的安匝数,称为磁动势;}$$

$$R_m = \frac{l}{\mu \cdot S} \quad \text{——称为磁阻,单位为 } 1/\text{亨 (1/H)。}$$

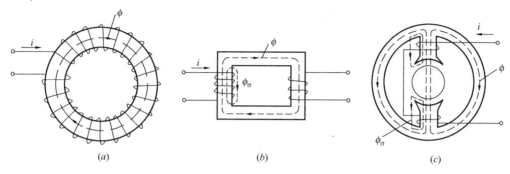

图 1-39 各种形状的磁路

(a) 环形铁芯线圈;(b) 变压器;(c) 电动机

式(1-81)与电路的欧姆定律在形式上相似,因此称为磁路的欧姆定律,即由激磁电流在磁路中产生的磁通 Φ,其大小与激磁磁动势 F_m 成正比,与磁路的磁阻 F_m 成反比。磁路的磁阻 R_m 与磁路的平均长度 l 成正比,与磁路截面积及磁路物质的磁导率 μ 成反比。磁路与电路的比较见表 1-2。

磁 路 与 电 路 的 比 较   表 1-2

磁　　　　路	电　　　　路
磁动势 F_m	电动势 E
磁通 Φ	电流 I
磁感应强度 B	电流密度 J
磁阻 $R_m = \dfrac{l}{\mu \cdot S}$	电阻 $R = \rho \dfrac{L}{S}$
欧姆定律 $\Phi = \dfrac{IN}{R_m}$	欧姆定律 $I = \dfrac{U}{R}$
磁导率 μ 取决于材料性质	电阻率 ρ 取决于材料性质
非磁性材料中,μ_0 为常数,IN 和 Φ 是线性关系	线性电阻,ρ 为常数,U 和 I 是线性关系
磁性材料的磁导率 μ 是一个变数,磁阻为非线性,可用磁化曲线来表征	非线性电阻是用伏安特性曲线来表征导电性能的

磁化曲线如图 1-40 所示。

在计算电动机、电器等电工设备的磁路时,往往预先给定磁路中的磁通(或磁感应强度),再按照所给定的磁通及磁路各段的尺寸和材料去求产生预定磁通所需的磁动势 $F_m = IN$。根据已知条件,可求出线圈的电流或匝数。常用的磁性材料请参阅第五节常用电工材料的有关内容。

磁路的应用十分广泛,主要有以下方面:

(1)利用磁路传送电能 例如变压器,交流电源的电能通过原方绕组线圈转变为磁场能量,产生交变磁通,经过变压器

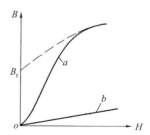

图 1-40 磁化曲线

a—磁性材料;b—非磁性材料

磁路传送到副方绕组线圈,将磁场能量又转变为电能提供负载使用。变压器一般起变压、变流、变阻抗作用,或者使电源与负载之间没有直接的电联系,起电隔离作用。

(2) 利用磁路产生磁吸力 由铁磁材料制成的可运动物体称为衔铁。当励磁线圈接通电源,励磁电流产生磁通,在铁芯和衔铁之间的气隙中产生磁吸力 F,使衔铁产生运动。

直流励磁的磁吸力 F 可由下式计算

$$F = 4 \times 10^5 \frac{\Phi_0^2}{S_0} \qquad (1\text{-}82)$$

式中　Φ_0——气隙中的磁通(Wb);

　　　S_0——铁芯与衔铁之间的气隙有效截面积(m^2);

　　　F——磁吸力(N)。

正弦交流励磁的磁吸力 F 可由下式计算

$$F = 2 \times 10^5 \frac{\Phi_m^2}{S_0} \qquad (1\text{-}83)$$

式中　Φ_m——交流磁通的最大值,式中各量单位与式(1-82)相同。

在磁路的磁吸力作用下,衔铁产生运动的原理是一切电磁铁、接触器、继电器等电磁器件工作的基本原理。

(3) 利用磁路对载流导体产生电磁力 电磁力的大小可由下式计算

$$F = B \cdot l \cdot I \qquad (1\text{-}84)$$

式中 B 为通过导线的磁感应强度,单位特斯拉(T);l 为处于磁场中与 B 垂直的单根导线长度,单位米(m);I 为导线中的电流,单位安培(A),电磁力 F 的单位为牛顿(N)。

电磁力的方向由左手定则确定。它是磁电式仪表、电动机等电器设备工作的基本原理。

三、铁芯线圈

绕在铁芯上的线圈叫做铁芯线圈。根据励磁电流是直流或交流,铁芯线圈可分直流铁芯线圈和交流铁芯线圈。

1. 直流铁芯线圈

直流电动机的励磁线圈、直流电器的线圈等,采用直流励磁电流,为直流铁芯线圈。它们的磁通是恒定的,在线圈中不会产生感应电动势,在一定电压 U 下,线圈中的电流 I 只与线圈本身的电阻 R 有关,功率损耗也只有 I^2R,分析计算都比较简单。

2. 交流铁芯线圈

交流电动机、变压器及各种交流电器的线圈等,采用交流励磁电流,为交流铁芯线圈。它的电磁关系,电压电流关系及功率损耗等方面与直流铁芯线圈是有所不同的。

(1) 电磁关系 磁动势 iN 产生的磁通绝大部分通过铁芯而闭合,这部分磁通称为主磁通或工作磁通 ϕ。此外还有很少一部分经过空气或其他非导磁媒质而闭合,这部分磁通称为漏磁通 ϕ_σ,如图 1-41 所示。这两部分磁通分别在线圈中产生主磁电动势 e 和漏磁电动势 e_σ。它们的电磁关系表示如下:

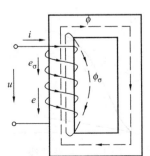

图 1-41　交流铁芯线圈

$$\phi \rightarrow e = -N\frac{\mathrm{d}\phi}{\mathrm{d}t}$$

$$u \rightarrow i(iN)$$

$$\phi_\sigma \rightarrow e_\sigma = -N\frac{\mathrm{d}\phi_\sigma}{\mathrm{d}t} = -L_\sigma\frac{\mathrm{d}i}{\mathrm{d}t}$$

上面表示的关系中，L_σ 是铁芯线圈的漏磁电感，为常数，而铁芯线圈的主磁电感 L 不是一个常数，因此铁芯线圈是一个非线性电感元件。

（2）电压和电流关系　在铁芯线圈的交流电路中，电源电压 u 可以分为三个分量：线圈电阻上的电压降 $u_\mathrm{R} = iR$，与漏磁电动势相平衡的电压分量 $u_\sigma = -e_\sigma$ 及与主磁感应电动势相平衡的电压分量 $u' = -e$。根据克希荷夫电压定律，可列出表达式为

$$u = u_\mathrm{R} + u_\sigma + u'$$

或相量表示为

$$\dot{U} = \dot{U}_\mathrm{R} + \dot{U}_\sigma + \dot{U}'$$

$$= \dot{I}R + \mathrm{j}\dot{I}X_\sigma + (-\dot{E}) \tag{1-85}$$

通常由于线圈电阻 R 和漏磁感抗 X_σ 较小，它们的电压降也较小，与主磁感应电动势比较起来，可以忽略不计。电源电压 u 与主磁感应电动势 e 在数值上近似相等，即

$$\dot{U} \approx -\dot{E}$$

$$U \approx E = 4.44fN\Phi_\mathrm{m} = 4.44fNB_\mathrm{m}S \tag{1-86}$$

式中　f——电源的频率（Hz）；

　　N——铁芯线圈的匝数；

　　B_m——铁芯中磁感应强度的最大值（T）；

　　S——铁芯截面积（m^2）。

若上式 B_m 的单位用高斯，S 的单位用平方厘米，则上式可表示为

$$U \approx E = 4.44fNB_\mathrm{m}S \times 10^{-8} \quad \mathrm{V} \tag{1-87}$$

（3）功率损耗　在交流铁芯线圈中，功率损耗包括：

1）铜损 ΔP_cu 为线圈电阻 R 上的损耗；

2）铁损 ΔP_Fe 包括磁滞损耗和涡流损耗；

在交变磁场的作用下，铁芯中的铁磁物质在反复磁化过程中，磁感应强度 B 的变化总是落后于磁场强度 H 的变化（图 1-42a），这一现象称为磁滞。由于铁磁物质中分子电

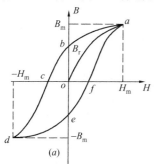
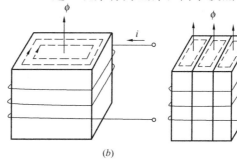

图 1-42　磁滞与涡流

（a）磁滞回线；（b）涡流

流不断改变方向，会消耗一部分能量转变为热能，这部分消耗的能量称为磁滞损耗。磁滞回线所包围的面积愈大和反复磁化的频率愈高，则磁滞损耗也愈大。为了减小磁滞损耗，应选用磁滞回线狭小的磁性材料，如硅钢片作铁芯材料。

金属导体在交变磁场中，金属导体内会产生感应电动势和感应电流，因而在导体内部引起自成闭合回路的环形电流，称为涡流。由于涡流在铁芯中的流动，引起电能损耗，使铁芯温度升高，这部分消耗的能量称为涡流损耗。为了减小涡流损耗，在顺磁场方向上，铁芯可由相互绝缘的薄片叠成，限制涡流的流动范围。通常电动机、变压器等铁芯均采用涂有绝缘漆的硅钢片叠成。硅钢片材料中含有少量的硅，电阻率较大，这也能使涡流减小。

当然，我们可以利用涡流的热效应，制成感应电炉来冶炼金属。利用涡流和磁场相互作用而产生电磁力的原理来制造感应式仪器，滑差调速电动机等。

四、电磁铁

电磁铁是利用电磁吸力来操纵、牵引机械装置以完成预期的动作，如吸持、固定等。因此，电磁铁是将电能转化为机械能的一种电器。

电磁铁主要类型有牵引电磁铁、制动电磁铁和起重电磁铁等。牵引电磁铁主要用于自动控制设备中，牵引或推斥其他机械装置，以达到自控或遥控的目的。制动电磁铁是操纵制动器作机械制动用的电磁铁，通常与闸瓦式制动器配合使用。在电气传动装置中用作电动机的机械制动以达到准确和迅速停车的目的。起重电磁铁广泛用于搬运钢板、钢轨和铁矿石等，它具有可以控制电磁铁的线路，能够安全可靠地吸住钢铁物体或自动去磁、释放被吸的物体。

电磁铁的常用结构形式如图 1-43 所示。它均由线圈 1、铁芯 2 及衔铁 3 等部分组成。

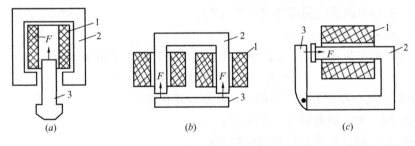

图 1-43　电磁铁的结构形式

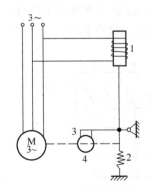

图 1-44　机械制动的原理
1—电磁铁；2—弹簧；
3—抱闸闸瓦；4—制动轮

当接通电源时，铁芯线圈产生电磁力 F 吸引衔铁运动，从而使联动的机械装置完成预期的动作。当电源断开时，电磁铁的电磁力随之消失，衔铁被释放，恢复原来的工作状态。不同型号的电磁铁，其线圈电源可能为交流或直流电源。

电磁铁在建筑工程设备中得到广泛的应用，图 1-44 为起重机和卷扬机中采用的机械制动方法。当接通电源时，在电动机启动的同时，电磁抱闸电磁铁 1 的线圈也接通电源，产生电磁吸力使电磁铁的衔铁克服弹簧 2 的拉力，把抱闸闸瓦 3 提起，离开固定安装在电动机轴上的制动轮 4，这时电动机可自由转动。而当电动机断开电源时，电磁线圈也同时断电，失去电磁吸力而释放衔铁，在弹簧作用下抱闸闸瓦立即压在（抱住）制动轮上，使电动机在短时间内就被制动。起重机和卷扬机中采用这种制动方法，可以保持起吊的重物保持在一定的高度位置。

在交流电磁铁中，为了减小铁损，它的铁芯是由硅钢片叠装而成。而在直流电磁铁中，铁芯是用整块电工用纯铁制成的。

第五节　常用电工材料

一、绝缘材料

1. 绝缘材料的作用和性能

绝缘材料的主要作用是隔离带电的或不同电位的导体，使电流能按指定的方向流动。在某些场合下，绝缘材料往往还起机械支撑、保护导体及防电晕、灭电弧等作用。

绝缘材料的电阻系数一般都大于 $10^9\Omega\cdot cm$。绝缘材料大部分是有机材料，其耐热性能、机械强度和寿命比金属材料低得多，因此，绝缘材料是电工产品最薄弱的环节，许多故障发生在绝缘部分。

绝缘材料的主要性能指标为：

（1）击穿强度　又称抗电强度、耐压强度。绝缘材料在高于某一定数值的电场强度作用下，会被损坏而失去绝缘性能，这种现象称为击穿。击穿强度的单位为"kV/mm"。

（2）绝缘电阻　为了表明材料的绝缘性能，通常用表面电阻率和体积电阻率两项指标，对各种不同的绝缘材料进行比较，同一种绝缘材料，随着温度的升高、材料受潮和表面积污等，其体积电阻值和表面电阻值相应下降。

（3）机械强度　对于不同用途的绝缘材料，相应规定抗张、抗弯、抗剪、抗撕、抗冲击等各种强度指标。

（4）耐热性　指绝缘材料的最高允许工作温度，避免使用时温度过高而加速绝缘材料的老化，以保证电工产品的使用寿命。

电工绝缘材料按其允许最高温度分为 7 个耐热等级，见表 1-3。

绝缘材料的耐热等级　　　　　　　　　　　　　　　表 1-3

等级代号	耐热等级	允许最高温度（℃）	主要绝缘材料
0	Y	90	未浸渍的棉防、丝、纸
1	A	105	上述材料经浸渍
2	E	120	树脂薄膜、耐热漆
3	B	130	用树脂粘合浸渍的无机材料
4	F	155	云母、玻璃丝、石棉制品
5	H	180	耐热有机硅漆及浸渍制品
6	C	>180	玻璃、云母、陶瓷

2. 常用绝缘材料

电工绝缘材料分气体、液体和固体三大类。固体绝缘材料按其应用或工艺特性，又可划分为七类：

（1）电工绝缘漆、树脂和胶类。

（2）绝缘浸渍纤维制品类　特种棉布、丝绸以及无碱玻璃布，浸渍绝缘漆烘干而成。

（3）热固性层压制品类　酚醛、环氧纸、布、玻璃纤维板。

（4）热压塑料类　各种塑料、有机玻璃板、管、外壳。

（5）云母制品类　云母带、云母板。

（6）薄膜、胶带和复合制品类　如绝缘纸、绝缘布、有机薄膜和胶带。

（7）电瓷　电工用陶瓷制品，分线路用、电站用、电器用电瓷。

二、导电材料

导电材料绝大部分是金属，通常具备以下特点：

（1）导电性好（即电阻系数小）；

（2）有一定的机械强度；

（3）不易氧化和腐蚀；

（4）容易加工和焊接；

（5）资源丰富，价格便宜。

铜和铝是最常用的导电材料，常制成线材使用。在某些特殊场合，也需要用其他的金属或合金作为导电材料。

1. 电线电缆

电线电缆品种很多，按照性能、结构、制造工艺及使用特点，可以分为以下五类：

（1）裸电导线和裸导体制品　这类产品只有导体部分，没有绝缘和护层结构，通常分为圆单线、型线、裸绞线、软接线等四种。

（2）电磁线　指应用于电动机电器及电工仪表中作为绕组或元件的绝缘导线，依据导线外面的绝缘材料将电磁线分成几种耐热等级。常用的电磁线，按照它们使用的绝缘材料不同，分为漆包线、玻璃丝包线和纸包线三类。

（3）电气设备用电线、电缆　它包括各种电气设备内部的安装连接线，电气设备与电源间连接的电线、电缆、信号控制系统用的电线、电缆以及低压电力配电系统用的绝缘电线等。它们的使用范围很广，品种很多。但大多数采用橡皮或塑料作为绝缘材料和护套材料，用铝或者铜线作导电线芯。

（4）电力电缆。

（5）通信电线电缆。

2. 电热材料

用来制造各种电阻加热设备中的发热元件，它把电能转变为热能，使加热设备的温度升高。对电热材料的基本要求是电阻系数高，加工性能好，特别是它长期处于高温状态中工作，因此要求在高温时具有足够的机械强度和良好的抗氧化性能。常用的电热材料是镍铬合金和铁铬铝合金。

3. 电阻合金

它是制造电阻元件如精密电阻、电位器等的重要材料，它具有温度系数小、稳定性好、机械强度高等特点。常用的材料是康铜、新康铜、镍铬、镍铬铁、铁铬铝等。

4. 触头材料

在开关电器中，触头承担着电路的接通、载流、分断和隔离的任务，要求触头材料的接触电阻低，有足够的机械强度（如弹性、抗拉、抗磨损、抗压等），能经受电弧的作用，不易氧化、电蚀，不会因电弧作用熔接在一起，操作安全可靠和使用寿命长等。常用的触头材料是铜、铜合金、银、银合金、钨、钨合金、金合金、铂合金等。

三、磁性材料

各种物质在外界磁场的作用下，都会呈现出不同的磁性，根据其磁性的强弱，可分为强磁性和弱磁性两类。工程上实用的磁性物质都属于强磁性物质。

磁性材料按其特性不同，分为软磁材料和硬磁材料（又称永磁材料）两大类。

1. 软磁材料

其主要特点为导磁率高，剩磁弱，这类材料在较弱的外界磁场作用下，就能产生较强的磁感应强度，而且随外界磁场的增强，很快达到磁饱和状态；当外界磁场去掉后，它的磁性就基本消失了。常用的有电工用纯铁、硅钢片和软磁铁氧体等。

2. 硬磁材料

其主要特点是剩磁强。这类材料在外界磁场作用下，不容易产生较强的磁感应强度，但当其达到磁饱和状态以后，即使把外界磁场去掉，它还能在较长时间内保持较强的磁性。对硬磁材料的要求是剩磁强、磁性稳定。常用的硬磁材料为铝镍合金、铝镍钴钛合金和硬磁铁氧体等。

本 章 小 结

1. 电路由电源、负载和中间环节组成，电源供给电能，负载消耗电能，中间环节起传送、分配和保护作用。电路的基本功能是传送电能或电信号。电路有空载、负载和短路三种运行状态。

2. 欧姆定律、克希荷夫定律和叠加原理等是电路分析计算的基本定律。简单电路一般运用欧姆定律分析计算。不能用简单串、并联方法简化为单一回路的电路称为复杂电路或网络，还需要运用克希荷夫节点电流定律、回路电压定律或叠加原理等进行分析计算。

支路电流法和节点电压法是利用克希荷夫定律列出电路的电流、电压方程，分析复杂电路的基本方法。叠加原理只适用于线性电路的电压、电流分析计算，不适用于非线性电路，也不能用来计算线性电路的功率。

3. 电路中各电源输出的总功率一定等于各负载吸取的总功率，称为电路功率平衡，它是能量守恒和转换定律在电路中的反映。

4. 正弦交流电的幅值、频率和初相位是正弦电量的三要素，分别表示正弦交流电变化的大小、快慢和初始状态。

正弦交流电的有效值，就是与其热效应相等的直流值，它等于正弦交流电幅值的 $\frac{1}{\sqrt{2}}$。通常都用有效值来表示正弦交流电的大小。

相位差是两个同频率正弦交流电的相位角之差，常用同相、反相、超前、滞后等表示它们之间的关系。

5. 正弦电量可以用波形图、三角函数和相量来表示，根据分析电路的需要选用不同的表示方法。表示正弦交流电的相量有几何及代数两种形式，即相量图及复数式。

正弦交流电路引入相量概念以后，直流电路中的基本定理、定律及基本分析方法都可以用到交流电路中来。

6. 电阻 R、电感 L 和电容 C 是交流电路的三个基本元件参数。在交流电压作用下，这三种基本元件在电路中的电压、电流关系是不同的。应该首先掌握纯电阻电路、纯电感电路和纯电容电路中电流与电压之间的大小关系、相位关系以及功率情况。各种交流电路实际上都是由上述三种单一元件电路组合而成的。

7. 单相正弦交流电路的功率计算公式为

$$P = UI\cos\varphi$$
$$Q = UI\sin\varphi$$
$$S = UI$$

8. 提高负载功率因数 $\cos\varphi$，能够提高电源设备的利用率，减少线路的功率损耗。在感性负载电路中，常用并联电容器的方法来提高功率因数。

9. 三相对称电动势、电压或电流是指大小相等、频率相同、相位互差120°的三相电动势、电压或电流。在三相四线制供电系统中，其线电压的数值等于相电压的 $\sqrt{3}$ 倍，即 $U_l = \sqrt{3}U_p$；其线电压的相位超前于对应的相电压30°。我国低压供电系统的线电压为380V，相电压为220V，频率为50Hz。

10. 三相负载有星形或三角形两种连接方式。三相负载的复阻抗都相同时，称为三相对称负载，这时三相电路的计算只需计算一相，其余两相可按对称关系直接得出。

在三相四线制星形连接负载时，负载相电压等于电源相电压，负载相电流等于线电流。当三相负载对称时，中性线中的电流等于零，可省去中线，采用三相三线制供电。如果负载不对称的情况下，为了保证负载的相电压对称，则必须有中线。

在三角形连接负载时，负载相电压等于电源线电压。当三相负载对称时，其负载线电流等于相电流的 $\sqrt{3}$ 倍，即 $I_l = \sqrt{3}I_p$，其负载线电流的相位滞后于对应的相电流30°。

11. 在对称负载的三相电路中，负载不论是接成星形或三角形，其功率的计算公式均为

$$P = \sqrt{3}U_l I_l \cos\varphi = 3U_p I_p \cos\varphi$$
$$Q = \sqrt{3}U_l I_l \sin\varphi = 3U_p I_p \sin\varphi$$
$$S = \sqrt{3}U_l I_l = 3U_p I_p$$
$$S = \sqrt{P^2 + Q^2}$$

但是，在不对称负载三相电路中，其各相电流是不对称的，三相电流和功率要分别进行计算。

12. 磁场、磁路的基本物理量（表1-4）和磁路欧姆定律以及在铁芯线圈、电磁铁中的应用。

磁场、磁路的基本物理量   表 1-4

物 理 量		意 义	单 位	
名 称	符 号		名 称	符 号
磁感应强度 （磁密）	B	表示空间某点磁场的强弱与方向的物理量。可用垂直于磁场方向的单位面积通过的磁力线数表示	特斯拉， 简称"特"	T （1T＝Wb/m²）
磁通量 （磁通）	Φ	表示穿过某一截面 S 的磁感应强度矢量的通量，即穿过截面 S 的磁力线总数。在均匀磁场内，$\Phi = BS$	韦伯	WB （1Wb＝1V·s）
磁场强度	H	表示磁场中与介质无关的磁场大小和方向。它可定义为介质中某点的磁感应强度 B 与介质磁导率 μ 之比，即 $H = \dfrac{B}{\mu}$	安/米	A/m
磁导率 （导磁系数）	μ	表示物质的导磁性能。真空的磁导率 $\mu_0 = 4\pi \times 10^{-7}$亨/米	亨/米	H/m

复习思考题与习题

1. 如果人体电阻为 1200Ω，通过人体的安全电流为 10mA，试计算安全工作电压。

2. 电阻元件的电阻值除可用欧姆表、电桥等测量外，工程上还用"伏安法"来测定电阻。如果用伏特表测出元件的端电压为 3V，用安培表测出流过元件的电流为 10mA，求此电阻的大小。

3. 规格为 5.1kΩ，$\frac{1}{4}$W；100Ω，1W 的两只电阻器，问使用时允许的最大电流和最大电压各为多大值。

4. 两个并联电阻 R_1 和 R_2，如果它们的阻值是

(1) $R_1 = 300\Omega$，$R_2 = 600\Omega$

(2) $R_1 = 300\Omega$，$R_2 = 300\Omega$

(3) $R_1 = 300\Omega$，$R_2 = 150\Omega$

求这三种情况下的等效电阻值和分析以上计算结果可以得出什么结论。

5. 计算图 1-45 所示电路中 A、B 间的等效电阻 R_{AB}。

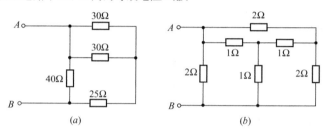

图 1-45　习题 5 图

6. 图 1-46 是万用表中测量直流电流的电路。已知表头内阻 $R_0 = 280\Omega$，满度电流为 $I_0 = 0.6$mA，为了使其量程扩大为 1mA、10mA、100mA，试求分流电阻 R_1、R_2、R_3 的值。

7. 在图 1-47 所示电路中，试用支路电流法求各支路电流。

8. 在图 1-47 所示电路中，试用节点电压法求各支路电流。

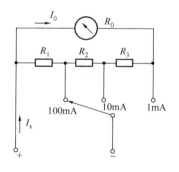

图 1-46　习题 6 图

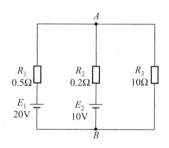

图 1-47　习题 7 图

9. 在图 1-47 所示电路中，$E_1 = 15$V，$E_2 = 12$V，$R_1 = 1\Omega$，$R_2 = 0.5\Omega$，$R_3 = 20\Omega$，试用叠加原理法计算 R_3 支路中的电流。

10. 在图 1-48 所示电路中，已知 $E_1 = 3$V，$E_2 = 1.2$V，$R_1 = 4\Omega$，$R_2 = 8\Omega$，$R_3 = R_4 = 6\Omega$，求各支路电流。（提示：采用叠加原理计算较简便）。

11. 已知电压 $u = 220\sqrt{2}\sin 314t$　V，求 $t_1 = 0.01$s 和 $t_2 = 0.02$s 时电压的瞬时值，并绘出它的波形图。

12. 判断下列各组电压（电流）哪个超前、哪个滞后？其相位差等于多少？

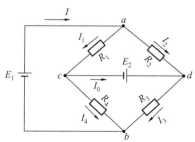

图 1-48　习题 10 图

(1) $i_1 = I_{m1} \sin(\omega t + 285°)$ A, $i_2 = I_{m2} \sin(\omega t + 30°)$ A;

(2) $i_1 = I_{m1} \sin(\omega t - 30°)$ A, $i_2 = I_{m2} \sin(\omega t - 80°)$ A;

(3) $u_1 = U_{m1} \sin(\omega t - 260°)$ V, $u_2 = U_{m2} \sin(\omega t + 120°)$ V;

(4) $u_1 = U_{m1} \sin(\omega t - 310°)$ V, $u_2 = U_{m2} \sin(\omega t - 360°)$ V;

13. 试求下列两正弦电压之差的有效值，并画出对应的相量图：

$$u_1 = 220\sqrt{2}\sin(\omega t + 30°) \text{V}$$

$$u_2 = 220\sqrt{2}\sin(\omega t + 150°) \text{V}$$

14. 在 RLC 串联电路中，已知 $R = 20\Omega$，$L = 0.1H$，$C = 50\mu F$。当信号频率分别为 $f_1 = 50Hz$ 和 $f_2 = 1000Hz$ 时，试写出其复阻抗的表达式，它们的阻抗是感性的还是容性的？

15. 接于 220V、50Hz 电源上的单相交流异步电动机，其功率 $P = 400W$，功率因数 $\cos\varphi = 0.6$，现欲将功率因数提高到 0.95，问应并联多大的电容？

16. 日光灯（包括串联的线圈）的规格为 220V、50Hz、40W、0.5A，试求其等效电阻、电感和功率因数。

17. 已知对称三相电压中 A 相电压的瞬时值函数式是

$$u_A = 311\sin(314t + 30°) \text{V}$$

试写出其他各电压的瞬时值函数式，并绘出波形图。

18. 写出上题各电压的相量式并绘相量图。

19. 有一组三相对称星形连接负载，每相的电阻 $R = 4\Omega$，感抗 $X_L = 3\Omega$，接到线电压 $U_l = 380V$ 的三相电源上，求负载的相电流、线电流及有功功率，并作出相量图。

20. 有一台三相异步电动机，其绕组连接成三角形，接到线电压 $U_l = 380V$ 的电源上，其有功功率 $P = 11kW$，功率因数 $\cos\varphi = 0.88$，试求电动机的相电流和线电流。

21. 设三相电源的线电压为 380V，三相对称负载为星形连接，没有接中线，如果某相导线突然断掉，试计算其余两相负载的相电压。

第二章 电子技术基础

本章主要介绍电子技术中常用的半导体二极管、三极管、场效应管、晶闸管及其应用电路的结构、工作原理等基础知识，并简单介绍了其他常用的电子器件知识。

第一节 半导体二极管及其应用

一、半导体二极管

1. 半导体的导电特性

在自然界中，存在着许多不同的物质，有的物质很容易传导电流，称为导体，金属一般都是导体，如铜、铝、银等。也有的物质几乎不传导电流、称为绝缘体，如橡胶、塑料、陶瓷等。此外还有一类物质，它们的导电能力介于导体和绝缘体之间，如硅、锗、硒以及大多数金属氧化物和硫化物都是半导体，半导体的导电能力在不同条件下又有很大的差别，利用这些特性制成了各种不同用途的半导体器件。

（1）本征半导体　没有掺杂其他元素的半导体称为本征半导体。它是纯净的、具有晶体结构的半导体。例如锗、硅单晶体具有共价键结构，即相邻原子最外层的价电子构成共有的电子对、共价键中电子受到原子核的束缚较松，在外界因素激发下（如加热或光照射），即可成自由电子。如果施加外电场，自由电子可以在外电场的作用下逆电场方向移动形成电流。同时，共价键失去一个电子后留下一个空位，称为空穴。在外电场作用下，邻近原子的价电子可能进入这个空穴，但在邻近原子的共价键中出现另一个新的空穴，如此继续下去，这样就好像空穴顺着电场方向移动。空穴运动的方向与价电子运动的方向相反，相当于正电荷的运动。

自由电子和空穴都称为载流子。这是半导体导电方式的重要特点，也是与金属导电原理的本质差别。

本征半导体中的自由电子和空穴总是成对出现，同时不断地复合。由于数量极少，导电能力很低。

（2）N型半导体和P型半导体　如果在硅（或锗）的晶体中掺入微量五价元素（如磷等），在某些位置上与硅（或锗）原子组成共价键结构时，只需四个价电子，多余的第五个价电子受原子核的束缚力很小，容易形成自由电子。这时半导体中存在大量自由电子，以自由电子导电方式为主，这种半导体称为电子半导体或N型半导体。在N型半导体中，自由电子为多数载流子，而空穴为少数载流子。

如果在硅（或锗）的晶体中掺入微量三价元素（如硼等），组成共价键结构时，因缺少一个电子而形成一个空穴。这时半导体中存在大量空穴，以空穴导电方式为主。这种半导体称为空穴半导体或P型半导体。在P型半导体中，空穴是多数载流子，自由电子是少数载流子。

2. PN结及其单向导电性

（1）PN结的形成　通过半导体工艺将P型半导体和N型半导体紧密地结合起来，它们的交界面就形成了PN结。

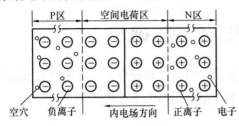

图 2-1　PN结的形成

如图 2-1 所示，由于交界面两侧的载流子浓度不同，P区的空穴要向N区扩散，扩散到N区的空穴很容易与N区的电子复合而消失，因而交界面附近的P区中只留下了不能移动的负离子。同样，N区的自由电子也要向P区扩散，并且在P区与空穴复合而消失，因而在交界面附近的N区留下不能移动的正离子。这样，在交界面的两侧就形成了一个空间电荷区（也称耗尽区），在空间电荷区内几乎没有可移动的载流子，它的电阻很大，这个空间电荷区称为PN结。

PN结中的正、负离子形成一个内电场，阻止两边多数载流子的继续扩散。但内电场却能推动少数载流子（P区的自由电子和N区的空穴）越过空间电荷区，进入对方区域。少数载流子的移动形成漂移电流。

在没有外电场作用时，扩散电流与漂移电流的大小相等方向相反，半导体处于动态平衡状态，没有电流通过PN结，空间电荷区的宽度基本不变。

（2）PN结的单向导电性

如果在PN结上加正向电压，即电源正端接P区，负端接N区，如图 2-2（a）所示。这时外电场与内电场的方向相反，内电场被削弱，空间电荷区变窄，因此两边的多数载流子（P区的空穴和N区的电子）就很容易通过PN结进入对方，形成从P区到N区较大的正向扩散电流。此时PN结呈现的电阻很小。外电源不断地向半导体提供电荷，使正向电流得以维持。

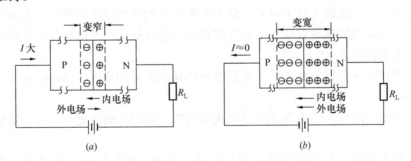

图 2-2　PN结的单向导电性
（a）PN结加正向电压；（b）PN结加反向电压

如果在PN结上加反向电压，即电源正端接N区，负端接P区，如图 2-2（b）所示。这时外电场与内电场的方向一致，内电场增强，空间电荷区增宽，使多数载流子的扩散运动受到抑制，少数载流子（P区的自由电子和N区的空穴）的漂移运动却得到增强而形成反向电流。由于少数载流子的数量很少，故反向电流也很小，这时PN结呈现的反向电阻很大，但是随着环境温度的升高，少数载流子的数量增多，反向电流增加很快。因此，使用半导体器件时必须考虑环境温度的影响。

综上分析可知，PN结具有单向导电性。当在PN结上加正向电压时，PN结电阻很小，正向电流较大，PN 结为导通状态；而加反向电压时，PN 结电阻很大，反向电流很小，PN 结为截止状态。

3. 半导体二极管

（1）基本结构　将 PN 结的两端，加上相应的电极引线和管壳，就制成了半导体二极管。半导体二极管按其结构的不同，可以分为点接触型和面接触型两类，如图 2-3 所示。

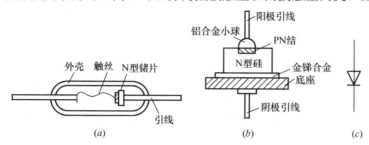

图 2-3　半导体二极管
（*a*）点接触型；（*b*）面接触型；（*c*）电气符号

点接触型二极管（一般为锗管），它的 PN 结面积很小，极间电容也很小。因此，它不能承受高的反向电压和不能通过较大的电流，一般适用于高频和小功率的工作，例如高频检波和数字电路的开关元件，也可用作小电流整流。

面接触型二极管（一般为硅管），它的 PN 结面积大，可以通过较大的电流，但是极间电容也大，工作频率较低，一般用于各种整流电路。

（2）伏安特性　二极管中通过的电流随管子两端施加的电压变化的关系曲线称为伏安特性曲线。如图 2-4 中分别表示某型号硅二极管和锗二极管的伏安特性曲线。

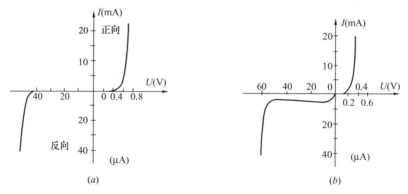

图 2-4　半导体二极管的伏安特性
（*a*）硅二极管；（*b*）锗二极管

二极管的伏安特性由三部分组成：

1）正向特性　在正向特性的起始部分，当外加正向电压很低时，外电场不能克服 PN 结的内电场，这个时候正向电流很小，几乎为零。当正向电压超过一定数值后，内电场被大大削弱，电流增长很快。这个一定数值的正向电压称为门坎电压 U_{th}（又称死区电压），其大小与材料及环境温度有关。通常硅管的门坎电压约为 0.5V，锗管约为 0.2V。

2）反向特性　在二极管加上反向电压时，由于少数载流子的漂移运动，形成很小的反向电流。反向电流的大小与反向电压的高低无关，故通常称它为反向饱和电流。如果温度升高时，由于少数载流子增加，反向电流将随之急剧增加。由图 2-4 还可以看出，一般硅管的反向电流要比锗管小得多。

3）反向击穿特性　当反向电压增加到一定数值时，强电场将使 PN 结击穿，反向电流突然急剧增加，二极管失去单向导电性，这种现象称为二极管的反向击穿，这个数值的反向电压称为反向击穿电压 U_{BR}。二极管被击穿后，一般管子就损坏了，不能再恢复原来的工作性能。

（3）主要参数　半导体二极管的参数规定了二极管的性能指标和适用范围，是使用时的主要依据。二极管的主要参数有下面几个：

1）最大整流电流 I_{OM}　它是指二极管长期运行时，允许通过的最大正向平均电流。它由 PN 结的面积和散热条件所决定。

2）最高反向工作电压 U_{RM}　它是指保证二极管不被击穿的最高反向电压，为了保证安全运行，一般手册中规定为反向击穿电压的一半。

3）最大反向电流 I_{RM}　它是指在二极管上加最高反向工作电压时的反向电流。反向电流越小，说明管子的单向导电性能越好。

二、整流和滤波电路

1. 整流电路

对于需要使用直流电的设备，经常要将交流电变换为直流电。整流电路就是利用半导体二极管的单向导电特性将交流电变换为直流电的电路，在生产和生活实践中得到广泛的应用。

常用的整流电路有单相半波、单相全波、单相桥式、三相半波、三相桥式等电路。一般小容量（1kW 以下）直流电源采用单相整流电路，大容量直流电源则采用三相整流电路。

（1）单相半波整流电路　单相半波整流电路如图 2-5（a）所示，它由整流变压器 T_r、整流半导体二极管 D 及负载电阻 R_L 组成。

设整流变压器副方电压为整流电路的电源电压 u，其波形如图 2-5（b）所示。

$$u = \sqrt{2}U\sin\omega t$$

当变压器副方电压 u 为正半周期时，其极性为上正下负，二极管因承受正向电压而导通。如果忽略二极管 D 的正向压降，则在负载电阻 R_L 上的输出电压 u_0 等于电源电压 u，在负载电阻 R_L 中通过的 i_0 为

$$i_0 = \frac{u_0}{R_L} = \frac{u}{R_L}$$

当电压 u 为负半周期时，其极性为上负下正，二极管因承受反向电压而截止，负载电阻 R_L 上没有电压，也没有电流通过。因此，在负载电阻 R_L 上得到的

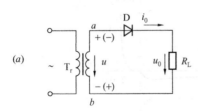

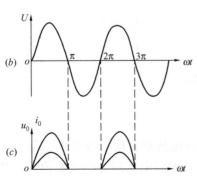

图 2-5　单相半波整流电路

(a) 整流电路；(b) 电源电压波形；

(c) 整流电压电流波形

是半波整流电压 u_0，如图 2-5（c）所示。这种方向一定，大小变化的电压称为单向脉动电压，通常用一个周期的平均值来说明它的大小。单相半波整流电压的平均值为

$$U_0 = \frac{1}{2\pi}\int_0^{2\pi} \sqrt{2}U\sin\omega t\, \mathrm{d}(\omega t)$$

$$= \frac{\sqrt{2}}{\pi}U = 0.45U \tag{2-1}$$

整流电流的平均值为

$$I_0 = \frac{U_0}{R_L} = 0.45\frac{U}{R_L} \tag{2-2}$$

二极管不导通时承受的最高反向电压 U_{DRM} 就是变压器副方交流电压 u 的最大值 U_m

$$U_{DRM} = U_m = \sqrt{2}U \tag{2-3}$$

这样，根据 U_0、I_0 和 U_{DRM} 就可以选择合适的整流元件。

【例 2-1】 有一单相半波整流电路，如图 2-5（a）所示。已知负载电阻 $R_L = 50\Omega$，变压器副方电压 $U = 40$V，试求 U_0、I_0 及 U_{DRM}，并选用二极管。

$$U_0 = 0.45U = 0.45 \times 40 = 18\text{V}$$

【解】
$$I_0 = \frac{U_0}{R_L} = \frac{18}{50} = 0.36\text{A}$$

$$U_{DRM} = \sqrt{2}U = \sqrt{2} \times 40 = 56.56\text{V}$$

查有关电子元器件手册，考虑一定的安全系数，二极管可选用 2CZ11A 型（$I_{OM} = 1$A，$U_{RM} = 100$V）。

（2）单相桥式整流电路 单相半波整流的缺点只是利用了电源的半个周期，效率较低，同时整流后的电压脉动较大，为了克服这些缺点，常采用全波整流电路，其中最常用的是单相桥式整流电路。它的电路如图 2-6（a）所示，它由整流变压器 Tr、四个二极管 $D_1 \sim D_4$ 及负载电阻 R_L 组成。

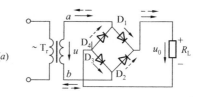

当变压器副方电压 u（即整流电路的电源电压）为正半周时，其极性为上正下负，二极管 D_1 和 D_3 承受正向电压而导通，而 D_2 和 D_4 承受反向电压而截止。这时，电流 i_1 的流动方向如图中实线箭头方向所示。如果忽略二极管的正向压降，在负载 R_L 上得到的输出电压 u_0 等于电源电压 u，为一个半波电压，如图 2-6（c）所示。

当变压器副方电压 u 为负半周时，其极性为上负下正，二极管 D_1 和 D_3 截止，而 D_2 和 D_4 导通。这时，电流 i_2 的流动方向如图中虚线箭头方向所示。同样可以在负载 R_L 上得到的输出电压 u_0 为一个半波电压。

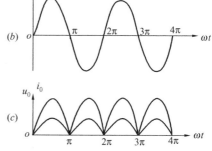

图 2-6 单相桥式整流电路
（a）整流电路；（b）电源电压波形；
（c）整流电压电流波形

显然，全波整流电路整流电压的平均值 U_0 比半波整流时增加了一倍，即

$$U_0 = 2 \times 0.45U = 0.9U \tag{2-4}$$

整流电流的平均值也增加了一倍，即

$$I_0 = \frac{U_0}{R_L} = 0.9\frac{U}{R_L} \tag{2-5}$$

由于每两个二极管串联导电半周，因此，每个二极管流过的平均电流等于输出负载电流的一半。而二极管不导通时承受的最高反电压 U_{DRM} 就是变压器副方交流电压最大值 $U_m = \sqrt{2}U$，与半波整流电路相同。

关于单相全波、三相半波和三相桥式等整流电路的电路、电压电流波形和计算公式可查阅有关电工手册，其工作原理都是相同的。

2. 滤波电路

整流电路虽然可以把交流电转换为直流电，但是所得到的输出电压是单向脉动电压。而大多数电子设备中，需要脉动成分很小的直流电压作为电源。滤波电路可以滤去整流电路输出电压中的纹波，减小脉动程度。

滤波电路一般由电抗元件电容器 C、电感器 L 组成，它们通常称为无源滤波器。滤波电路的基本形式有：

1）电容滤波电路（C 型滤波电路）；

2）电感滤波电路（L 型滤波电路）；

3）电感电容滤波电路（LC 型滤波电路）；

4）电阻电容滤波电路（RC 型滤波电路）；

5）π 形滤波电路（CLC 型、CRC 型滤波电路）。

滤波电路常用的基本形式如图 2-7 所示。

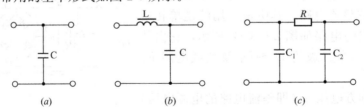

图 2-7　滤波电路的基本形式

(a) C 型；(b) LC 型；(c) π 形

下面以单相桥式整流的滤波电路为例来介绍它们的工作原理。

（1）电容滤波电路　单相桥式整流电容滤波电路如图 2-8（a）所示，滤波电容器 C 与负载电阻 R_L 并联。

电容滤波电路是根据电容器的端电压在电路状态改变时不能跃变的原理而实现的。

当负载 R_L 未接入（开关 S 断开）时：接入交流电源后，当 u 为正半周时，u 通过 D_1、D_3 向电容器 C 充电；当 u 为负半周时，u 通过 D_2、D_4 向电容器 C 充电。充电时间常数为

$$\tau_c = R_i C \tag{2-6}$$

其中 R_i 包括变压器副绕组的直流电阻和二极管的正向电阻，数值一般很小，电容器很快就充电到交流电源电压 u 的最大值 $\sqrt{2}U$，极性如图 2-8（a）所示。由于电容器无放电回路，故输出电压 U_0（即电容器 C 两端的电压 U_c）保持在 $\sqrt{2}U$，其波形如图 2-8（b）中 $\omega t < 0$（即纵坐标左边）部分所示。

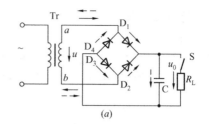

接入负载 R_L（开关 S 合上）时：由于电容器已经充电，刚接入负载时 $u < u_c$，二极管受反向电压作用截止，电容器 C 经负载 R_L 放电，放电时间常数为

$$\tau_d = R_L C \qquad (2\text{-}7)$$

因为 τ_d 一般较大，故电容两端的电压 U_c，按指数规律慢慢下降。其输出电压 $u_0 = u_c$，如图 2-8（b）所示的 ab 段。交流电源电压 u 按正弦规律上升，当 $u > u_c$ 时，二极管 D_1、D_3 受正向电压作用而导通，此时电源电

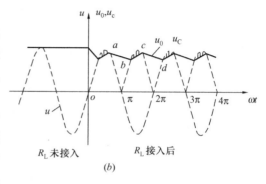

图 2-8　单相桥式整流电容滤波电路
（a）电路图；（b）波形图

u 经过二极管一方面向负载 R_L、提供电流，另一方面向电容器 C 充电，u_c 如图中所示的 bc 段。图中 bc 段上方的阴影部分为电路中的电流在整流元件上的压降。随着交流电压 u 升高到接近最大值 $\sqrt{2}U$。然后，u 又按正弦规律下降，当 $u < u_c$ 时，二极管受反向电压作用而截止，电容器 C 又经负载 R_L 放电，如图 2-8（b）所示的 cd 段。电容器 C 如此反复地进行充放电，在负载上得一个近似锯齿波的输出直流电压 $u_0 = u_c$，使负载电压的波动大大减小。

电容滤波电路简单，输出直流电压较高，脉动也较小。但是，它的输出外特性较差，即输出直流电压随负载电流增加而减小。因此适用于要求输出电压较高，负载电流小，并且负载变化不大的场合。

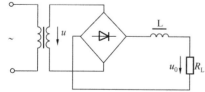

图 2-9　单相桥式整流电感滤波电路

（2）电感滤波电路　单相桥式整流电感滤波电路如图 2-9 所示，滤波电感器 L 串联在整流电路和负载电阻 R_L 之间（图中所示的是桥式整流电路常用画法的一种）。

电感滤波电路的工作原理是根据通过电感线圈的电流发生变化时，线圈中要产生自感电动势阻碍电流的变化，因而使负载电流和负载电压的脉动大大减小。频率愈高，电感愈大，滤波效果愈好。它适用于电流较大（大功率）、负载变动较大的场合。

在要求输出电压脉动很小的场合，可选用各种组合滤波电路。如果电流较大，要求输出电压脉动很小的场合，可以采用 LC 型或 π 形（CLC 型）滤波电路。而在电流较小（小功率）、要求输出电压脉动很小的场合，一般采用 RC 型滤波电路或 π 形（CRC 型）滤波电路。

三、特殊二极管

1. 稳压二极管

稳压二极管简称稳压管。它是一种用特殊工艺制造的面接触型半导体二极管。由于它在电路中与适当数值的电阻配合后能起稳定电压的作用，故称为稳压管。

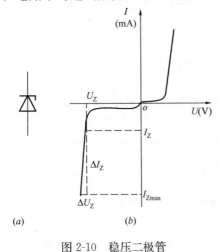

图 2-10　稳压二极管

(a) 电气符号；(b) 伏安特性曲线

稳压管的电气符号和伏安特性曲线如图 2-10 所示。它的伏安特性曲线与普通二极管相似，但是它的反向特性曲线比较陡。

稳压管工作在反向击穿区。当反向电压加到反向击穿电压 U_Z 时，反向电流突然急剧增大，产生反向击穿。此后，电流增量 ΔI_Z 即使很大，只引起很小的电压变化 ΔU_Z，稳压管两端的电压变化很小。利用这一特性，稳压管能起稳压作用，U_Z 又称为稳定电压。在规定的反向电流范围内工作时，稳压管的反向击穿是可逆的，即去掉反向击穿电压之后，稳压管又能恢复正常。而普通二极管则在反向击穿后就造成损坏，不能再正常工作。

各种稳压管的稳定电压不同，通常在 $3 \sim 300V$ 的范围内，分成许多规格型号。并且稳定电压 $U_Z < 5.7V$ 时，电压温度系数为负；$U_Z > 5.7V$ 时，电压温度系数为正；U_Z 等于 $5.7V$ 时，电压温度系数最小，稳定电压的温度稳定性最高。

图 2-11 是一种最简单的稳压管稳压电路。单相交流电经过桥式整流电路和电容滤波电路得到脉动变化较小的直流电压 U_i，再经过限流电阻 R 和稳压管 D_Z 组成的稳压电压后，接到负载电阻 R_L 上。这样，负载就可以得到比较稳定的输出电压 U_0。

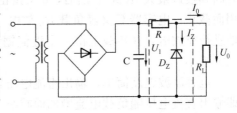

图 2-11　稳压管稳压电路

引起电压不稳定的主要原因是交流电源电压的波动和负载电流的变化。

例如，电源电压升高时，使负载上的输出电压 U_0 也随之增加（U_0 即为稳压管两端的反向电压），稳压管的电流 I_Z 就显著增加，因此在电阻 R 上的压降 $(I_Z + I_0)R$ 增加，从而限制负载电压 U_0 的增加，保持近似不变。

当电源电压不变，如果负载电阻减小而使负载电流增大时，电阻 R 上的压降增大，负载电压 U_0 因而下降。只要 U_0 下降一点，稳压管的电流就显著减小，电阻 R 上的压降 $(I_Z + I_0)R$ 随之减小，从而限制 U_0 的下降，保持近似不变。

由此可见，稳压管稳压电路是通过稳压管电流的调节和限流电阻压降的补偿作用而使输出电压 U_0 实现稳定的。

2. 光电二极管

光电二极管又称光敏二极管。它的管壳上设有玻璃窗口以便于接受光照。光电二极管在反向电压状态下运行，它的反向电流（又称光电流）随光照强度的增加而成正比上升。

它的外形和电气符号如图 2-12 所示。

光电二极管的响应速度快，体积小，功耗低，主要用在光电转换和检测电路中。

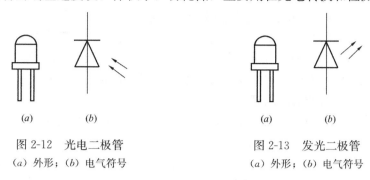

图 2-12　光电二极管
(*a*) 外形；(*b*) 电气符号

图 2-13　发光二极管
(*a*) 外形；(*b*) 电气符号

3. 发光二极管

发光二极管是一种将电能转换成光能的特殊二极管。它在正向电压状态下运行，通以一定电流时，由于电子与空穴直接复合放出能量，发出光来。根据制作材料不同，如砷化镓、磷砷化镓、磷化镓等，分别能发出红外或红、黄、绿和白色等颜色光。小功率发光二极管的正向工作电压约为 2V 左右，工作电流一般为几个毫安到十几毫安之间。

发光二极管的工作电压低、功耗小、体积小、响应速度快。它主要用作指示灯，除单个使用外，也常做成七段式或矩阵式，作为数字，文字和图形显示器件，它的外形和电气符号如图 2-13 所示，外形除圆形外，还有矩形、三角形等多种形状和尺寸。

第二节　半导体三极管

半导体三极管（简称晶体管）是具有三个电极的半导体器件。它的种类很多，按制造材料分，有硅管和锗管；按功率大小分，有大、中、小功率管；按工作频率分，有高频管和低频管等。

一、半导体三极管的结构

半导体三极管分为 PNP 型管和 NPN 型管，其结构示意图和电气符号如图 2-14 所示。管子的三个电极分别称为：发射极 E、基极 B 和集电极 C。

从内部结构看，两种形式的晶体管都有三个导电区域，分别称为发射区、基区和集电

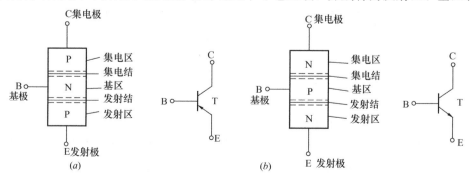

图 2-14　晶体管的结构示意图和符号
(*a*) PNP 型晶体管；(*b*) NPN 型晶体管

区。形成了两个 PN 结，在发射区和基区之间形成的 PN 结称为发射结；而集电区与基区之间形成的 PN 结称为集电结。

在 PNP 型晶体管中，发射区是 P 型半导体。它的多数载流子是空穴，从发射区向基区扩散的是空穴流，所以电流方向由发射极流向基极。在 NPN 型晶体管中，发射区是 N 型半导体，它的多数载流子是自由电子，从发射区向基区扩散的是电子流，所以电流的方向由基极指向发射极。不同形式的晶体管在电路中用不同的图形符号表示。

二、半导体三极管的放大原理

用较小的电流去控制较大的电流，称为电流放大。现以 NPN 型晶体管为例说明晶体

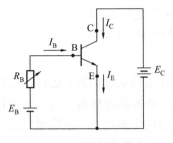

图 2-15　晶体管电流
放大电路原理图

管的电流放大作用，电路原理图如图 2-15 所示。电源 E_B 和 E_C 的极性应按图中接法，并且使 $E_B < E_C$，这时晶体管的发射结上加正向电压（正向偏置），集电结上加反向电压（反向偏置）。由晶体管的发射极、基极和电源 E_B、电阻 R_B 构成基——射极回路。由电源 E_C、集电极和发射极构成集-射极回路。发射极为两个回路的公共端，故把此种形式的电路称为共射极放大电路。

1. 晶体管中的电流

晶体管中的电流是由内部载流子的运动形成的。

（1）电子从发射区向基区扩散　由于发射结处于正向偏置，发射区的多数载流子——电子就要不断地扩散到基区，并且不断地从电源向发射区补充电子，形成发射极电流 I_E。与此同时，基区的多数载流子——空穴也会向发射区扩散，但由于基区的空穴浓度比发射区的自由电子浓度小得多，空穴电流很小，一般可以忽略不计，如图 2-16 所示。

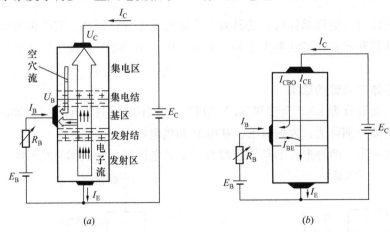

图 2-16　晶体管中的电流

（2）电子在基区的扩散和复合过程　从发射区扩散到基区的自由电子，由于浓度分布上的差别，还要向集电区继续扩散。在扩散过程中，一部分自由电子与基区的空穴相遇而复合。同时，电源 E_B 不断地向基区补充进空穴，形成电流 I_{BE}，它基本上等于基极电流 I_B。通常基区做得很薄，掺杂浓度也很小，大大减少了电子与基区空穴复合的机会，使绝大部分自由电子都能扩散到集电结的边缘。

（3）集电区收集扩散过来的电子　由于集电结处于反向偏置，使集电结内电场增强，阻挡从集电区的自由电子向基区扩散，但使发射区扩散到基区集电结边缘的自由电子很快地越过集电结到达集电区，形成电流 I_{CE}，它基本上等于集电极电流 I_C。

实际上，由于集电结加有反向电压，集电区的少数载流子——空穴和基区的少数载流子——电子也要向对方漂移，形成反向饱和电流 I_{CBO}。在常温下，这个电流很小，且与外加电压大小基本无关可以忽略不计。但是，它受温度影响很大，容易使晶体管工作不稳定。

2. 晶体管的电流分配关系

根据上面的分析，晶体管各极的电流可以表示如下

$$\left.\begin{aligned} I_C &= I_{CE} + I_{CBO} \approx I_{CE} \\ I_B &= I_{BE} - I_{CBO} \approx I_{BE} \\ I_E &= I_{BE} + I_{CE} \end{aligned}\right\} \tag{2-8}$$

3. 晶体管的放大系数

通常将到达集电区和基区的两部分电子电流 I_{CE} 与 I_{BE} 的比值称为共射极静态（直流）电流放大系数，用符号 $\bar{\beta}$ 表示，即

$$\bar{\beta} = \frac{I_{CE}}{I_{BE}} = \frac{I_C - I_{CBO}}{I_B + I_{CBO}} \approx \frac{I_C}{I_B} \tag{2-9}$$

如果把整个晶体管看做一个电路节点，它的三个电流 I_E、I_C 和 I_B 之间应符合克希荷夫电流定律，即

$$I_E = I_C + I_B = \bar{\beta} I_B + I_B = (1 + \bar{\beta}) I_B \tag{2-10}$$

由以上分析可知，电流放大系数 $\bar{\beta}$ 表示晶体管的电流放大能力，一般晶体管的 $\bar{\beta}$ 值约在 20～200 之间，其值大小是由晶体管的结构、工艺所决定的。基极电流 I_B 较小的变化就能控制集电极电流 I_C 较大的变化，这就是晶体管的电流放大作用。利用晶体管的电流放大作用，设计了多种形式的电流、电压和功率放大器。

三、特性曲线

晶体管的特性曲线是用来表示晶体管各电极电压和电流之间的相互关系的，它反映晶体管的外部特性，是分析放大电路的重要依据。其中最常用的是输入特性曲线和输出特性曲线。

1. 输入特性曲线

输入特性曲线是指当集-射极电压 U_{CE} 为常数时，输入电路中基极电流 I_B 与基-射极电压 U_{BE} 之间的关系曲线，其函数表达式为

$$I_B = f(U_{BE}) \mid_{U_{CE}=常数}$$

某 NPN 型硅管的输入特性曲线如图 2-17 所示。它的形状与二极管的伏安特性相似，晶体管输入特性也有一段死区。只有发射结电压大于死区电压时，晶体管才会出现 I_B。硅管的死区电压约为 0.5V，在正常工作时，NPN 型硅管的发射结电压 $U_{BE}=0.6\sim0.7V$。

对于 PNP 型锗管的输入特性曲线，U_{CE} 和 U_{BE} 都是负值。锗管的死区电压约为 0.2V，在正常工作时，PNP 型锗管的 $U_{BE}=-0.2\sim-0.3V$。

2. 输出特性曲线

输出特性曲线是指当基极电流 I_B 为常数时，输出回路中集电极电流 I_c，与集-射极电压 U_{CE} 之间的关系曲线，其函数表达式为：

$$I_C = f(U_{CE}) \mid_{I_B=常数}$$

在不同的 I_B 下，可得出不同的曲线，所以晶体管的输出特性是一组曲线。某 NPN 型硅管的输出特性曲线如图 2-18 所示。

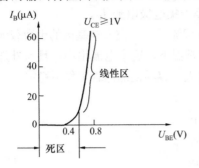

图 2-17 晶体管的输入特性

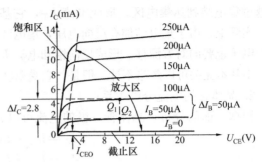

图 2-18 晶体管的输出特性

当 I_B 一定时，从发射区扩散到基区的电子数大致是一定的。当 U_{CE} 超过一定的数值（约 1V）以后，这些电子的绝大部分被集电区收集，即使 U_{CE} 继续增高，I_C 也不再有明显的增加，曲线变得平坦，具有恒流特性。

当 I_B 增大时，I_C 也随之增大，曲线上移，而且 I_C 比 I_B 增加要快，这就是晶体管的电流放大作用。

通常将输出特性曲线分为三个工作区：

（1）放大区 特性曲线近似水平的部分是放大区。在这个区域内，晶体管工作在放大状态，发射结处于正向偏置，集电结处于反向偏置，I_C 与 I_B 基本上成正比关系。

（2）截止区 通常将 $I_B = 0$ 曲线的以下区域称为截止区。$I_B = 0$ 时，$I_C (= I_{CEO})$ 很小。晶体管工作在截止状态，发射结和集电结都处于反向偏置，晶体管相当于一个断开的开关。

（3）饱和区 直线上升和弯曲的部分（虚线左部）称为饱和区。在这个区域内，$U_{CE} < U_{BE}$，集电极电位低于基极电位，集电结和发射结都处于正向偏置。晶体管工作在饱和状态，I_B 的变化对 I_C 的影响较小，晶体管相当于一个闭合的开关。

由上面分析可知，晶体管可以工作在三种状态，输出特性曲线具有三个工作区。晶体管不仅可用作放大元件，也可作开关元件。在放大电路中，要使晶体管工作在放大区，以免产生截止失真和饱和失真，甚至失去放大作用。而在脉冲数字电路中恰好相反，要使晶体管工作在截止区和饱和区，成为一个可控制的无触点开关。

为便于判别三极管的工作状态，现将三种状态的特点列于表 2-1 中。

三极管的三种工作状态（硅 NPN 管）

表 2-1

项　目	截止状态	放大状态	饱和状态
偏　置	发射结零偏或反偏 集电结反偏	发射结正偏 集电结反偏	发射结正偏 集电结正偏
特　点	$U_{BE} \leqslant 0$ $U_{CE} \approx E_C$ $I_C = I_{CEO} \approx 0$ $I_B = 0$	$U_{BE} = 0.6 \sim 0.7V$ $U_{CE} = E_C - I_C R_C$ $I_C = \beta I_B$ $I_B = \dfrac{I_C}{\beta}$	$U_{BE} \geqslant 0.7 \sim 0.8V$ $U_{CE} \approx 0.3V \leqslant U_{BE}$ $I_C = I_{CS} \approx \dfrac{E_C}{R_C}$ $I_B \geqslant I_{BS} = \dfrac{I_{CS}}{\beta}$

四、主要参数

晶体管的特性除用特性曲线表示外，还常用以下主要参数表示。

1. 电流放大系数 $\bar{\beta}$、β

当晶体管接成共发射电路时，在静态（无输入信号时）集电极电流 I_C（输出电流）与基极电流 I_B（输入电流）的比值称为共发射极静态电流（直流）放大系数

$$\bar{\beta} = \frac{I_C}{I_B}$$

在动态（有输入信号）工作时，晶体管集电极电流的变化量 ΔI_C 与基极电流的变化量 ΔI_B 的比值称为动态电流（交流）放大系数

$$\beta = \frac{\Delta I_C}{\Delta I_B}$$

$\bar{\beta}$ 和 β 都可以从输出曲线上求出，并且数值很接近，在估算时，常用 $\bar{\beta} \approx \beta$ 的近似关系。只有在输出特性曲线的放大区中，β 值才可以认为是基本不变的常数。常用的晶体管的 β 值在 $10 \sim 100$ 之间，β 值太小放大作用差，β 值太大管子性能不稳定，一般放大器采用 $\beta = 30 \sim 80$ 的晶体管比较合适。

2. 集-基极反向饱和电流 I_{CBO}

它是指发射极开路时，集电极和基极之间的反向饱和电流。其值受温度影响很大，所以 I_{CBO} 越小，管子的温度稳定性越好。在常温下，小功率锗管的 I_{CBO} 约为 $10 \mu A$ 左右，硅管的 I_{CBO} 小于 $1 \mu A$，所以硅管的温度稳定性比锗管好。测量 I_{CBO} 的电路如图 2-19 所示。

3. 集-射极反向截止电流 I_{CEO}

它是指基极开路（$I_B = 0$）时，从集电极流向发射极的电流。由于这个电流从集电区穿过基区流至发射极，所以又称为穿透电流。测量 I_{CEO} 的电路如图 2-20 所示。

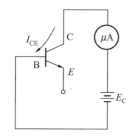

图 2-19　测量 I_{CBO} 的电路

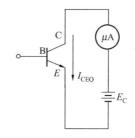

图 2-20　测量 I_{CEO} 的电路

常温下，小功率锗管的 I_{CEO} 约为几十微安至几百微安，硅管在几微安以下，I_{CEO} 也是随温度的增加而增加的，而且 I_{CEO} 比 I_{CBO} 变化更大。所以，I_{CEO} 大的管子性能不稳定，我们常把测量 I_{CEO} 作为判断管子质量的重要依据。

4. 集电极最大允许电流 I_{CM}

它是指晶体管参数变化不超过允许值时，集电极允许的最大电流。当电流超过 I_{CM} 时，晶体管的 β 值显著下降，甚至可能损坏。

5. 集电极最大允许耗散功率 P_{CM}

指集电结上允许功率损耗的最大值。由于集电极电流流经集电结时将产生热量，使结温升高，引起晶体管参数变化，晶体管 P_{CM} 的函数式为

$$P_{CM} = I_C \cdot U_{CE}$$

晶体管的 P_{CM} 主要受集电结结温的限制，锗管允许的结温约为 $70℃$，硅管约为 $150℃$。对于大功率管，为了提高 P_{CM}，常采用加散热装置的方法。

6. 集-射极反向击穿电压 $U_{(BR)CEO}$

是指基极开路时，加在集电极和发射极之间的最大允许电压。使用时，如果 $U_{CE} > U_{(BR)CEO}$，将导致 I_C 剧增，可能使管子因击穿而损坏。为了使晶体管安全工作，通常电源电压的选取范围为

$$E_C \leqslant \left(\frac{1}{2} \sim \frac{1}{3} \right) U_{(BR)CEO}$$

以上所介绍的参数中，$\bar{\beta}$、β、I_{CBO} 和 I_{CEO} 是晶体管的性能参数；I_{CM}、P_{CM} 和 $U_{(BR)CEO}$ 是极限参数，用来说明晶体管的使用限制范围。

第三节 基本放大电路

放大电路一般是由多个单级放大电路组成。半导体三极管的放大电路有共射极、共集电极和共基极等三种基本放大电路。本节主要介绍应用最广泛的共射极放大电路的基本工作原理，以及多级放大电路的原理。

一、共射极放大电路

1. 电路组成

利用半导体三极管的电流放大作用，可以组成各种类型的放大电路，把微弱的电信号增强到所要求的大小。用较小电量（电流、电压、功率）去控制较大电量的电路称为放大电路。根据输入和输出回路公共端的不同，放大电路有三种接法。如果以发射极作为放大电路的输入回路和输出回路的公共端（即地端），这种接法称为共发射极放大电路，简称共射电路。

在图 2-21（a）所示的共射极基本交流放大电路中，输入端接交流控制信号，输入电压为 u_i，输出端的输出电压为 u_0。通常放大电路的输出端可接负载，如扬声器、继电器、测量仪表等，或者接有下一级放大电路。这些负载，一般用一个等效负载电阻 R_L 表示。电路中各个元件的作用如下：

（1）晶体管 T 是放大电路中的放大元件，利用它的电流放大作用把基极的输入信号放大，在集电极就获得了放大的输出电流。

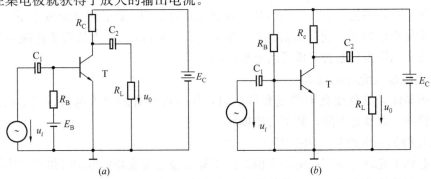

(a)   (b)

图 2-21 共射极基本交流放大电路

（2）集电极电源 E_C　它保证集电结处于反向偏置，使晶体管起到放大作用，并且为放大电路提供电能。E_C 一般为几伏到几十伏。

（3）集电极负载电阻 R_C　又称集电极电阻，它主要将集电极电流的变化转换为电压的变化，以实现电压放大。R_C 的阻值一般为几千欧到几十千欧。

（4）基极电源 E_B 和基极电阻 R_B　它们的作用是使发射结处于正向偏置，并提供一定数值的基极电流 I_B，以使放大电路获得合适的工作点。R_B 的阻值一般为几十千欧到几百千欧。在实际应用电路中，常省掉 E_B，而将 R_B 改接后由 E_C 供电。以后各个放大电路都按这样连接工作，如图 2-21（b）所示。

（5）耦合电容 C_1 和 C_2　它们起到隔直和交流耦合的作用。C_1 用来隔断信号源与放大电路之间的直流电路，保证交流变化的信号送到放大电路中，沟通交流通路。C_2 用来隔断放大电路与负载 R_L 之间的直流电路，保证放大后的交变信号送到负载上，沟通交流通路。为了减少耦合电容上的交流电压降，一般选用电容值较大的电解电容器，电容值一般为几微法至几十微法。使用时，要注意极性方向的正确连接。

在放大电路中，通常把输入电压、输出电压以及直流电源 E_C 和 E_B 的公共端称为"地"，用符号"⊥"表示，设其为零电位点，作为电路中其他各点电位的参考点（注意实际上这一点并不真正接到大地上）。这样，电路中各点的电位实际上就是该点与地端之间的电位差（电压）。

2. 工作原理

当放大电路没有输入信号（$u_i=0$）时，电路中各处的电压、电流都是不变的直流，称为直流工作状态或静止状态，简称静态。在静态工作情况下，晶体管各电极的直流电压和直流电流的数值，将在管子的特性曲线上有确定的一点，称为静态工作点 Q。

当放大电路有输入信号时，电路中各个电压和电流便处于变动状态，都含有直流分量和交流分量，这时电路为动态工作状态，简称动态。

交流放大电路的分析一般包括两个方面的内容：静态分析和动态分析。前者是要确定静态工作点，后者则是要确定放大电路的电压放大倍数、输入电阻和输出电阻等各项性能指标。由于晶体管是一个非线性元件，因此晶体管放大电路实质上是一个非线性电路。我们不能简单地直接引用交流电路的概念来分析交流放大电路。下面介绍利用作图方法，从晶体管特性曲线上直接画出无输入信号和有输入信号时电路中各电量的变化波形，进行分析的方法称为图解分析法。

图 2-22（a）所示的共射极交流放大电路是图 2-21（b）所示电路的习惯画法，即为了简化电路，习惯上不画电源 E_C 的符号，而只在连接其正极的一端标出它对"地"的电压值和极性（"＋"或"－"）。以此电路为例介绍交流放大电路的图解分析法。

（1）静态分析　把输入信号 $u_i=0$ 时的电路状态称为静态。静态时，放大电路中只有直流电源作用，各处的电压和电流都是直流量，称为静态量。由于直流电流不能通过耦合电容 C_1 和 C_2，此时将电容处视做开路，放大电路的直流通路如图 2-22（b）所示。

1）确定输入回路的静态工作点　由直流通路可以列出基极电流 I_B 与基-射极电压 U_{BE} 之间的关系为

$$I_B = \frac{E_C - U_{BE}}{R_B} \tag{2-11}$$

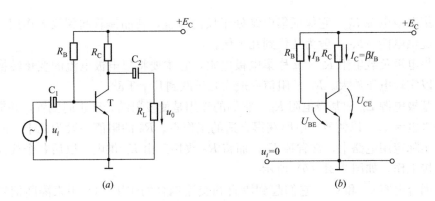

图 2-22　共射极交流放大电路

(a) 交流放大电路；(b) 放大电路的直流通路

这是一个直线方程，它与 i_B、u_{BE} 两坐标轴的交点是：$I_B=0$，$U_{BE}=E_C$ 和 $U_{BE}=0$，$I_B=\dfrac{E_C}{R_B}$。这条直线称为输入回路的负载线。

由于晶体管的输入特性表示的也是 I_B 与 U_{BE} 之间的关系，因此可以认为输入回路负载线与晶体管输入特性的交点 Q 才是输入回路的实际工作点，如图 2-23 (a) 所示。由此可确定静态电流 I_{BQ} （或称偏置电流）和相应的基-射极静态电压 U_{BEQ}。

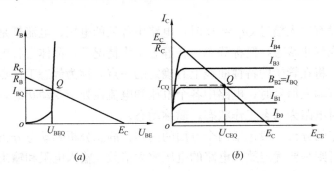

图 2-23　确定静态工作点

(a) 输入回路；(b) 输出回路

由于输入特性曲线很陡直，通常 U_{BE} 的数值变化很小，硅管的 $U_{BE}=0.6\sim0.7\text{V}$，锗管的 $U_{BE}=0.2\sim0.3\text{V}$。因此，也可以直接通过式 2-11 算出 I_{BQ} 的近似值。

2）确定输出回路的静态工作点　由直流通路可列出集电极电流 I_C 与集-射电压 U_{CE} 之间的关系式为

$$I_C=\frac{E_C-U_{CE}}{R_C} \tag{2-12}$$

它也是一个直线方程，它与 i_c、u_{CE} 两坐标轴的交点是：$I_C=0,U_{CE}=E_C$；$U_{CE}=0,I_C=\dfrac{E_C}{R_C}$，这条直线称为输出回路的直流负载线。它的斜率为

$$\tan\alpha=\frac{\Delta I_C}{\Delta U_{CE}}=\frac{-\Delta U_{CE}/R_C}{\Delta U_{CE}}=-\frac{1}{R_C}$$

$$\alpha = \arctan\left(-\frac{1}{R_C}\right) \tag{2-13}$$

它是由集电极负载电阻决定的，R_C 越大，斜率越小。

同样，静态工作点也是输出回路负载线和输出特性曲线的交点。可以根据已求出的基极静态电流 I_{BQ} 的大小找到 Q 点，它就是输出回路的静态工作点，如图 2-23（b）所示。由此可求得集电极静态电流 I_{CQ} 和集-射极静态电压 U_{CEQ}。

（2）动态分析 放大电路有交流信号电压输入的工作状态称为动态。动态时，电路中既有直流分量，又有交流分量，总电流、总电压都是大小变化而方向不变的脉动量（即在原有静态直流量的基础上叠加了一个随输入信号作相应变化的交流分量），共射极放大电路的交流通路如图 2-24 所示。

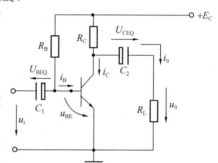

在动态工作时，可以根据输入信号 u_i，通过图解分析法确定输出电压 u_0，得出 u_0 与 u_i 之间的相位关系和动态范围。图解的步骤如下：

图 2-24 放大电路的交流通路

1）根据 u_i 在输入特性上求 i_B

动态时，基-射极总电压为

$$u_{BE} = U_{BEQ} - u_i$$

根据 u_{BE} 的变化规律，可以在输入特性上画出对应的 i_B 的波形图，如图 2-25（b）所示。

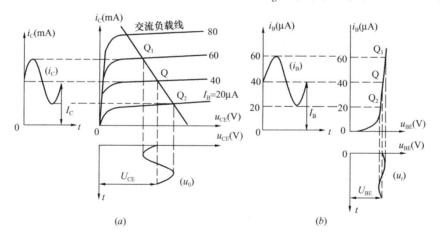

图 2-25 放大电路动态图解法

（a）输出回路；（b）输入回路

2）根据 i_B 在输出特性上求 i_C 和 u_C 放大电路的输出端总是要接上一定负载 R_L，在静态工作时，经过耦合电容 C_2 的隔直，放大电路不会因为 R_L 的接入或变化而影响静态工作点的改变。

但是在动态工作时，情况就不同了。交流信号经过交流通路和耦合电容 C_2 传输到负载 R_L 上。在输出回路中，集电极电流中的交流分量 i_C 不仅流过 R_C 也流过 R_L，这样在输出回路中，R_C 与 R_L 是并联的（画交流通路时耦合电容 C_2 和电源 E_C 都可看做短路）。经过分析推导，动态时输出回路的负载线（称为交流负载线）的斜率为

$$\tan\alpha' = -\frac{1}{R'_C} \qquad\qquad (2\text{-}14)$$

$$R'_C = \frac{R_C R_L}{R_L + R_C}$$

与直流负载的画法一样，将交流负载线画在输出特性曲线上，其斜率为 $-\frac{1}{R'_C}$，由于 $R'_C < R_C$，故交流负载线比直流负载线要陡些。同时，交流信号通过零点时，放大电路仍应工作在静态工作点 Q，所以交流负载线与直流负载线相交在静态工作点 Q。

交流负载线与输出特性曲线的交点 Q_1、Q_2 称为动态工作点。直线段 $Q_1 Q_2$ 是工作点移动的轨迹，通常称为动态工作范围。这样可以在输出特性坐标平面图上画出对应 i_B 的 i_C 和 U_{CE} 的波形图，如图 2-25 (a) 所示。U_{CE} 的波形就是输出电压 u_0 的波形。

（3）共射极交流放大电路的分析总结 通过上面共射极交流放大电路的图解分析，我们可以直观地了解到放大电路的工作情况，在特性曲线上合理地确定工作点，电路参数对工作点的影响、动态工作范围以及正确选定电路参数等。综合以上图解分析可以总结出以下几点结论：

1）当晶体管工作在线性放大区时，放大电路中各电压电流是由静态工作状态的直流分量和输入信号电压引起的交流分量组成。

2）输出电压与输入电压为同频率的相似波形，但幅度增大了。交流放大电路的电压放大倍数等于输出电压和输入电压的比值。电压放大倍数表达式为

$$A_u = \frac{U_{0max}}{U_{imax}} \qquad\qquad (2\text{-}15)$$

3）输出电压与输入电压的相位差为 $180°$，即 u_0 与 u_i 反相。这是由于当 u_i 增加时，i_c 是增加的，晶体管的管压降 $u_{CE} = E_c - i_c R_c$，将随 i_c 的增加而减小，经过耦合电容 C_2 将 u_{CE} 的直流分量隔离后，得到的交流输出电压 u_0 与 u_i 相位相反。这种现象称为放大电路的倒相作用，它是共射极放大电路的一个特点。

3. 非线性失真

所谓失真，是指输出电压波形与输入信号的波形不一样。高性能的电压放大电路，不仅要求较高的电压放大倍数，还要求输出波形不能失真。

如果静态工作点选择合适，动态工作范围都处在线性放大区内，即当输入电压是正弦波时，输出电压基本上也是正弦波，没有失真。

如果静态工作点选择得偏高，靠近饱和区，则在输入电压为正半周时，晶体管进入饱和区工作，如图 2-26 (a) 所示，这时输出电压波形出现失真，此时称为饱和失真。

如果静工作点选择得偏低，靠近截止区，则在输入电压为负半周时，晶体管进入截止区工作，如图 2-26 (b) 所示，这时输出电压波形也出现失真，此时称为截止失真。

饱和失真和截止失真都是由于晶体管输出特性曲线的非线性产生的，因此通称为非线性失真。

4. 静态工作点的稳定

为了减小输出波形的非线性失真，放大电路必须选择一个合适的静态工作点。但是，静态工作点确定之后，还会因为外部因素的影响，例如温度变化、电源电压波动以及晶体管参数变化等，产生工作点的移动。

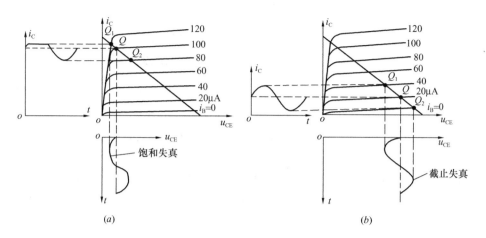

图 2-26　工作点不合适的波形失真

（a）饱和失真；（b）截止失真

例如，当温度上升时，晶体管的反向饱和电流 I_{CBO} 和穿透电流 I_{CEO} 都要增加，引起输出特性曲线之间的间距变宽，使静态工作点向上移动，如图 2-27 所示。

静态工作点的移动将影响放大电路的正常工作，因此要求较高的放大电路必须采取稳定静态工作点的措施。通常采用分压式的偏置电路来稳定静态工作点，如图 2-28 所示。

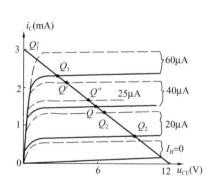

图 2-27　温度对静态工作点的影响

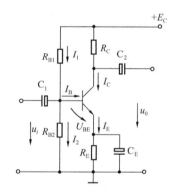

图 2-28　分压式偏置放大电路

电路中的基极电阻 R_{B1}、R_{B2} 的构成串联分压电路，使基极电压固定为

$$U_B = I_2 R_{B2} \approx \frac{R_{B2}}{R_{B1} + R_{B2}} E_C$$

射极电流中的交流分量通过射极交流旁路电容 C_E（相当于短路），直流分量通过射极电阻 R_E 时产生直流电压降 $I_E R_E$，因此要使集电极电流稳定，则

$$I_C \approx I_E = \frac{U_B - U_{BE}}{R_E} \approx \frac{U_B}{R_E}$$

因为 U_B 与 R_e 受温度影响较小，故可使 I_C 基本不变，从而使静态工作点得到稳定。

分压式偏置电路能稳定静态工作点的物理过程如下：

温度升高 → $I_C \uparrow$ → $(I_E R_E) \uparrow$ → $U_{BE} \downarrow$ → $I_B \downarrow$

$I_C \downarrow$

一般可选取

$$I_2 \gg I_B \begin{cases} I_2 = (5 \sim 10)I_B & (硅管) \\ I_2 = (10 \sim 20)I_B & (锗管) \end{cases}$$

$$U_B \gg U_{BE} \begin{cases} U_B = (3 \sim 5)V & (硅管) \\ U_B = (1 \sim 3)V & (锗管) \end{cases}$$

在正常工作情况下，NPN 型硅管的基-射极电压 $U_{BE}=0.6\sim0.7V$，PNP 型锗管的 $U_{BE}=-0.2\sim-0.3V$。

基极电阻 R_{B1} 和 R_{B2} 一般为几万欧；射极电阻 R_E 在小电流工作情况下为几百欧至几千欧，在大电流情况下为几欧至几十欧。发射极交流旁路电容的容量一般为几十微法至几百微法。

二、共集电极电路与共基极电路

除前面介绍的共射极放大电路外，还有共集电极放大电路（射极输出器）和共基极放大电路。

1. 共集电极电路

图 2-29 所示为共集电极放大电路的原理图，输入电压 u_i 加在基极与地（即集电极）之间，输出电压 u_0 从发射极与集电极两端输出，所以集电极是输入、输出电路的共同端点。因为从发射极上引出输出信号，所以共集电极放大电路又称为射极输出器。

该放大电路具有如下特点：

（1）电压放大倍数小于 1（而且接近于 1），输出电压与输入电压同相；

（2）输入电阻高；

（3）输出电阻低。

虽然共集电极电路没有电压放大作用，但它的输入电阻高，可减小放大电路对信号源（或前级）的影响。它的输出电阻低，可减小负载变动对放大倍数的影响。同时，它对电流仍具有放大作用。因此广泛应用在多级放大电路的输入级或输出级。

2. 共基极放大电路

共基极放大电路如图 2-30 所示，R_C 为集电极电阻，R_{B1} 和 R_{B2} 是基极偏置电阻，保证晶体管有合适的静态工作点。它的输入电压 u_i 加在发射极和基极之间，而输出电压 U_0 从集电极和基极两端输出，所以基极是输入、输出电路的共同端点。

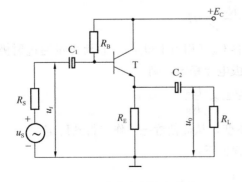

图 2-29　共集电极放大电路

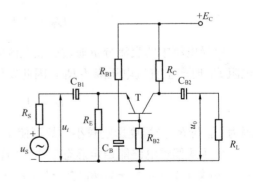

图 2-30　共基极放大电路

该放大电路具有如下特点：

（1）电流放大倍数小于1，但电压放大倍数较高，并且输出电压与输入电压同相位；

（2）输入电阻低，一般为几欧至几十欧；

（3）输出电阻较高。

上面介绍的三种基本放大电路，各有一定的特点，在放大电路中有一定的应用场合，大致如下：

1）共射极电路 其电压、电流、功率放大倍数都比较大，因而应用最广泛。

2）共集电极电路 其特点是输入电阻很高，输出电阻低，多用于输入级、输出级或缓冲级。

3）共基极电路 在宽频带或高频工作条件下，或要求稳定性较好时，选用共基极电路比较合适。

三、放大电路中的负反馈

1. 反馈的基本概念

将放大电路（或某个系统）输出端的信号（电压或电流）的一部分或全部，通过一定的电路（反馈电路）送回到输入端，就称为反馈。

图 2-31 是反馈放大电路的方框图。图中 A 代表基本放大电路，F 代表反馈电路，$\otimes$ 代表比较环节。输出信号 $\dot{X}_0$ 通过反馈电路送回输入端，与输入信号 $\dot{X}_i$ 进行比较之后（相加或相减），得到 $\dot{X}_d$ 再进行放大。如果引回的反馈信号增强了输入信号（相加），这样的反馈称为正反馈；反之，引回的反馈信号削弱了输入信号（相减），则称这种反馈为负反馈。

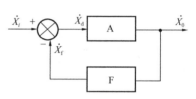

图 2-31 反馈放大电路方框图

在放大电路中，一般采用负反馈来改善放大电路的性能参数。而在正弦波振荡电路中，则采用正反馈来产生自激振荡。

2. 负反馈对放大电路工作性能的影响

（1）降低放大倍数 由图 2-31 可知，基本放大电路的放大倍数 A（也称开环放大倍数）为

$$A = \frac{\dot{X}_0}{\dot{X}_d} \tag{2-16}$$

反馈信号 $\dot{X}_f$ 与输出信号 $\dot{X}_0$ 之比称为反馈系数 F 为

$$F = \frac{\dot{X}_f}{\dot{X}_0} \tag{2-17}$$

引入负反馈后的净输入信号 $\dot{X}_d$ 为

$$\dot{X}_d = \dot{X}_i - \dot{X}_f \tag{2-18}$$

故

$$A = \frac{\dot{X}_0}{\dot{X}_i - \dot{X}_f} \tag{2-19}$$

于是，包括反馈电路在内的整个放大倍数（也称为闭环放大倍数）A_f 为

$$A_f = \frac{\dot{X}_0}{\dot{X}_i} = \frac{A}{1+AF} \tag{2-20}$$

由上式可知 $|A_f| < |A|$，说明引入负反馈后放大倍数降低了。我们把 $|1+AF|$ 称为反馈深度，其值越大，负反馈作用就越强。

（2）提高放大倍数的稳定性　当输入信号一定时，由于外界条件的变化（例如电源电压波动、温度变化等），输出信号将发生变化，从而引起放大倍数变化。例如由于电源电压升高而使放大电路的输出信号增大，则电路中的负反馈信号也要增大，于是净输入信号要减小，通过基本放大电路，使输出信号也相应地减小，从而使放大倍数具有较好的稳定性。

负反馈深度愈深，放大电路愈稳定。如果 $|AF| \gg 1$，则由式（2-20）可得

$$A_f \approx \frac{1}{F} \tag{2-21}$$

上式说明，在深度负反馈的情况下，闭环放大倍数仅与反馈电路的参数有关。这样，放大电路的工作非常稳定。

（3）减小非线性失真　静态工作点选择不合理或输入信号的幅度过大，都将产生非线性失真，如图 2-32（a）所示。引入负反馈后可以将输出端的失真信号送回输入端，使净输入信号发生某种程度的失真，如图 2-32（b）所示。再经过放大后，使输出波形的失真得到一定程度的补偿，减小了波形的非线性失真。

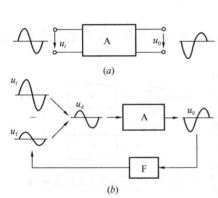

图 2-32　利用负反馈改善波形失真

四、功率放大电路

在实际应用的电路中，往往输入信号都很微弱，一般为毫伏级或微伏级，为了能够推动负载工作，通常需要采用多级放大电路，以获得必要的电压和功率。我们常称为前置级电压放大器、中间级电压或电流放大器，而多级放大器的最后一级（又称为输出级）往往是功率放大器。要求放大电路的输出级能够推动负载（例如电动机转动、扬声器发声等），提供所需要的功率。

功率放大电路的工作原理与电压放大电路基本相同。但是，功率放大电路的输出功率大，即输出的交流电压和交流电流都比较大，因此在保证非线性失真小的条件下，应尽量提高效率，晶体管常常在极限参数下工作。

以前常采用变压器耦合的功率放大电路。由于变压器体积大、成本高、制造工艺复杂等缺点，已经被无变压器的功率放大电路取代了。目前常采用的互补对称式功率电路如图 2-33 所示。

图中 T_1 为 NPN 型晶体管，T_2 为 PNP 型晶体管，

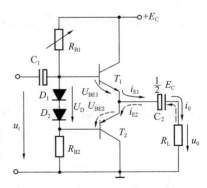

图 2-33　互补对称式功率放大电路

由 T_1 和 T_2 组成射极输出电路。电阻 R_{B1}、R_{B2}、二极管 D_1 和 D_2 组成分压偏置电路。二极管 D_1、D_2 的管压降使 T_1、T_2 管的基-射极电压稍大于死区电压的正向电压，因而静态时都处于微导通状态。调节 R_{B1}，使 T_1 和 T_2 管的集-射极静态电压 $U_{CE1} = U_{CE2} = \frac{1}{2}E_C$。此时电容 C_2 上的充电电压也等于 $\frac{1}{2}E_C$。

动态时，T_1 和 T_2 两管轮流导通或截止。在输入信号电压 u_i 的正半周，T_1 管导通，T_2 管截止。电源 E_C 经过 T_1 管向负载电阻供电（并向电容 C_2 充电）。而在 u_i 的负半周，T_1 管截止，T_2 管导通，电容 C_2 上的电压经过 T_2 管向负载 R_L 供电。

我们将这种在输出信号的一个周期内，两个特性相同的管子交替导通的电路，称为互补对称式放大电路。该电路避免了交流电压通过零点的失真（称为交越失真），因此输出波形失真小，并且提高了效率，其最高理论效率为 78.5%。

第四节　场效应管及其放大电路

场效应管是一种电压控制的半导体器件，它的输出电压决定于输入端电压的大小，几乎不吸取信号源的电流，它的输入电阻很高，一般可达 $10^9 \sim 10^{14}\,\Omega$。此外，它还具有噪声低、热稳定性好、耗电省和寿命长等优点。所以，广泛用于放大电路和集成电路中。

根据结构不同，场效应管的类型分为：

（1）结型场效应管　按导电沟道结构又可分 N 沟道结型场效应管和 P 沟道结型场效应管，其工作方式都是耗尽型；

（2）绝缘栅场效应管　按导电沟道结构也可分为 N 沟道和 P 沟道两类，其中每一类又可分为增强型和耗尽型两种。这样就有 N 沟道增强型绝缘栅场效应管、N 沟道耗尽型绝缘栅场效应管、P 沟道增强型绝缘栅场效应管和 P 沟道耗尽型绝缘栅场效应管。

所谓增强型是指栅—源电压 $U_{GS}=0$ 时，没有导电沟道，即漏极电流 $I_D=0$；而耗尽型是指栅—源电压 $U_{GS}=0$ 时，存在导电沟道，漏极电流 $I_D \neq 0$。

在本书中只以 N 沟道增强型绝缘栅场效应管为例，简单介绍场效应管及其放大电路的工作原理。

一、场效应管

绝缘栅场效应管是利用半导体表面的电场效应进行工作的，N 沟道增强型绝缘栅场效应管的结构如图 2-34（a）所示。它以一块掺杂质浓度较低电阻率较高的 P 型薄硅片为衬底，其上面扩散两个相距很近的高掺杂质浓度的 N$^+$ 区，然后在 P 型硅片表面生成一层很薄的二氧化硅绝缘层，并在二氧化硅的表面及两

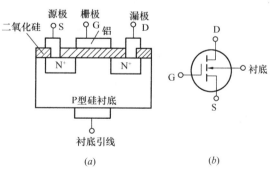

图 2-34　N 沟道增强型绝缘栅场效应管

（a）结构示意图；（b）符号

个 N⁺ 区的表面分别安置三个电极：栅极 G、源极 S 和漏极 D。由于栅极与源极、漏极是绝缘的，所以称为绝缘栅场效应管，简称 MOS 场效应管。

由图 2-34（a）可见，源区（N⁺ 型）、衬底（P 型）和漏区（N⁺ 型）形成了两个背靠背的 PN 结。当栅—源电压 $U_{GS}=0$ 时，不管漏极和源极之间所加电压的极性如何，其中总有一个 PN 结是反向偏置的，反向电阻很高，基本上没有电流通过，漏极电流 I_D 近似为零。

如果源极 S 与衬底相连接地，漏极接正向电压 E_D，并且在栅极和源极之间加正向电压 U_{GS}（栅极接正，源极接负）。在 U_{DS} 的作用下，形成了垂直于衬底表面的电场。P 型衬底中的电子受到电场力的吸引到达表层，形成一个 N 型层，它就是沟通源区和漏区的 N 型导电沟道。U_{GS} 正值愈高，导电沟道愈宽。形成导电沟道后，在漏极电源 E_D 的作用下，将产生漏极电流 I_D，管子导通。

在漏—源电压 U_{DS} 作用下，管子开始导通的栅—源电压 U_{GS} 称为开启电压，用 U_T 表示。当 $U_{GS}>U_T$ 时，随着栅极电位的上升，漏极电流 I_D 将迅速增大。而当 U_{GS} 增大到一数值后，I_D 趋向饱和，如图 2-35（a）所示，该特性曲线称为管子的转移特性曲线。其输出特性（又称漏极特性曲线）如图 2-35（b）所示。

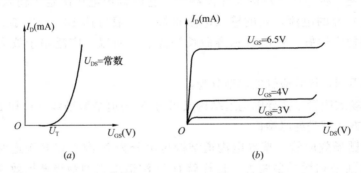

图 2-35　N 沟道增强型绝缘栅场效应管特性曲线
（a）转移特性；（b）输出特性

二、场效应管放大电路

由于场效应管具有输入阻抗高、热稳定性好等优点，因此在多级放大电路中，常用作输入级。与晶体管比较，场效应管的源极、漏极、栅极相当于晶体管的发射极、集电极、基极。场效应管有共源极电路、共漏极电路（源极输出器）等基本放大电路。与晶体管一样，也要建立合适的静态工作点。但场效应管是电压控制器件，因此需要有合适的栅极电压。同样，场效应管也应在线性放大区域内工作。

由 N 沟道增强型绝缘栅场效应管组成的放大电路如图 2-36 所示，考虑工作时 U_{GS} 为正，以及静态工作点的稳定，故采用分压式偏置电路。电路中的各元件作用如下：

（1）场效应管 T　为 N 沟道增强型绝缘栅场效应管，起电压放大作用；

（2）漏极电源 E_D　为放大电路提供电能；

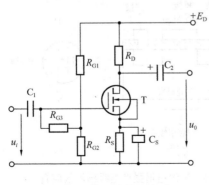

图 2-36　分压式偏置电路

（3）漏极电阻 R_D　使放大电路具有电压放大功能，其阻值约为几十千欧；

（4）源极电阻 R_S　确定静态工作点，其阻值约为几个千欧；

（5）源极旁路电容 C_S　为源极电阻上的交流旁路电容，其容量约为几十微法；

（6）分压电阻 R_{G1}、R_{G2}　确定栅源电压 U_{GS} 为：

$$U_{GS} = \frac{R_{G2}}{R_{G1} + R_{G2}} E_D - I_D R_S$$

（7）栅极电阻 R_{G3}　它不影响电压放大倍数和静态工作点，主要是为了提高放大电路的输入电阻 r_i，输入电阻 r_i 的数值为

$$r_i = R_{G3} + (R_{G1} /\!/ R_{G2} /\!/ r_{gs})$$

$$\approx R_{G3} + (R_{G1} /\!/ R_{G2})$$

$$\approx R_{G3}$$

由于场效应管的输入电阻 r_{gs} 是很高的，要比 R_{G1} 或 R_{G2} 都高得多，三者并联后可将 r_{gs} 略去。R_{G3} 的阻值为 $200k\Omega \sim 10M\Omega$，比 $R_{G1} /\!/ R_{G2}$ 高得多。

（8）耦合电容 C_1、C_2　分别为输入电路和输出电路的耦合电容，其容量约为 $0.01 \sim 0.047\mu F$。

与晶体管共射极放大电路一样，该放大电路的输出电压和输入电压的相位相反。

第五节　晶闸管及其应用

晶闸管又称为可控硅（SCR）。它是一种大功率半导体器件，具有体积小、质量轻、效率高、寿命长和使用维护方便等优点，广泛应用于整流、逆变、变频、交流调节和无触点开关等方面。

一、晶闸管的结构与工作原理

1. 结构

晶闸管的结构和电气符号如图 2-37 所示，它由 PNPN 四层半导体构成，中间形成三个 PN 结，分别用 J_1、J_2 和 J_3 表示。从外面的 P_1 层引出阳极 A，从 N_2 层引出阴极 K，从中间的 P_2 层引出控制极 G。

2. 工作原理

为了说明晶闸管的工作原理，我们把晶闸管看成是由 T_1（PNP 型）和 T_2（NPN 型）两个晶体管组合而成。每一个晶体管的基极与另一个晶体管的集电极相连，如图 2-38 所示。阳极 A 相当于晶体管 T_1 的发射极，阴极 K 相当于晶体管 T_2 的发射极。

如果晶闸管阳极加正向电压 E_A 时，再在控

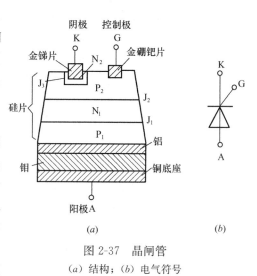

图 2-37　晶闸管
（a）结构；（b）电气符号

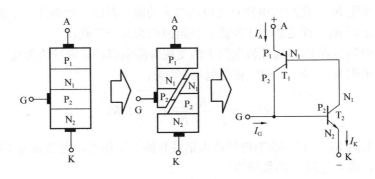

图 2-38 晶闸管的等效电路

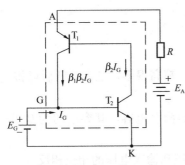

图 2-39 晶闸管的工作原理

制极也加正向电压 E_G,如图 2-39 所示,那么晶体管 T_2 处于正向偏置,E_G 产生的控制电流 I_G 就是 T_2 的基极电流 I_{B2},T_2 的集电极电流 $I_{C2}=\beta_2 I_G$。而 I_{C2} 又是晶体管 T_1 的基极电流,T_1 的集电极电流 $I_{C1}=\beta_1 I_{C2}=\beta_1\beta_2 I_G$($\beta_1$ 和 β_2 分别为 T_1 和 T_2 的电流放大系数)。此电流又流入 T_2 的基极,再行放大。如此循环往复,形成了强烈的正反馈,使两个晶体管很快达到饱和导通。这就是晶闸管的导通过程,一般不超过几微秒,称为触发导通过程。

导通后,在晶闸管上的正向压降很小,一般为 $0.6\sim1.2\mathrm{V}$,电源电压几乎全部加在负载上,晶闸管中通过阳极电流 I_A 的大小由外加电源电压和负载电阻决定。

应该注意的是,在晶闸管导通后,即使控制电流消失,晶闸管依靠自身的正反馈作用仍然可以维持导通,控制极失去控制作用。要想关断晶闸管必须将阳极电源 E_A 断开。如果因外电路负载电阻增加而使阳极电流 I_A 降低到小于某一数值 I_H(最小维持电流)时,就不能维持正反馈过程,晶闸管也将不能导通,而呈正向阻断状态。

如果晶闸管加上反向电压(阳极为负、阴极为正),则此时 J_1、J_3 结均承受反向电压,无论控制极是否加上触发电压,晶闸管均不导通,呈反向阻断状态。

综合以上分析可知,晶闸管的导通条件为:除在阳极—阴极间加上一定大小的正向电压外,还要在控制极—阴极间加上正向触发电压。晶闸管一旦触发导通后,控制极即失去控制作用,这时要使电路阻断,必须使阳极电压降到足够小,以使阳极电流降到 I_H 以下。

3. 伏安特性

晶闸管的伏安特性是指阳极—阴极间电压和阳极电流的关系曲线,如图 2-40 所示。

当晶闸管阳极—阴极间加上正向电压时,由于控制极不加电压,J_1、J_3 结处于正向偏置,J_2 结处于反向偏置;晶闸管只流过很小的正向漏电流 I_{DR},即特性曲线的 A 段。这时,晶闸管阳极—阴极呈现很大的电阻,处于正向阻断状态。

当正向电压上升到正向转折电压 U_{BO} 时,J_2 结被击穿,漏电流突然增加,晶闸管由阻断状态突然变为导通状态。由特性曲线的 A 段迅速跨过 B 段而转到 C 段。晶闸管导通后,就可以通过很大电流,而本身管压降 U_F 只有 1V 左右,因此特性曲线靠近纵轴而且陡直。若减小正电压,正向电流就逐渐减小。当电流小到维持电流 I_H 时,晶闸管又从导通状态转为阻断状态。

当晶闸管加反向电压时（控制极仍不加电压），J_1、J_3 结处于反向偏置，J_2 结处于正向偏置。其伏安特性与普通二极管相似，晶闸管只流过很小的反向漏电流 I_R，如特性曲线的 D 段，晶闸管处于反向阻断状态。当反向电压增加到反向转折电压 U_{BR} 时，反向电流急剧增加，使晶闸管反向导通，并造成永久性损坏。

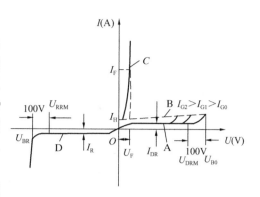

图 2-40　晶闸管的伏安特性

应该指出，在很大的正向或反向电压下使晶闸管导通的方法，实际工作中是不允许采用的。通常应使晶闸管在正向阻断状态下，将正向触发电压（电流）加到控制极而使其导通。由图 2-40 可见，触发电流愈大，正向转折电压愈小。

4. 主要参数

晶闸管的主要参数有：

（1）正向转折电压 U_{BO}　是指在额定结温和控制极断开的条件下，使晶闸管由阻断状态发生正向转折变成导通状态所对应的电压峰值。

（2）断态重复峰值电压 U_{DRM}　又称正向阻断峰值电压，其值为

$$U_{DRM} = U_{BO} - 100\text{V}$$

（3）反向转折电压 U_{BR}　就是指反向击穿电压。

（4）反向重复峰值电压 U_{RRM}　又称反内阻断峰值电压，指在额定结温和控制极断开的条件下，允许重复加在晶闸管上的反向峰值电压，其值为

$$U_{RRM} = U_{BR} - 100\text{V}$$

（5）额定正向平均电流 I_F　在规定环境温度、标准散热条件及全导通的条件下，允许通过工频正弦半波电流的平均值。选择元件型号时，一般选 I_F 为正常工作平均电流的 1.5～2 倍，以留有一定的余量。

（6）维持电流 I_H　是指由通态到断态的最小电流。

（7）控制极触发电压 U_G、电流 I_G　是指在规定的环境温度和阳极—阴极间加一定正向电压的条件下，使晶闸管从阻断状态转变为导通状态所需的最小控制极直流电压、最小控制极直流电流。一般 U_G 为 1～5V，I_G 为几十至几百毫安，为保证可靠触发，实际值应大于额定值。

二、可控整流电路

可控整流电路的作用是将交流电转换成电压大小可调的直流电。不同的整流电路，不同性质的负载，各有不同的特点。在此主要以单相半控桥式整流电路为例，介绍在接电阻性负载和电感性负载时的工作原理。

1. 电阻性负载

单相半控桥式整流电路如图 2-41（a）所示，其中 R_L 为电阻性负载。其电路结构与二极管单相桥式整流相似，D_1、D_2 为二极管，而 T_1、T_2 为晶闸管。

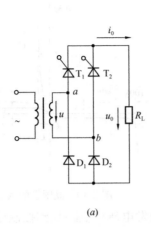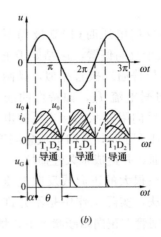

图 2-41 电阻性负载单相半控桥式整流

(a) 电路图；(b) 波形图

当变压器的副方交流电压 u 为正半周时，其极性为上正下负，T_1 和 D_2 处于正向电压作用下。在 $\omega t = \alpha$ 时，对晶闸管 T_1 控制极引入触发脉冲信号，则 T_1 和 D_2 导通，电流的通路为

$$a \rightarrow T_1 \rightarrow R_L \rightarrow D_2 \rightarrow b$$

这时 T_2 和 D_1 均承受反向电压而阻断。

在交流电压 u 下降到接近于零值时（过零时），晶闸管 T_1 正向电流小于维持电流而关断。

当交流电压 u 为负半周时，其极性为上负下正，T_2 和 D_1 处于正向电压作用下，在 $\omega t = \pi + \alpha$ 时，对 T_2 控制极引入触发脉冲信号，则 T_2 和 D_1 导通，电流的通路为

$$b \rightarrow T_2 \rightarrow R_L \rightarrow D_1 \rightarrow a$$

这时 T_1 和 D_2 均承受反向电压而阻断。

当交流电压 u 下降到接近于零值时，晶闸管 T_2 正向电流小于维持电流而关断。

整流电路在负载 R_L 两端的输出电压 u_0 和流过负载的电流 i_0 波形如图 2-41（b）所示。可以看到，无论电压 u 在正或负半周内，电压 u_0 和电流 i_0 的方向都是相同的。

加入控制电压使晶闸管 T 开始导通的角度 α 称为控制角，$\theta = \pi - \alpha$ 称为导通角。改变加入触发脉冲的时刻以改变控制角 α，称为触发脉冲的移相，即能改变输出直流电压的平均值。控制角 α 变化范围称为移相范围。在单相桥式可控整流电路中，晶闸管的移相范围是 $0 \sim \pi$。当 $\alpha = 0$ 时，导通角 $\theta_{\max} = \pi$，称为全导通，输出电压最高，相当于不可控二极管单相桥式整流电压。而当 $\alpha = \pi$，$\theta = 0$ 时，晶闸管全关断，输出电压为零。可控整流输出电压的平均值为

$$U_0 = \frac{1}{2\pi} \int_{\alpha}^{2\pi} \sqrt{2}U \sin\omega t \, \mathrm{d}(\omega t) = 0.9U \cdot \frac{1+\cos\alpha}{2} \tag{2-22}$$

输出电流的平均值为

$$I_0 = \frac{U_0}{R_L} = 0.9 \frac{U}{R_L} \cdot \frac{1+\cos\alpha}{2} \tag{2-23}$$

2. 电感性负载

除电阻性负载外，实际工作中遇到较多的是电感性负载。例如，各种电动机的励磁绕组，串联了电感滤波器的电阻性负载。它们既含有电感，又含有电阻。整流电路接电感性负载和电阻性负载的情况大不相同。带电感性负载的单相半控桥式整流电路如图 2-42 (a) 所示。除晶闸管 T_1、T_2 和二极管 D_1、D_2 形成半控桥式整流电路外，负载两端还并联接入一个二极管 D。

当交流电压 u 为正半周时，当 $\omega t = \alpha$ 时，加入触发脉冲，T_1、D_2 导通，此时输出电流 i_0 除供给负载，还存贮磁场能量在电感中。当 u 过零到负半周时，T_1、D_2 截止。这时电感中存贮的能量通过二极管 D 释放，使电流 i_0 继续流通，电流波形如图 2-42(b) 所示。

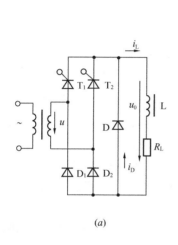
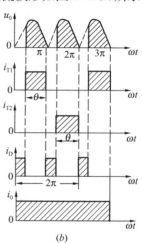

图 2-42　电感性负载单相半控桥式整流

(a) 电路图；(b) 波形图

当交流电压 u 为负半周时，当 $\omega t = \pi + \alpha$ 时，加入触发脉冲，使 T_2、D_1 导通，输出电流 i_0 供给负载，其流动方向不变。也存贮磁场能量在电感中。当 u 过零到正半周时，T_2、D_1 截止，而电感中存贮的能量通过二极管 D 释放，使电流 i_0 继续流通。

这样，在大电感负载（$\omega L \gg R_L$）时，电路的负载电流是连续的，波形近于直线。因此，二极管 D 称为续流二极管。此外，续流二极管 D 还能防止交流电源电压 u 变换极性方向时，原来导通的晶闸管不能及时关断，失去控制的现象发生。

3. 晶闸管的保护

晶闸管虽然具有功率大、体积小、效率高、操作方便、寿命长等许多优点，在工业电气设备中得到广泛应用。但是，它过载能力低，抗干扰能力差，在出现过电流和过电压时，晶闸管极易损坏。因此，在各种使用晶闸管的装置中必须采取适当的保护措施。

(1) 过电流保护　晶闸管的热容量很小，发生过电流时，温度就会迅速上升把 PN 结烧坏，造成元件内路短路或开路，而不能正常工作。

为防止负载过载、短路或电路其他故障产生的过电流所引起晶闸管的损坏，通常采用专用于保护晶闸管的快速熔断器，该熔断器中使用银质熔丝，过电流通过时，能在损坏晶闸管之前熔断，从而实现保护晶闸管的目的。快速熔断器一般有三种接法：在输出端与负载串联、在电路中与晶闸管元件串联或在输入端同时对输出端短路和元件短路实现保护，如图 2-43（a）所示。选择熔断器的电流额定值应该尽量接近实际工作电流的有效值。

过电流保护还可采用灵敏的过电流继电器，在发生过电流故障时，使输入端的自动开关跳闸。也可利用过电流信号改变晶闸管的触发脉冲信号，使晶闸管的导通角减小或者停止触发。

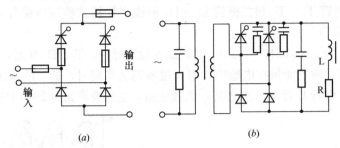

图 2-43　晶闸管的过电流与过电压保护
(a) 快速熔断器的接入方式；(b) 阻容吸收元件的接入方式

（2）过电压保护　晶闸管耐受过电压的能力极差，当电路的电压超过其反向击穿电压时，即使时间极短，也很容易损坏。如果正向电压超过其转折电压，则晶闸管误导通。误导通次数频繁、导通后的电流较大，也可能使元件损坏或使特性下降。

电路中一般都接有电感性负载（如电动机等），在切断或接通电路，从一个元件导通转换到另一个元件导通，以及熔断器熔断时，电路中的电压往往都会产生超过正常数值的过电压。有时雷击也会引起过电压。

为防止电路过电压引起晶闸管的损坏，一般采用电阻、电容串联而成的阻容吸收元件。利用电容来吸收过电压，将造成过电压的能量变成电场能量储存到电容中，然后释放到电阻中消耗掉。阻容吸收元件可以并联在整流电路的交流输入端、直流输出端或晶闸管元件两端，如图 2-43(b) 所示。

第六节　常用电子器件

除半导体器件和小型变压器等器件外，常用的电子元器件还有电阻器、电位器、电容器、开关、接插件和半导体集成电路等。有关元器件的规格、类型、技术指标等详细参数，可查阅相应的手册。

一、电阻器

1. 电阻器的作用

电阻器是利用具有电阻特性的金属或非金属材料制成便于安装使用的电子元件。它在电路中的用途是阻碍电流通过，以达到降低电压、分配电压、限制电路电流、向各种电子元器件提供必要的工作条件（电压或电流）等作用。

2. 分类

电阻器按其结构可分为固定电阻器和半可调电阻器两大类。固定电阻器的电阻值是固定的，一经制成不能再改变。半可调电阻器的阻值可以在一定范围内调整（但这种调整不应过于频繁）。

（1）固定电阻器主要有：

1）线绕电阻器　用镍铬合金、锰铜合金等电阻丝绕在绝缘的支架上制成的。绝缘支架多为陶瓷骨架或胶木骨架。绕成后其外面通常涂有耐热的绝缘层或绝缘漆。线绕电阻器一般可以承受较大的功率（3～100W），可以在300℃左右的高温下连续工作，热稳定性好，并且工作精度高、噪声小。

2）薄膜电阻器　用蒸发或沉积的方法将一定电阻率的材料镀于绝缘材料表面制成。最常用的蒸镀材料是碳或某些合金、金属氧化物，绝缘材料主要是瓷管（棒）。分为碳膜电阻器、金属膜电阻器和氧化膜电阻器。

碳膜电阻器造价便宜，可在70℃以下长期工作。允许额定功率较小，一般为1/8～2W。金属膜电阻器有较好的耐高温性能，可以在125℃下长期工作，温度系数低，稳定性好，精度高。在相同的额定功率下，它的体积可以比碳膜电阻器小一半。

3）实芯电阻器　用石墨、碳黑等导电材料及不良导电材料混合并加入胶粘剂后压制而成。它的外形与薄膜电阻器相似，不过它的内部没有绝缘瓷棒，而是实芯的，引线从内部引出。其成本低，价格便宜，但阻值误差较大，稳定性差，噪声大，目前已较少采用。

表示电阻器导电材料的字母见表2-2。

电 阻 器 导 电 材 料　　　　　　　　　　　　　　表2-2

字　母	J	T	Y	X	H	C	I	N	S
材　　料	金属膜	碳膜	氧化膜	线绕	合成膜	沉积膜	玻璃釉膜	无机实芯	有机实芯

（2）半可调电阻器　半可调电阻器又称微调电阻器。它主要用于阻值不需经常变动的电路中。通常在小电流电路中，多为碳膜电阻器，其额定功率较小。而在电流较大的电路中，多为可调线绕电阻器。

3. 电阻器的主要技术参数

（1）电阻标称值　即电阻器表面所标的电阻值。电阻器的标称值不是随意选定的，为了便于工业上的大量生产和使用者在一定范围内选用，国家标准规定了一系列的标称值。不同误差等级的电阻器有不同数目的标称值；误差越小，电阻器的标称值越多，见表2-3。将表中标称值乘以10^n，其中n为正整数或负整数，就可以扩大阻值范围。

电 阻 标 称 值　　　　　　　　　　　　　　表2-3

标称值系列	E24 ±5%	E12 ±10%	E6 ±20%	标称值系列	E24 ±5%	E12 ±10%	E6 ±20%
电阻标称值	1.0	1.0		电阻标称值	3.3	3.3	
	1.1				3.6		
	1.2	1.2	1.0		3.9	3.9	3.3
	1.3				4.3		
	1.5	1.5	1.5		4.7	4.7	
	1.6				5.1		
	1.8	1.8			5.6		4.7
	2.0				6.2	5.6	
	2.2	2.2	2.2		6.8	6.8	
	2.4				7.5		6.8
	2.7	2.7			8.2	8.2	
	3.0				9.1		

(2) 误差　电阻器的实际阻值与标称阻值的相对误差。普通电阻器的允许误差可分为±5%、±10%、±20%共三个等级。精密电阻的允许误差可分为±2%、±1%、±0.5%、…、±0.001%等系列。根据电路不同的要求选用不同误差的电阻。

(3) 额定功率　当电流通过电阻器时，电流会对电阻器做功，将电能转换成热能，使电阻器发热。电阻器所能承受的发热是有限度的，如果电阻器上所加电功率大于它能承受的电功率时，电阻器就会因温度过高而烧毁。通常在规定的气压、温度等条件下，电阻器长期工作时所允许承受的最大电功率称额定功率。一般电阻器为1/8W、1/4W、1/2W、1W、2W、5W、10W等数值。选用电阻器时额定功率应高于电路中的实际工作值1.5～2倍以上。

二、电位器

1. 电位器的作用与指标

电位器实际上是一个可变电阻器，其结构和使用方法如图2-44所示。它有三个引出端，其中两个（1、3）为固定端，它们之间的电阻值最大，另一个（2）为滑动端，通过与轴相连的簧片位置改变使1～2或2～3间的电阻值发生变化。电位器和一般可变电阻不同之处是它用于电路中需要经常改变电阻值的地方。

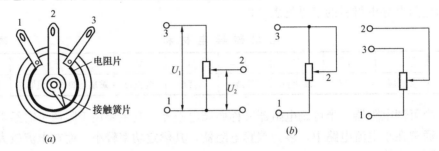

图 2-44　电位器的结构和连接
(a) 结构；(b) 连接方法

电位器的主要技术指标为标称阻值、额定功率、精密等级、滑动噪声（当簧片在电阻体上滑动时，输出电压U_2出现无规则的起伏现象）、分辨力（电位器对输出量可实现的最精细的调节能力）、启动转矩与转动力矩以及电位器的轴长与轴端结构。

2. 电位器的分类

电位器种类繁多，用途各异，其分类形式为：

(1) 按材料分类　线绕电位器（WX）、金属膜（WJ）、碳膜电位器（WT）、金属氧化膜电位器（WY）、有机实芯电位器（WS）、无机实芯电位器（WN）等；

(2) 按用途分类　普通、精密、微调、功率、高频、高压、耐热等；

(3) 按阻值变化规律　线性、对数式、指数式、正余弦式等；

(4) 结构特点　单圈、多圈、单联、多联、有止档、无止档、带推拉开关，带旋转开关、锁紧式等；

(5) 调节方式　旋转式、直滑式。

三、电容器

1. 电容器的作用

电容器是由两个金属电极中间夹一层绝缘（又称电介质）所构成。当在两个金属电极上施加电压时，电极上就会贮存电荷。所以它是一种贮能元件。电容器具有阻止直流电流通过，而允许交流电通过（有一定的阻抗）的特点。因此，电容器常用于隔离直流电流、滤波或耦合交流信号、信号调谐等电路中。

2. 分类

电容器种类很多按其结构、介质材料分类如下：

（1）固定式电容

1）有机介质　可分为纸介（普通纸介、金属化纸介）和有机薄膜（涤纶、聚碳酸酯、聚苯乙烯、聚四氟乙烯、聚丙烯、漆膜等）。

2）无机介质　可分为云母、瓷介（瓷片、瓷管）和玻璃（玻璃膜、玻璃釉）等。

3）电解　可分为铝电解、钽电解和铌电解电容器。

（2）可变式　可分为空气、云母、薄膜式电容器。

（3）半可变式　可分为瓷介、云母电容器。

表示电容器介质材料的字母见表2-4。

电容器介质材料　　　　　　　　　　　　　　　　　　　　　　　　　　表2-4

字　母	材　料	字　母	材　料
A	钽电解	L	聚酯薄膜
B	聚苯乙稀薄膜	N	铌电解
C	高频陶瓷	O	玻璃膜
D	铝电解	Q	漆膜
G	合金电解	T	低频陶瓷
H	纸膜复合	V	云母纸
I	玻璃釉	Y	云母
J	金属化纸	Z	纸

3. 主要技术参数

（1）标称电容量　电容器的标称电容量，是指施加电压后贮存电荷的能力大小。贮存电荷愈多，电容量愈大。电容量与电容器的介质厚度、介质介电常数、极板面积、极板间距等因素有关，其单位为法拉（F）、微法（μF）、皮法（pF）。

（2）工作电压　又称耐压、额定电压，通常是指电容器允许使用的最高直流电压。施加电压如果超过工作电压，介质绝缘性能遭到破坏，电容器就会被击穿损坏。

（3）误差　和电阻器一样，电容器的实际值和标称值之差除以标称值所得的百分数，即相对误差称为电容器的误差，通常分为三个等级，即±5％、±10％、±20％。电解电容器的误差较大可达+100％～−30％左右。

（4）绝缘电阻　它表明电容器漏电的大小，绝缘电阻越大越好。

四、电感器

1. 电感器的作用

电感器（一般又称电感线圈），当流过线圈中的电流发生变化时，线圈周围的磁场相应变动，变动的磁场可使线圈自身产生感应电动势，这就是自感作用。表示自感应能力的物理量称做电感。凡能产生电感作用的器件统称电感器。电感线圈具有阻碍交流电通过的特性。电感器广泛应用在调谐、振荡、耦合、滤波等电路中。

2．主要技术参数

（1）电感量　其单位为亨利（H）、毫亨（mH）、微亨（μH）、纳亨（nH）。

（2）分布电容　线圈各层、各匝之间存在的电容量。

（3）品质因数　$Q = \dfrac{\omega L}{R}$

式中　ω——工作角频率；

　　　L——线圈的电感量；

　　　R——线圈的总损耗电阻（包括直流电阻、高频电阻及介质损耗电阻）。

（4）额定电流　线圈中允许通过的最大电流。

3．常用的几种电感器

电感器按工作特性分成固定和可变两种形式，按导磁性质分成单层、多层、蜂房式，以及有骨架式和无骨架式。

（1）高频电感线圈　它是电感量较小的电感器，用于高频电路中。通常可分为空心线圈、磁芯线圈。后者可以改变磁芯在线圈中的位置来达到调节其电感量大小的目的。如收音机中广泛使用的中周线圈就是此类型的电感器。

（2）空心式及磁棒式天线线圈　把绝缘或镀银导线绕在塑料胶木管上或磁棒上，其电感量和可调电容配合谐振于收音机欲接收的频率上。中波段天线线圈的电感量较大，约$200\sim300/\mu$H，线圈绕在磁棒上且圈数较多；短波段电感量小得多，只有几个到十几个微亨，线圈只有几圈。

（3）低频率扼流圈　利用漆包线在硅钢片铁芯外层绕制而成的大电感量的电感器。一般电感量为数亨，常用于音频或电源滤波电路中。

五、开关

开关的作用是通过一定的机械动作完成电路的接通或切断。常用的开关按用途分为下列几种：

1．电源开关

是接通电器装置电源用的，最常用的为钮子开关、波动开关、平移波动开关及按钮开关等。

根据其接点数目可分为单刀双掷开关、双刀双掷开关等几种。"单刀"表示只有一个接点，它只接通或断开电源的一条线，而"双刀"表示有二个接点，同时接通或切断电源的两条线。用在一般单相交流电上的电源开关的耐压值通常应大于250V。开关允许通过的电流，根据电器装置的功率决定，一般为2.5、5、10A等。

2．微动开关

它通常有一组接点，属单刀双掷式，平时一个接点连通一个接点断开。当外力按下微动钮时，原来接通的接点断开，而原来不通的接点接通。微动开关在电器装置中常用作限位开关。

3．波段开关

在收音机、收录机或其他电子仪器设备中用于变换波段或变化功能的开关。常用的波段开关有旋转式、琴键式、拨动式等几种。

4．定时开关

在一定时限内动作的开关。定时开关的类型有机械式、电子式、电动机驱动式等。例如洗衣机的定时开关以机械与电子式为多。机械式的原理相当于旋紧发条的时钟机构，电子式的原理则是利用电容充放电延时式计数脉冲的开关电路。

六、接插件

接插件通常用于装接电缆或安装在仪器设备上起着连接各个系统或电路的作用。接插件的质量和可靠性，特别是接触问题，将直接影响整个仪器设备的质量和可靠性。

接插件按工作频率分为低频接插件（频率 100MHz 以下）和高频接插件。按其外形结构特点可分为：

1. 圆形接插件

圆形接插件又称航空插头插座，它有标准的旋转锁紧机构，接点多、抗振性好、容易实现防水密封及电场屏蔽等特殊要求。

2. 矩形接插件

矩形接插件可分为插针式和双曲线式，带外壳式和不带外壳式，带锁紧式和非锁紧式。

3. 印制板接插件

印制板接插件结构形式有直接型、绕接型、间接型和铰链型等。

4. 带状电缆接插件

在计算机及外部设备中，通过扁平带状电缆实现微弱信号的可靠连接，特别是微型计算机、电子仪器的高密度印制板的连接。

七、半导体集成电路

半导体集成电路是将电阻、电容、二极管、三极管及连线利用半导体工艺制作在很小的基片上，形成一个完成的电路，并封装在特殊的外壳之中。与前面介绍的分立元器件组成的电路相比，它具有体积小、质量轻、功耗低、性能好、可靠性高和成本低等优点。

集成电路按功能可分为模拟集成电路和数字集成电路两大类。

1. 模拟集成电路

（1）线性集成电路　如直流运算放大器、音频放大器、中频放大器、高频放大器和集成稳压器等。

（2）非线性集成电路　如比较器、信号发生器等。

（3）功率集成电路　如音频功率放大器、功率开关和伺服放大器等。

2. 数字集成电路

有各种门电路、计数器、译码器、存贮器、模/数转换器、数/模转换器和微处理器等。

半导体集成电路按集成度可分为小规模、中规模、大规模和超大规模集成电路。集成电路的封装形式基本分为金属、陶瓷和塑料三种形式，各有特点，适用于不同场合。其中双列直插式器件有专用插座，一般将插座焊接在印制电路板上，器件插入插座后即能正常工作。这样可以防止高温焊接时损坏半导体器件，并且也方便更换器件。

本　章　小　结

1. PN 结是构成一切半导体器件的基础，它的基本特性是具有单向导电性。半导体二极管由一个 PN 结构成。

用半导体二极管可以组成各种整流电路，如单相半波、单相全波、单相桥式、三相半波、三相桥式等。为了减小输出电压的脉动量，可用电容滤波、电感滤波和组合滤波。为了得到稳定的输出电压，可增加稳压电路。利用稳压管可以组成最简单的稳压电路。

2. 半导体三极管和场效应管是两种应用广泛的电子元件，它们都有三个电极，可以在电路中作为放大或开关元件。但前者是电流控制元件，后者是电压控制元件。

3. 半导体三极管的基本放大电路有共射极、共集电极和共基极电路。实际应用时常采用多级放大电路，为了改善工作性能，必须注意采用稳定工作点和负反馈的措施以提高放大倍数的稳定性和扩展工作通频带等。

4. 晶闸管是一种大功率可控的半导体开关元件，它具有体积小、质量轻、控制灵活和寿命长等特点。在大功率的电气设备中主要用于整流、逆变、调压和开关电路中。实际使用时，必须注意晶闸管的过电流和过电压保护等措施。

复习思考题与习题

1. 怎样用万用表判断二极管的正极、负极以及管子的好坏？

2. 用万用表的电阻挡测量二极管的正向电阻时，用 $\Omega \times 100$ 挡测出的电阻值小，用 $\Omega \times 1k$ 挡测出的电阻值大，这是什么原因？

3. 电路如图 2-45 所示，输入电压为 $u_i = 10\sin\omega t$，二极管的正向压降为 0.6V，试画出输出端的电压波形。

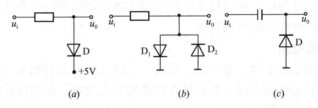

(a)　　　　　　　　　(b)　　　　　　　　　(c)

图 2-45　习题 3 图

4. 单相桥式整流电路如图 2-46 所示，电源电压有效值 $U_2 = 30V$，负载电阻 $R_L = 2k\Omega$，试求输出电压、电流平均值和电源输出功率。

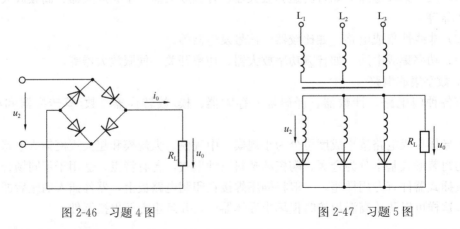

图 2-46　习题 4 图　　　　　　　　　图 2-47　习题 5 图

5. 三相半波整流电路如图 2-47 所示。已知变压器副侧对称相电压有效值 $U_2 = 110V$，试画出整流输出电压 u_0 的波形图。

6. 某晶体管电路如图 2-48 所示。已知晶体管 T 的基极电流 $I_B = 0.1mA$，集电极电流 $I_C = 2mA$，通过电阻 R_{b1} 的电流 $I_{B1} = 0.5mA$。试求支路电流 I_E、I_{B2}、I 和晶体管电压 U_{BE} 与 U_{CE}（提示：应用克希荷

夫定律求解）。

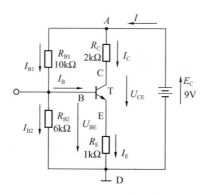

图 2-48　习题 6 图

7. 指出图 2-49 所示交流放大电路的错误之处，并画出相应的正确电路图。

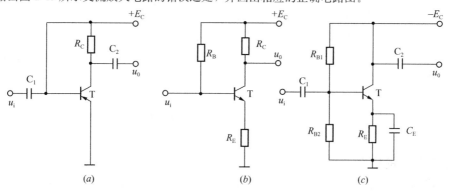

图 2-49　习题 7 图

8. 在应用晶闸管的单相半波可控整流电路中，已知电源电压有效值 $U_2 = 220V$，负载电阻 $R_L = 10\Omega$，试求：

（1）画出单相半波可控整流的电路图；

（2）最大的输出电压、电流的平均值；

（3）当控制角 $\alpha = 60°$ 时，输出电压、电流的平均值。

第三章 变 压 器

第一节 概 述

变压器是利用电磁感应的原理，将某一数值的交流电压转变成频率相同的另一种或几种不同数值交流电压的电器设备。通常可以分为电力变压器和特种变压器两大类。

电力变压器是电力系统中的关键设备之一，有单相和三相之分，容量从几千伏安至数十万伏安。按其作用可分为升压变压器、降压变压器和配电变压器（参阅第五章有关部分介绍）。

特种变压器是指除电力系统应用的变压器以外，其他各种变压器统称为特种变压器。因此它的品种繁多，常用的有可调节电压的自耦变压器；测量用的电压互感器、电流互感器；焊接用的电焊变压器等。尽管种类不同，大小形状也不同，但是它们的基本结构和工作原理是相似的。

第二节 变压器的结构和工作原理

一、变压器的结构

变压器的电磁感应部分包括电路和磁路两部分。电路又有一次电路与二次电路之分。各种变压器由于工作要求、用途和形式不同，外形结构不尽相同，但是它们的基本结构都是由铁芯和绕组组成的。

1. 铁芯

铁芯是磁通的通路，它是用导磁性能好的硅钢片冲剪成一定的尺寸，并在两面涂以绝缘漆后，按一定规则叠装而成。

变压器的铁芯结构可分为心式和壳式两种，如图 3-1 所示。心式变压器绕组安装在铁芯的边柱上，制造工艺比较简单，一般大功率的变压器均采用此种结构。壳式变压器的绕组安装在铁芯的中柱上，线圈被铁芯包围着，所以它不需要专门的变压器外壳，只有小功率变压器采用此种结构。

2. 绕组

绕组是电流的通路。小功率变压器的绕组一般用高强度漆包线绕制，大功率变压器的绕组可以采用有绝缘的扁形铜钱或铝线绕制。绕组分为高压和低压绕组。高压绕组匝数多，导线细；低压绕组匝数少，导线粗。为了提高绕组与铁芯的绝缘性能，一般低压绕组制作在绕组的内层，高压绕组制作在绕组的外层。

二、工作原理

1. 变压器的空载运行

单相变压器有两个绕组，其中一个绕组接交流电源，叫做一次绕组（又叫原绕组、初级绕组），匝数为 N_1，另一个绕组接负载，叫做二次绕组（又叫副绕组、次级绕组），匝

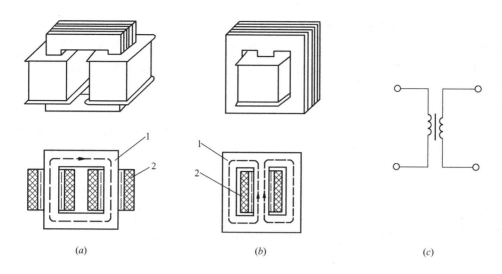

图 3-1 心式和壳式变压器

（a）心式变压器；（b）壳式变压器；（c）单相变压器的电气符号

1—铁芯；2—绕组

数为 N_2。若将变压器的一次绕组接交流电源，二次绕组开路不接负载，这种运行方式叫做变压器的空载运行，如图 3-2 所示。

当一次绕组接上交流电压 U_1 时，绕组中有空载电流 I_0 流过。一般空载电流很小，仅为变压器额定电流的 $3\% \sim 8\%$ 左右。由于二次绕组开路，没有电流通过，$I_2 = 0$。I_0 在一次绕组中产生交变磁势 $F_0 = I_0 N_1$。磁势 F_0 产生交变磁通。磁通的大部分通过闭合的铁芯，穿过一次绕组，也穿过二次绕组，称为主磁通 Φ，其最大值为 Φ_m。另有小部分磁通溢出铁芯，在一次绕组侧自行闭合，而不穿过二次绕组，称为漏磁通 $\Phi_{\sigma 1}$，$\Phi_{\sigma 1}$ 通常很小，约为总磁通的 10% 左右。

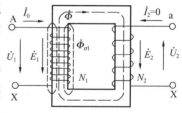

图 3-2 单相变压器空载运行

根据电磁感应原理，交变的主磁通必然在一次、二次绕组中产生感应电动势 E_1、E_2。当变压器空载运行时，忽略一次绕组的电阻、漏磁通和铁耗的影响，则它们在数值上分别为：

$$U_1 = E_1 = 4.44 f N_1 \Phi_m \text{(V)} \tag{3-1}$$

$$U_2 = E_2 = 4.44 f N_2 \Phi_m \text{(V)} \tag{3-2}$$

式中 Φ_m——主磁通的最大值，单位为韦伯（Wb）；

f——交流电源频率，单位为赫兹（Hz）；

N_1——一次绕组的匝数；

N_2——二次绕组的匝数。

电压比 K 则为：

$$K = \frac{U_1}{U_2} = \frac{E_1}{E_2} = \frac{N_1}{N_2} \tag{3-3}$$

式（3-3）是变压器的基本公式之一，它表明变压器空载运行时，一次、二次绕组电压之比等于一次、二次绕组匝数之比，电压比 K 又称为变压比。当 $N_1 > N_2$ 时，$K > 1$，则 $U_1 > U_2$，这时为降压变压器。反之，$K < 1$，则为升压变压器。电压比是变压器的一个重要参数。

2. 变压器的负载运行

当变压器的一次绕组接交流电源，二次绕组两端接上负载时，称为变压器的负载运行，如图 3-3 所示。

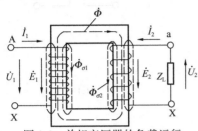

图 3-3 单相变压器的负载运行

变压器的二次绕组接上负载 Z_L 之后，由于电动势 E_2 的作用，在二次绕组中便有电流 I_2 流过，I_2 的大小和相位决定于负载阻抗的大小和性质，因此称为负载电流。二次电流磁势 $I_2 N_2$ 又产生新的交流磁通 Φ_2 去阻碍原来主磁通 Φ 的变化，削弱原来的磁通强度，破坏了空载运行时的磁势平衡关系。由于电源电压 U_1 的有效值不变，与其相应的主磁通 Φ 也不变。从能量转换的观点看，二次绕组有能量输出，必然使一次绕组从电源中多吸取负载所消耗的能量，通过磁通传递给二次绕组。即一次绕组中电流增加一个 ΔI_1，从空载时的 I_0 增加到 I_1，使磁通增加，抵消 I_2 所产生的磁通 Φ_2，以维持主磁通基本不变。如用相量表示，这时一次、二次绕组磁势之和为：

$$\dot{I}_1 N_1 + \dot{I}_2 N_2 \approx \dot{I}_0 N_1 \tag{3-4}$$

这就是变压器负载运行时的磁势平衡方程式。可以看出，无论变压器在什么负载电流下运行，其一、二次绕组的磁势之和都等于空载运行时的磁势。也就是说，变压器一次绕组中的电流 I_1 的大小是受到二次绕组中负载电流 I_2 的控制的。由于空载电流 I_0 的数值很小，数量上可以忽略不计，式（3-4）可以写成：

$$\dot{I}_1 N_1 + \dot{I}_2 N_2 = 0 \tag{3-5}$$

一次、二次电流的数量关系为：

$$\frac{I_1}{I_2} \approx \frac{N_2}{N_1} = \frac{1}{K} \tag{3-6}$$

式（3-6）也是变压器的基本公式之一。它表明变压器一、二次绕组电流之比等于匝数的反比，即为电压比的倒数，说明变压器具有变流作用。

【例 3-1】 某变压器的一次绕组电压为 220V，匝数 N_1 为 825 匝，二次绕组电压为 36V，负载为 60W 的电灯泡。试求二次绕组的匝数 N_2 和接负载时一、二次绕组中的电流 I_1、I_2。

【解】

（1）由式（3-3）可得：

$$N_2 = \frac{U_2}{U_1} \cdot N_1 = \frac{36}{220} \times 825 = 135 \text{ 匝}$$

（2）负载电灯泡为纯电阻负载，功率因数为 1。

接负载时二次绕组电流

$$I_2 = \frac{P}{U_2} = \frac{60}{36} = 1.67\text{A}$$

由式（3-6）可得：

$$I_1 = \frac{N_2}{N_1} \cdot I_2 = \frac{135}{825} \times 1.67 = 0.27\text{A}$$

以上述例题计算中可以说明，变压器高压绕组的匝数多，通过的电流较小，绕组导线可以比较细；而低压绕组的匝数少，通过的电流较大，绕组导线应该比较粗。

3. 阻抗变换

在电子设备中为了获得较大的功率输出，往往对负载的阻抗有一定要求。但是负载阻抗是给定的不能随便改变。为了满足阻抗匹配要求，我们可以采用不同匝数比的变压器，把负载阻抗 Z_L 变换为所需要数值的等效阻抗 Z_L'：

$$Z_L' = \frac{U_1}{I_1} = \frac{U_2 \cdot K}{I_2 \cdot \frac{1}{K}} = K^2 \frac{U_2}{I_2} = K^2 Z_L \qquad (3-7)$$

4. 变压器的外特性

当变压器空载运行时，二次电流 $I_2 = 0$，电压 $U_2 = E_2$。当二次侧接通负载通过电流 I_2 时，一、二次绕阻中的电流和阻抗压降都要增加，二次侧的端电压 U_2 将发生变化。

负载变化时所引起变压器二次侧电压的变化，与负载的大小、性质（阻性、感性、容性以及功率因数 $\cos\varphi_2$ 的大小）和变压器本身的特性有关。当变压器的一次电压为额定值，负载功率因数 $\cos\varphi_2$ 为一定时，二次电压随负载电流 I_2 的变化关系，$U_2 = f(I_2)$，称为变压器的外特性，如图 3-4 所示。

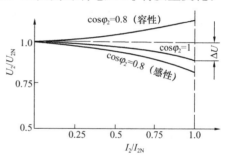

图 3-4　变压器的外特性曲线

变压器在纯电阻和感性负载时，外特性曲线是下降的；在容性负载时，曲线可能向上升。纯电阻负载时，端电压变化较小。当功率因数 $\cos\varphi_2$ 降低时，端电压的变化将会增大。

变压器外特性的变化情况可用电压调整率来表示。当变压器从空载到额定负载运行时，一次侧电压为额定电压，二次侧电压的变化量 $(U_{2N} - U_2)$ 与二次侧额定电压 U_{2N} 的百分比值，称为额定电压调整率，即：

$$\Delta U_N = \frac{U_{2N} - U_2}{U_{2N}} \times 100\% \qquad (3-8)$$

变压器的额定电压调整率表示二次侧电压的稳定性，是变压器主要性能指标之一。一般电力变压器在 $\cos\varphi_2 = 0.8$（感性）时，$\Delta U_N = 4\% \sim 6\%$。

第三节　电力变压器

电力变压器的作用是改变供电线路的电压大小。除前面介绍的单相变压器外，交流电电能生产、输送和分配，几乎都是采用三相制，因此，还需要使用三相变压器进行三相电压的变换。三相电力变压器外形如图 3-5 所示。

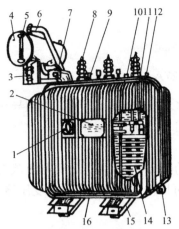

图 3-5 三相电力变压器外形图
1—信号式温度计；2—铭牌；3—吸湿器；4—储油柜；5—油表；6—安全气道；7—气体继电器；8—高压套管；9—低压套管；10—分接开关；11—油箱；12—铁芯；13—放油阀门；14—线圈及绝缘；15—小车；16—接地板

一、变压器的铭牌数据

变压器的外壳上的铭牌标注以下内容：

1. 型号

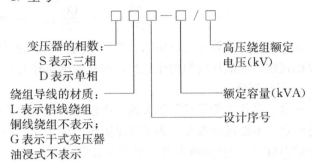

例如：SL7-63/10 表示为三相油浸自冷铝线变压器，设计序号 7，额定容量为 63kVA，高压侧额定电压等级为 10kV。

2. 额定电压 U_{1N}/U_{2N}

一次额定电压 U_{1N} 是指加到一次绕组上的电源线电压额定值。二次额定电压 U_{2N} 是指当一次绕组所接电压为额定值、分接开关位于额定分接头上，变压器空载时，二次绕组的线电压，单位为 "kV" 或 "V"。

3. 额定电流 I_{1N}/I_{2N}

指一、二次绕组的线电流，可根据额定容量和额定电压计算出电流值，单位为 "A"。

4. 额定容量 S_N

额定容量是变压器在额定工作状态下输出的视在功率，单位为 "kVA" 或 "VA"。

单相变压器 $S_N = U_{2N} \cdot I_{2N}$

三相变压器 $S_N = \sqrt{3} U_{2N} \cdot I_{2N}$

5. 额定频率 f_N

指变压器一次绕组所加电压的额定频率，额定频率不同的变压器是不能换用工作的。国产电力变压器的额定频率均为 50Hz。

变压器铭牌上还标明阻抗电压、连接组别、油重、器身重、总重、绝缘材料的耐热等级及各部分允许温升等，见表 3-1。

SL7 系列铝线低损耗电力变压器技术数据　　　　　表 3-1

型　号	额定容量（kVA）	额定电压（kV）		空载电流（%）	连接组
		高　压	低　压		
SL7-30/10	30			3.5	
SL7-50/10	50			2.8	
SL7-63/10	63	6；6.3		2.8	
SL7-80/10	80		0.4	2.7	
SL7-100/10	100			2.6	Y/Y。—12
SL7-125/10	125	10	2.5	2.5	
SL7-160/10	160			2.4	

型 号	额定容量 (kVA)	额定电压 (kV)		空载电流 (%)	连接组
		高 压	低 压		
SL7-200/10	200	6；6.3	0.4	2.4	
SL7-250/10	250			2.3	Y/Y₀-12
SL7-500/10	500	10	2.5	2.1	
SL7-1000/10	1000			1.4	

二、三相变压器

1. 三相变压器磁路的构成

三相变压器的磁路系统可分为两大类：一是由三台单相变压器组成的变压器组（图 3-6a），二是采用三相共有一个整体铁芯的三心柱式变压器（图 3-6b）。前者各相磁路互相没有关系，一般用于大容量的变压器。后者各相磁路互相联系，与三相变压器组比较，三心柱式变压器的三相磁路不容易做得对称，因而容易影响三相电路的对称性。但是它用料少，体积紧凑，多用于中、小容量变压器。

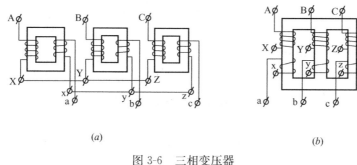

(a) (b)

图 3-6 三相变压器

(a) 三相变压器组；(b) 三心柱式变压器

2. 三相变压器绕组的连接

三相变压器组的连接方式对变压器的运行性能有一定的影响，使用时必须正确选用。

（1）绕组的同名端 绕组连接时首先要注意它们的极性。如图 3-7 为单相变压器的绕组。由于变压器的一、二次绕组中穿过同一交变磁通，它们的感应电势分别为 E_A 和 E_a，并有一定的极性关系。在某一瞬时，当一次绕组的一个端点为高电位时，二次绕组中必然也有一个端点为高电位。那么这两个端点称为同名端，并且分别标以符号"·"。同名端有相同的极性。如果一、二次绕组线圈的绕向相同，则同名端位于两个绕组的相同端，如图 3-7（a）所示。如果绕向相反，则同名端位于不同端，如图 3-7（b）所示。

由此可知，在单相变压器中，一、二次绕组电势的相位关系决定于线圈的绕向和始、末端的标定。

（2）时钟表示法 为了区别不同的绕组连接方式，通常采用时钟表示法，即把高压侧线电势相量作

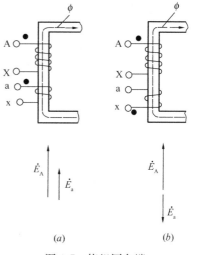

图 3-7 绕组同名端

(a) 绕向相同；(b) 绕向相反

为时钟的长针，低压侧线电势相量作为短针，把长针指在12上，看短针指在哪个数字上，就作为连接组的标号。例如图3-7用时钟表示法表示时，(a) 图以 I/I-12 表示，(b) 图以 I/I-6 表示。斜线前面的 I 表示单相高压线圈，斜线后的 I 表示单相低压线圈。

（3）三相绕组的连接　三相绕组可以连接成星形（Y形）和三角形（△形）。为了便于说明，先对绕组线圈的始端和末端的标记作如下规定：高压线圈的始端分别用 A、B、C 表示，末端分别用 X、Y、Z 表示，中性点用 O 表示；低压线圈的始端分别用 a、b、c 表示，末端分别用 x、y、z 表示，中性点用 o 表示。

把三个线圈的始端 A、B、C（或 a、b、c）向外引出，末端 X、Y、Z（或 x、y、z）连接在一起成为中性点 O（或 o），这种连接法称为星形连接，用符号"Y"表示，如图 3-8(a)所示。如果将星形连接的中性点引出，如图 3-8(b)所示，则用符号"Y。"表示。

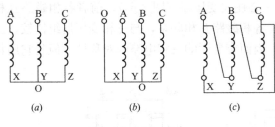

把一相线圈的末端与另一相线圈的始端相连，依次连成一个闭合回路便形成三角形连接，用符号"△"表示，如图 3-8(c)所示。

图 3-8　三相绕组的连接
(a)Y；(b)Y_0；(c)△

（4）三相变压器绕组的连接　三相变压器一、二次绕组线电势的相位关系不仅与绕组的绕向和始末端的标定有关，还与绕组的连接种类有关。按一、二次绕组线电势的相位关系，把绕组的连接分成各种不同的组合，称为绕组的连接组。这样三相变压器可能有 12 种连接方式，如果采用时钟表示法就可能有 12 种连接组标号。为了使用方便和避免混乱，根据国家标准规定，单相变压器只采用 I/I—12 连接组，三相变压器只采用 Y/Y_0—12、Y/Y—12、Y_0/Y—12、Y/△—11 和 Y_0/△—11 五种连接组。

图 3-9(a)为三相变压器绕组 Y/Y 连接时的连接组图。图中将高、低压线圈的同名端均取作始端。这时同一相中的高、低压绕组线圈的相电势同相，同时高压侧线电势也与相应的低压侧线电势同相，如图 3-9(b)所示。因此这种连接组的标号为 12，如图 3-9(c)所示，连接组用 Y/Y—12 表示。

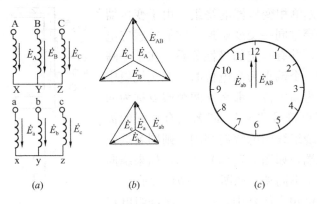

图 3-9　Y/Y—12 连接组

图 3-10(a)为三相变压器绕组 Y/△连接时的连接图。图中将高、低压线圈的同名端均取作始端，低压线圈各相连接顺序为 ax→cz→by。这时同一相高、低压绕组线圈的相电

势同相，但高压侧线电势的相位分别与低压侧线电势的相位相差 30°，如图 3-10(*b*) 所示。将 $\dot{E}_{AB}$ 指向 12；$\dot{E}_{ab}$ 则指向 11，因此标号为 11，如图 3-10(*c*) 所示，连接组用 Y/△—11 表示。

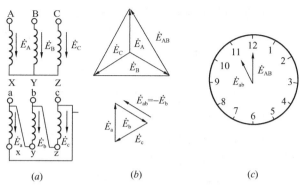

图 3-10 Y/△—11 连接组

以上介绍的三相变压器绕组的连接组，适用于整体铁芯的三心柱式三相变压器，也适用于由三台单相变压器组成的三相变压器组。Y/Y₀—12 和 Y₀/Y—12 连接组的电势相位、标号与 Y/Y—12 连接组相同，Y₀/△—11 连接组的电势相位、标号与 Y/△—11 连接组相同。

第四节 特殊用途的变压器

一、自耦变压器

前面介绍的单相变压器一、二次绕组是分开的，它们之间没有电的直接联系，通过电磁感应的作用；靠磁耦合把一次侧的电能传到二次侧去。如图 3-11(*a*) 所示，自耦变压器只有一个绕组，高压绕组的一部分兼作为低压绕组，它们的匝数分别为 N_1、N_2。这时一、二次绕组之间既有磁的耦合，又有电的直接联系。

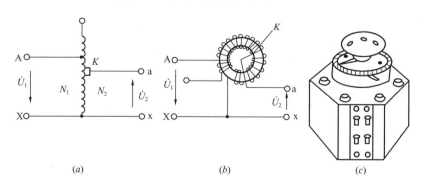

图 3-11 单相自耦变压器
(*a*) 原理图；(*b*) 接线示意；(*c*) 外形

自耦变压器的工作原理与普通单相变压器是相同的。当一次绕组两端接上电源电压 U_1 时，绕组线圈中通过电流 I_1，在铁芯中产生交变磁通，因而在一、二次绕组中产生感应电动势，它们的电压关系为：

$$\frac{U_1}{U_2} = \frac{N_1}{N_2} = K \tag{3-9}$$

如果将自耦变压器二次绕组的分接头 K 点做成滑动的触头，只要移动触头，就可以改变二次绕组的匝数，方便地得到不同的输出电压 U_2。因此，自耦变压器常作为调压器使用。单相自耦调压器常做成环形铁芯结构，绕组线圈连续绕在铁芯上，它的接线示意图和外形如图 3-11(b)、(c)所示。

使用自耦调压器时，必须注意电源相线接 A 端，零线接 X 端；负载接 ax 端。在接电源前，应先将手柄旋转到零位，接通电源后再转动手柄，使输出电压从零平滑地调到所需要的电压值。由于一、二次绕组有电的直接联系，必须注意过电压保护。在需要调节三相电压时，可由三个单相自耦调压器组装成三相自耦调压器。

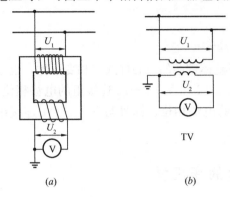

图 3-12　电压互感器测量高电压
(a)原理图；(b)接线图

二、电压互感器

互感器是电力系统中供测量和保护用的设备。在测量高电压、大电流时，使测量仪表和测量人员与其隔离，以保证人员与仪表的安全，并且扩大测量仪表的量程范围。它们也是利用电磁感应的原理工作的，可分为电压互感器和电流互感器两种类型。

电压互感器相当于一台降压变压器，将高压线路的电压转换为低电压进行测量或作为控制信号。其测量原理和接线图如图 3-12 所示。由于电压互感器二次测的负载通常是高阻抗的电压表或继电器的电压线图，因此电流很小，接近空载状态，即电压互感器的工作情况相当于变压器的空载运行。

电压互感器一、二次侧电压的关系为：

$$K_u = \frac{U_1}{U_2} = \frac{N_1}{N_2} \tag{3-10}$$

其中电压比 K_u 为常数已知，由电压表测得二次电压就可知被测线路的电压值为 $U_1 = K_u U_2$。一般电压互感器的二次侧额定电压设计为 100V。

在使用电压互感器时的注意事项：

(1)电压互感器二次侧不能短路。电压互感器二次侧短路时，将产生很大的短路电流，会把互感器烧坏。

(2)应将二次线圈的一端可靠接地。以防止高压绕组的绝缘损坏时，在低压侧出现高电压。

三、电流互感器

电流互感器又叫变流器。在测量高电压线路的电流时，为了测量人员的安全要使用电流互感器将电流表与高电压隔离开。在测量大电流时，使用电流互感器将大电流变为小电流后进行测量或保护。

图 3-13 为电流互感器的测量原理和接线图。一次线圈串联在被测电路内，二次线圈与阻抗很小的电流表或继电器的电流线圈串联。由于一次线圈的匝数很少，阻抗很小，对被测量或被保护线路的电流没有显著影响。而接入二次电路中的负载阻抗很小，接近于短路状态，这就是电流互感器与电压互感器的主要不同之处。

电流互感器一、二次测电流的关系为：

$$K_i = \frac{I_1}{I_2} = \frac{N_2}{N_1} \tag{3-11}$$

如果已知电流比 K_i，由电流表测得二次电流的数值就可知被测线路的电流值为 $I_1 = K_i I_2$。一般电流互感器的二次侧额定电流设计为 5A(或 1A)。

在使用电流互感器时的注意事项：

(1)电流互感器二次侧不能开路。否则二次侧感应产生极高的电压，危及测量人员和设备的安全；

(2)应将二次线圈的一端可靠接地，以保证安全。

在测量大电流时，我们经常使用的钳形电流表是由一个特殊的电流互感器和电流表组成。其前端是两块可闭可开的钳形铁芯，铁芯上绕有电流互感器的二次绕组，并与电流表相联。测量某根导线的电流时，不需断开电路，只要将活动钳心张开，套入被测导线，该导线就相当于电流互感器的一次绕组，如图 3-14 所示。

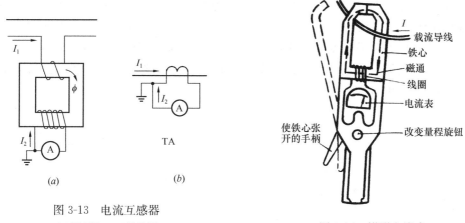

图 3-13 电流互感器
(a)原理图；(b)接线图

图 3-14 钳形电流表

钳形电流表有多种型号，一般用于低压线路中电流小于 1000A 的交流电流测量。

在使用钳形电流表时的注意事项：

(1)应使被测导线置于铁芯窗口的中央，以免发生误差；

(2)测量铁芯钳口保持清洁，测量时应紧密闭合；

(3)测量前应先估计被测电流的大小，选择合适的量程，或先用最大量程测量，再根据被测电流大小调整到合适的量程后准确测量，以免损坏电流表；

(4)如果被测电流较小时，为了得到较准确的读数，可将导线同一方向多绕几圈后放进钳口进行测量。这时所测电流实际值等于电流表读数除以放进钳口中的导线根数。

四、电焊变压器

在建筑施工中，钢筋、钢梁、钢管的连接等经常需要进行焊接加工，如电弧焊、点焊、缝焊和对焊，通常以电弧焊为主。

电弧焊是靠电弧放电产生的高温来熔化金属而达到焊接加工的目的。焊接时一般起弧电压约在 40~80V 之间，起弧后电弧压降约为 35V。当焊条与焊件接触时，电焊电源相当于短路，这时的短路电流不应过大，一般不应超过电焊电源额定电流的 1.5 倍，即要求电焊电源内部阻抗较大，以限制它的短路电流。为了适应不同的焊条和焊件，焊接工作电流应当可以调节，通常要求能够在 100~500A 范围内调节焊接电流的大小。

电弧焊接的电源设备有两类，即直流电焊机和交流电焊机。应根据被焊工件的材质、板厚、接头形式和综合经济指标，选择合适的焊接方法及相应的焊机。

1. 直流电焊机

直流电弧焊采用的电源有静止式直流弧焊整流器（如晶闸管弧焊电源）和旋转式弧焊发电动机（如交流电动机驱动直流发电动机发电、内燃机驱动直流发电动机发电）。直流弧焊机的特点是电弧稳定、焊条飞溅少、省电和适合焊接有色金属和合金。但是设备费较贵，除有特殊要求时，一般较少选用。

2. 交流电焊机

交流电焊机主要由一个电焊变压器和一个可变电抗器组成，如图 3-15 所示。电焊变压器一次绕组接入电源电压 U_1（380V 或 220V），二次绕组串联一个可调节气隙的电抗器、焊条和焊接工件。焊接时，先将焊条与焊件短路，由于电抗的限制，短路电流并不很大（图 3-16 曲线 2 上的 I_K）。然后将焊条提起开始起弧，电弧相当于一个电阻负载，电弧压降就是输出电压 U_{2N}，约为 30V 左右，这时焊接电流为 I_{2N}。由于外特性曲线很陡，即使焊条与焊件之间的距离发生变化，使 U_2 上下变化，焊接电流的变化也不显著。当焊件大小和焊条粗细不同时，我们可以通过调节电抗器铁芯的气隙长度，改变电抗器的阻抗大小，实现调节焊接电流大小不同的要求。

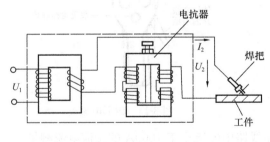

图 3-15　交流电焊机

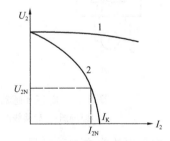

图 3-16　普通变压器与电焊
变压器外特性的比较
1—普通变压器的外特性；
2—电焊变压器的外特性

本 章 小 结

1. 变压器是根据电磁感应原理工作的电磁元件，在交流输配电系统和电子设备中广泛使用。它可以利用不同的变比来变换电压、电流和阻抗。如果变压器一、二次绕组的匝数比 $K = \dfrac{N_1}{N_2}$，则它们的变换公式为：

电压变换　　　$\dfrac{U_1}{U_2}=\dfrac{N_1}{N_2}=K$

电流变换　　　$\dfrac{I_1}{I_2}=\dfrac{N_2}{N_1}=\dfrac{1}{K}$

阻抗变换　　　$Z'_L=K^2 Z_L$

2. 电力变压器分为单相和三相变压器，其额定容量分别为：

单相变压器　　　$S_N=U_{2N} \cdot I_{2N}$

三相变压器　　　$S_N=\sqrt{3}\,U_{2N} \cdot I_{2N}$

选择变压器容量时，要根据负载的视在功率计算选用。

3. 三相变压器用来变换三相电压，三相绕组的连接方式有 Y/Y_0、$Y/\triangle$ 等连接组。

4. 自耦变压器只有一个绕组，一次（高压）绕组的一部分兼作二次（低压）绕组，两者之间有磁的耦合和电的直接联系。

电压互感器和电流互感器可以扩大普通交流电压表和电流表的测量范围。

复习思考题与习题

1. 什么是电力变压器？按其作用可分为哪几种？

2. 什么叫三相变压器的连接组标号？试举例说明。

3. 自耦变压器和双绕组变压器有哪些区别？

4. 某单相电力变压器的额定容量 $S_N=10\text{kVA}$、额定电压 $U_{1N}/U_{2N}=380\text{V}/220\text{V}$、额定频率 $f=50\text{Hz}$，试求：(1)一次、二次侧的额定电流；(2)二次侧最多能并联 100W、220V 的白炽灯多少盏？

5. 某三相电力变压器的额定容量为 $S_N=500\text{kVA}$、额定电压 $U_{1N}/U_{2N}=10\text{kV}/0.4\text{kV}$，采用 $Y/\triangle$ 连接，试求一次、二次侧的额定线电流。

6. 画出三相变压器绕组的连接组图。(1)Y/Y_0—12；(2)$Y_0/\triangle$—11。

第四章　异步电动机原理与控制

电动机是根据电磁感应原理，将电能转换为机械能的机器。电动机的种类很多，它可分为直流电动机和交流电动机两大类。直流电动机虽然具有调速性能好及启动转矩大等特点，但由于直流电源不易获得，所以直流电动机除在一些特殊要求的场合中使用外，应用不太广泛。交流电动机又可分为同步电动机和异步电动机。由于交流电的生产和输送都很方便，特别是交流异步电动机结构简单、工作可靠、使用维护方便和价格便宜等优点，因此在工农业生产和日常生活中得到广泛应用，建筑施工机械的动力拖动设备一般都是采用交流异步电动机。

本章主要介绍三相与单相异步电动机的结构、工作原理、异步电动机运行工作的控制电器、控制电路和常用建筑工程设备的控制电路。

第一节　三相异步电动机

一、三相异步电动机的结构

异步电动机基本结构是由定子和转子两大部分组成。定子和转子之间留有一定的气隙，此外还有端盖、轴承及风扇等部件，其外形和结构如图 4-1 所示。

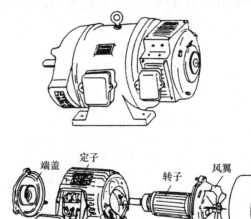

图 4-1　异步电动机的外形和结构

1. 定子

异步电动机的定子由定子铁芯、定子绕组和机座三部分组成。定子铁芯是由 0.5mm 厚的硅钢片，经过冲剪、涂绝缘漆后叠压而成。在铁芯的内圆表面开有均匀分布的槽，槽内放置三相对称的定子绕组。定子绕组一般由绝缘铜线或铝线绕成。三相绕组的始末端分别记作 A—X，B—Y，C—Z。绕组的始端和末端引到机座外壳接线盒内的接线柱上。接线柱的布置如图 4-2 所示。将接线柱上的连接铜片进行适当的连接，就可以使三相定子绕组接成星形或三角形，以满足异步电动机不同运行工作状态时，对绕组不同接法的要求。

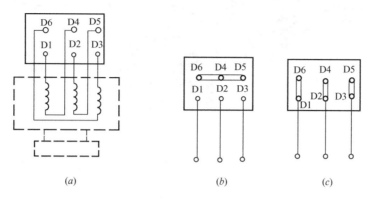

(a)　　　　　　　　(b)　　　　　　　　(c)

图 4-2　定子线组的布置与连接
(a)接线柱的布置；(b)星形连接；(c)三角形连接

机座的主要作用是固定定子铁芯和端盖。中、小型机座采用铸铁制成；小机座也有用铝合金压铸而成。考虑不同安装场合的要求，机座的基本安装结构形式有机座带底脚或不带底脚，端盖有凸缘或无凸缘等形式，分别适合卧式或立式安装。

2. 转子

异步电动机的转子由转子铁芯、转子绕组和转轴组成。转子铁芯也是由 0.5mm 厚的硅钢片叠合而成，在外圆表面上有许多均匀分布的槽，槽内放置转子绕组。

转子绕组分为鼠笼式和绕线式两种形式。

(1)鼠笼式转子　在转子铁芯槽内都有裸铜(或铝)导条，在伸出铁芯两端的槽口处，用两个端环把所有导条都连接起来，使所有铜(或铝)导条短路，(故端环又称短路环)，由此构成了鼠笼式转子绕组。如果去掉铁芯，整个绕组的形状就像一个"鼠笼"，如图 4-3 所示。中、小型异步电动机鼠笼转子的导条与端环一般采用熔化的铝液一次浇铸出来。

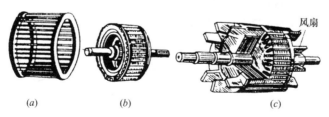

(a)　　　　　　(b)　　　　　　(c)

图 4-3　鼠笼式转子
(a)鼠笼；(b)鼠笼转子；(c)铸铝转子

(2)绕线式转子　绕线式转子与鼠笼式转子相似，但是它用绝缘导线放置在转子铁芯的槽内，接成三相对称绕组，通常把该三相绕组的末端连接在一起，首端的引线分别接到转轴上的三个互相绝缘的铜环(称为集电环、滑环)上，再通过电刷把电流引出，与外接的变阻器接通，以便对电动机进行启动或调速，如图 4-4 所示。

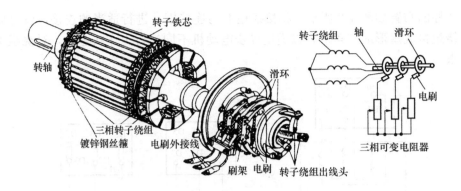

图 4-4　绕线式转子

异步电动机的定子铁芯和转子铁芯是电动机磁路的一部分，定子绕组和绕线式转子绕组是电动机的电路部分。

二、三相异步电动机的工作原理

1. 旋转磁场

三相异步电动机定子具有对称分布的三相定子绕组，接入三相交流电后产生旋转磁场，带动转子作旋转运动，转子的转速与旋转磁场的转速和极数有关，转子的旋转方向与旋转磁场的转向一致。

（1）三相绕组的旋转磁场　三相定子绕组由 AX、BY、CZ 三个绕组组成，在空间上位置上它们彼此相隔 120°电角度。如果将三相绕组按星形连接，三个始端 A、B、C 接到三相电源上，在绕组中得到三相对称电流为

$$i_a = I_m \sin\omega t$$
$$i_b = I_m \sin(\omega t - 120°)$$
$$i_c = I_m \sin(\omega t - 240°) \tag{4-1}$$

式中　I_m——每相电流的最大值。

各相电流随时间变化的曲线如图 4-5 所示。规定电流的正方向从每相始端（A、B、C）流入，从末端（X、Y、Z）流出，流入画面的电流用"X"表示，流出画面的电流用"·"表示。

两极电动机三相绕组的旋转磁场如图 4-6 所示。

当 $\omega t = 0°$时，$i_a = 0$，$i_b = -\frac{\sqrt{3}}{2}I_m$，$i_c = \frac{\sqrt{3}}{2}I_m$，由于 i_b 为负值，i_c 为正值，电流分别从 Y、C 流入，从

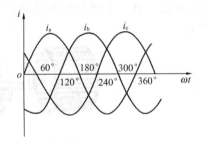

图 4-5　三相交流电流波形图

B、Z 流出，如图 4-6(a)所示。按照右手螺旋定则，B、C 两相绕组的磁势方向为 f_b、f_c，三相合成磁势方向为 F 指向下方。其合成磁场只有 N、S 两极。

同理分析，当 $\omega t = 90°$、$180°$、$270°$时各瞬间的合成磁场方向分别如图 4-6(b)、(c)、(d)所示。当 $\omega t = 360°$时，又重复到 $\omega t = 0°$时的情况。

由此可见，两极三相绕组通入三相交流电以后，其合成磁场的方向是变化的，每当电流变化一个周期，两极合成磁场的方向在空间转动一圈（即 360°电角度）。如果交流电流

的频率为 $f=50\text{Hz}$，则合成磁场方向每分钟转动圈数即旋转磁场转速为 $n_1=60f=3000\text{r/min}$。

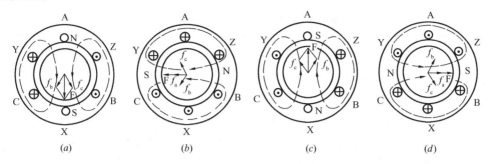

图 4-6　两极电动机三相绕组的旋转磁场

(a) $\omega t=0°$；(b) $\omega t=90°$；(c) $\omega t=180°$；(d) $\omega t=270°$

(2) 旋转磁场的转速与转向　三相绕组的旋转磁场转速除了与交流电流的频率有关以外，还与三相绕组的极数有关。如果每相定子绕组由两个线圈组成，线圈两边之间的宽度作成四分之一圆周，并把三相绕组作如图 4-7 的安排，则组成四极电动机定子的三相绕组。

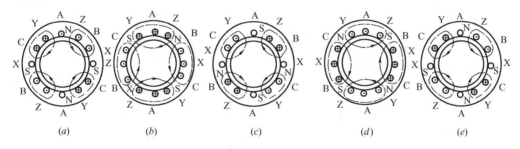

图 4-7　四极电动机三相绕组的旋转磁场

(a) $\omega t=0°$；(b) $\omega t=90°$；(c) $\omega t=180°$；(d) $\omega t=270°$；(e) $\omega t=360°$

当 $\omega t=0°$ 时，各相绕组线图内的电流方向如图 4-7(a) 所示。这时四个磁极位置是上下为 N 极，左右为 S 极。而当 $\omega t=90°$ 时，各相绕组线图内的电流方向如图 4-7(b) 所示。与图 4-7(a) 相比，磁场方向依绕组相序方向（A→B→C→A）转动电角度 90°，而空间角度为 45°。

同样，当 $\omega t=180°$、360° 时，磁极也分别转过 180° 和 360° 电角度，而转过的空间角度则为 90° 和 180°。

由此可见，四极三相绕组相应通入顺序一致的三相交流电以后，产生旋转磁场的旋转方向为三相绕组在空间相序的方向，但其极数为 4（极对数 $p=2$），在空间的转速为两极电动机的一半，即 $n_1=\dfrac{60f}{2}$。

同理，对于 p 对极的三相交流绕组，旋转磁场的转速为

$$n_1=\frac{60f}{p}\ \ (\text{r/min}) \tag{4-2}$$

式中　f——电源频率，单位为 Hz；

p——旋转磁场极对数，磁极数＝$2p$。

在电源频率为 $f=50$Hz 时，不同磁极对数 p 的旋转磁场转速（同步转速）见表 4-1。

异步电动机不同磁极对数的同步转速 　　　　　　　　　　　　　　　　　　　　表 4-1

p	1	2	3	4	5	6
n_1 （r/min）	3000	1500	1000	750	600	500

如果三相绕组按顺时针方向排列，电流相序 A→B→C，即 i_a 超前于 i_b120°，i_b 超前于 i_c120°。当 i_a 流入 AX 相绕组，i_b 流入 BY 绕组，i_c 流入 CZ 相绕组时，旋转磁场也将按绕组电流的相序，即旋转磁场按 AX→BY→CZ 的方向顺时针旋转。

如将三相电流连接的三根导线中的任意两根的线端对调位置，例如将 A 相与 C 相对调，则绕组电流的相序变成 i_a 流入 CZ 绕组，i_b 流入 BY 绕组，i_c 流入 AX 绕组，根据改变后的绕组电流相序，旋转磁场也按 CZ→BY→AX 的方向逆时针旋转，即旋转磁场也改变转向。

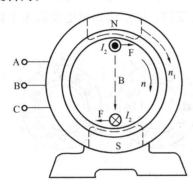

图 4-8　转子转动原理

2. 转子转动原理

（1）**转子的转动**　当三相异步电动机的定子中通入三相交流电流后，产生了旋转磁场。设旋转磁场以同步转速 n_1 沿顺时针方向转动，这时静止的转子与旋转磁场之间有了相对运动，转子绕组的导体切割磁力线产生感应电动势。感应电动势的方向可用右手定则来确定，如图 4-8 所示。由于转子导体是个闭合回路，因此在感应电动势的作用下，转子绕组中形成感应电流。此电流又与磁场相互作用而产生电磁力 F。力的方向可由左手定则来确定。图 4-8 中，转子上半部分导体受到的电磁力方向向右，下半部分导体受到的电磁力方向向左，这个力对转子轴形成与旋转磁场方向一致的转矩。在这个转矩的驱动作用下，转子顺着旋转磁场方向转动起来。如果旋转磁场的旋转方向改变，那么转子的旋转方向也随之改变。这个转矩称为电磁转矩或电磁力矩。

（2）**转子的转速**　转子转动的转速 n 与定子绕组产生旋转磁场的同步转速 n_1，方向一致，但是在数值上，转子转速 n 不可能升至同步转速 n_1。因为，如果 $n=n_1$，那么转子导体就与旋转磁场之间不存在相对运动，不发生切割磁力线，转子导体就不再产生感应电动势和感应电流，转子上也不存在电磁转矩的作用而逐渐慢下来。一旦 $n<n_1$ 时，转子又受到电磁转矩的作用。因此，异步电动机转子的转速永远不会等于同步转速 n_1，所以这种电动机称为异步电动机。

异步电动机转子的转速和同步转速总是存在着转速差（n_1-n），亦称转差。通常将转差与同步转速的比值用 S 表示，称为转差率。即：

$$S=\frac{n_1-n}{n_1} \qquad (4-3)$$

转差率是异步电动机的一个重要的参数。上式可改写为：

$$n = n_1(1-S) = \frac{60f}{p}(1-S) \qquad (4\text{-}4)$$

异步电动机工作时，转子转速 n 的范围在 $0 \sim n_1$ 之间，与此相应的转差率 S 的范围为 $1 \sim 0$。在额定负载下，异步电动机的转差率一般为 $0.02 \sim 0.06$ 之间。

【例 4-1】 有一台四极异步电动机，其额定转速为 $n = 1450\text{r/min}$，电源频率为 50Hz。求该电动机的转差率。

【解】 由式（4-2）得

$$n_1 = \frac{60f}{p} = \frac{60 \times 50}{2} = 1500\text{r/min}$$

由式（4-3）得

$$S = \frac{n_1 - n}{n_1} = \frac{1500 - 1450}{1500} = 0.033$$

三、三相异步电动机的机械特性

1. 电磁转矩

三相异步电动机的电磁转矩是指电动机的转子受到电磁力的作用而产生的转矩，它是由旋转磁场的每极磁通 Φ 与转子电流 I_2 相互作用而产生的。由于转子绕组中不但有电阻而且有电感存在，使转子电流滞后感应电动势一个相位角 φ_2。经过理论分析推导，异步电动机的电磁转矩 T 为

$$T = C_T \Phi_m I_2 \cos\varphi_2 \qquad (4\text{-}5)$$

式中　C_T——转矩结构常数，它与电动机结构参量有关；

$\quad\quad \Phi_m$——旋转磁场主磁通最大值；

$\quad\quad I_2$——每相转子电流有效值；

$\cos\varphi_2$——转子电路功率因数。

由式（4-5）可见，转矩除与 Φ_m 成正比外，还与 $I_2\cos\varphi_2$ 成正比。

为了进一步对电磁转矩进行分析，经过理论推算，三相电动机的电磁转矩表达式还有

$$T = C \frac{SR_2 U_1^2}{R_2^2 + (S \cdot X_{20})^2} \qquad (4\text{-}6)$$

式中 C 是常数，U_1 是电源电压，S 是电动机的转差率，R_2 是转子每相绕组的电阻，X_{20} 是转子静止时每相绕组的感抗，R_2 和 X_{20} 基本上是常数。

这个公式比式（4-5）更具体地表示出异步电动机的转矩与外加电源电压、转差率及转子电路参数之间的关系。式（4-6）表明，异步电动的电磁转矩与电源电压的平方成正比。由此可见，电源电压波动对电动机的转矩及运行将产生很大影响。例如电源电压降低到额定电压的 80% 时，电动机发出的电磁转矩仅为额定值的 64%。电源电压过分降低，电动机就不能正常运转，影响工作质量，甚至烧坏绕组。

2. 机械特性

在一定的电源电压 U_1 和转子电阻 R_2 下，电动机的电磁转矩与转速的关系曲线 $n = f(T)$，称为异步电动机的机械特性曲线，如图 4-9 所示。

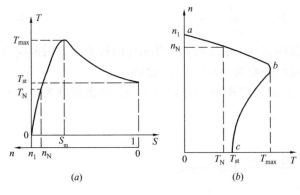

图 4-9 异步电动机的机械特性曲线

(a) $T = f(S)$; (b) $n = f(T)$

为了分析电动机的运行性能，正确使用电动机，我们对机械特性曲线上的三个转矩应加注意。

(1) 额定转矩 T_N

异步电动机在额定功率时的输出转矩称为额定转矩。当电动机等速转动时，电动机的转矩与阻转矩相平衡，阻转矩包括负载转矩 T_2 和空载损耗转矩（主要是电动机本身的机械损耗转矩）T_0。由于 T_0 很小，通常可忽略，所以

$$T = T_2 + T_0 \approx T_2 = \frac{P_2}{\dfrac{2\pi n}{60}}$$

式中 P_2——异步电动机的输出功率，单位为瓦（W）；

$\qquad n$——异步电动机的转速，单位为转/分(r/min)；

$\qquad T$——异步电动机的输出转矩，单位为牛顿·米(N·m)。

在实践应用中，P_2 的单位常用千瓦（kW），则上式为

$$T = 9550 \frac{P_2}{n} \tag{4-7}$$

额定转矩是电动机在额定功率时的输出转矩，可以从电动机的铭牌上查得额定功率 P_{2N} 和额定转速 n_N，应用式（4-7）求得

$$T_N = 9550 \frac{P_{2N}}{n_N} \tag{4-8}$$

(2) 最大转矩 T_{max}

机械特性曲线上，电动机输出转矩的最大值，称为最大转矩或临界转矩。其对应的转速为 n_m，称为临界转速。如果负载转矩超过最大转矩时，电动机就带不动负载了，发生停转（又称闷车）现象，电动机的电流马上升高六七倍，电动机严重过热，以致烧坏电动机，这是不允许的。

为了避免电动机出现过热现象，不允许电动机在超过额定转矩的情况下长期过载运行。另外一个方面，只要负载转矩不超过电动机的最大转矩，即电动机的最大过载可以接近最大转矩，过载时间也比较短时，电动机不至于立即过热，这是容许的。最大转矩反映了电动机短时容许过载能力，通常以过载系数 λ 表示

$$\lambda = \frac{T_{max}}{T_N} \tag{4-9}$$

一般三相异步电动机的过载系数为 1.8～2.2。某些特殊电动机过载系数可以更大，它是反映电动机过载性能的重要指标。在选用电动机时，应该考虑可能出现的最大负载转矩，再根据所选电动机的额定转矩和过载系数算出电动机的最大转矩，它必须大于最大负载转矩。否则，就要重选电动机。

（3）启动转矩 T_{st}

电动机在刚接通电源启动时（转速 $n = 0$，转差率 $S = 1$）的转矩称为启动转矩。当启动转矩大于电动机轴上的负载转矩时，转子开始旋转，并且逐渐加速。由图 4-9(b) 的机械曲线可知，这时电磁转矩 T 沿着曲线 cb 部分迅速上升，经过最大转矩 T_{max} 后，又沿着曲线 ba 部分逐渐下降，直至 $T = T_N$ 时，电动机就以某一转速旋转。这个过程我们称为电动机的启动。

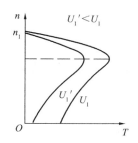
图 4-10　对应于不同电源电压 U_1 的
$n = f(T)$ 曲线 $(R_2 = 常数)$

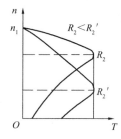
图 4-11　对应于不同转子电阻 R_2 的
$n = f(T)$ 曲线 $(U_1 = 常数)$

在机械特性曲线 ba 段工作时，如果负载转矩在允许的范围内发生变动，电动机能自动适应负载的要求，达到平衡稳定地工作。例如由于某种原因引起负载转矩增加，而使它的转速下降，由图 4-9(b) 可见，电动机的转矩增加，就适应了这种运行的要求。因为转速下降时，定子旋转磁场对转子导体的相对切割速度增大，使转子绕组电流增大，于是电动机的电磁转矩也相应增大。所以机械特性曲线 ba 段是稳定工作区。如果 ba 段此较平坦，当负载在空载与额定值之间变化时，电动机的转速变化不大。这种特性称为硬的机械特性。

如果负载转矩超过电动机的最大转矩 T_{max} 时，电动机的运行便越过曲线 b 点进入 bc 段，这时电磁转矩不仅不会增加，相反会急剧下降，转速也迅速下降，直到电动机停转。所以机械特性曲线 bc 段是不稳定的工作区。

对于不同电源电压 U_1 的机械特性曲线如图 4-10 所示。对于不同转子电阻 R_2 的机械特性曲线如图 4-11 所示。如果在转子回路中串接三相附加电阻，就可以使机械特性发生变化。通常在绕线型异步电动机转子回路中采用串接电阻的方法提高异步电动机的启动转矩或制动转矩。转子回路串接电阻以后的机械特性称为人工机械特性。鼠笼型异步电动机不可能在转子回路中串接电阻，因此不可能得到人工机械特性。

四、三相异步电动机的启动、反转、调速和制动

1. 异步电动机的启动

异步电动机的启动是指电动机接通交流电源，使电动机的转子由静止状态开始转动，一直加速到额定转速，进入稳定状态运转的过程。

启动时主要有两个问题：

（1）启动电流大　在电动机刚开始启动时，由于转子尚未转动（转速 $n = 0$），旋转磁场以最大的相对速度（同步速度）切割静止的转子导体，这时转子绕组感应电动势最大和产生的转子电流也最大，定子电流也相应增大。一般中、小型鼠笼式异步电动机的定子启动电流（线电流）与额定电流之比值大约为 4～7 倍。随着电动机转速迅速升高，转子感应电动势和定子、转子电流也相应迅速减小。

小型电动机转子启动时间很短，启动电流也较小，一般不会引起电动机过热。如果电动机频繁启动工作，启动电流所造成的热量积累就有可能使电动机过热，以致损坏定子绕组。但是，大型电动机过大的启动电流会造成电网线路电压降低，影响安装在同一条线路的其他用电设备的正常运行工作。例如，照明灯光突然变暗；邻近的电动机转速降低，甚至停转等。因此，对于容量较大的电动机，一般采用专用的启动设备以减小启动电流。

（2）启动转矩小　在刚启动时，虽然转子电流较大，但转子的功率因数 $\cos\varphi_2$ 是很低的。由式（4-5）可知，启动转矩实际上是不大的，它与额定转矩之比值约为 1.0～2.2。

如果启动转矩过小，就不能在满载下启动，应设法提高。有些机械设备如切削机床一般都是空载启动，启动后再进行切削，对启动转矩没有特殊的要求。而对于起重机的电动机应该采用启动转矩较大的电动机，如绕线式异步电动机。

异步电动机的启动方法有三种：

（1）直接启动　就是不加任何启动设备的启动。一般电动机容量小于供电变压器容量的 7%～10% 时，允许直接启动。

（2）降压启动　即在启动时降低加在电动机定子绕组上的电压，以减小启动电流。鼠笼式电动机的降压启动常用自耦降压启动和星形—三角形换接启动方法。

（3）绕线式电动机转子串联电阻启动。

异步电动机启动方法将在本章第四、五节中详细介绍。

2. 异步电动机的反转

异步电动机转子的旋转方向是与旋转磁场一致的。如果要改变转子的旋转方向，使异步电动机反转，只要将接到电动机上的三根电源线中的任意两根对调就可以了。由此可见，三相异步电动机转子的旋转方向决定于接入三相交流电源的相序。

3. 异步电动机的调速

调速是指电动机在负载不变的情况下，用人为方法改变它的转速，以满足生产过程的要求。

由式（4-4）可知

$$n = \frac{60f}{p}(1-S)$$

由式可见，异步电动机有三种调速方法。

（1）变极调速　由式 $n_1 = \dfrac{60f}{p}$ 可知，如果磁极对数 p 减小一半，则旋转磁场的转速 n_1 便提高一倍，则转子转速 n 差不多也提高一倍。图 4-12 所示的是定子绕组的两种接法。A 相绕组由线图 A_1X_1 和 A_2X_2 组成。图 4-12(a)是两个线圈串联，得到 $p=2$；图 4-12(b)是两个线圈反并联（头尾相联），得到 $p=1$。在改变极对数时，一个线圈中的电流方向不变，而另一个线圈中的电流方向改变了。

可以改变磁极对数的异步电动机称为多速电动机，我国定型生产的变极式多速异步电动机有双速、三速、四速三种类型，其转速可逐级变换。主要用于各种金属切削机床及木工机床等设备中。

（2）变频调速　改变电动机的电源频率能够改变电动机的转速。由于发电厂供给的交流电为 50Hz，频率固定不变的，必须采用专用的变频调速装置，它由可控硅整流器和可控硅逆变器组成。整流器先将 50Hz 的交流电变换为直流电，再由逆变器变换为频率可调，电压有效值也可调的三相交流电，供给鼠笼式异步电动机，实现电动机的无级调速，并具有硬的机械特性。

目前已经有采用 16 位微处理器的变频调速装置。适用于 2.2～110kW 容量电动机调速用的高性能数字式变频器，调频范围可于 0.5～50Hz 之间随意设定，精度为 0.1Hz，此外，还有转矩补偿、加减速时间、多挡速度、制动量和制动时间的设定以及保护和警报显示等功能。

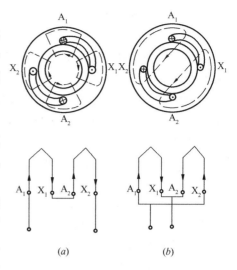

图 4-12　改变极对数 p 的调速方法
(a) $p=2$；(b) $p=1$

（3）变转差率调速　绕线式异步电动机的调速是通过调节串接在转子电路的调速电阻来进行的，如图 4-13 所示。加大转子电路中的调速电阻时，可使机械特性向下移动，如果负载转矩不变，转差率 S 上升，而转速 n 下降。串接的电阻越大，转速越低，调速范围一般为 3：1。这种调速方法的优点是设备简单，投资少；但能量损耗较大，广泛应用于起重运输机械设备等方面。

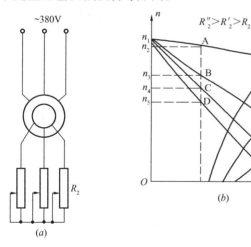

图 4-13　绕线式电动机串电阻调速
(a) 电路图；(b) 调速特性

4. 异步电动机的制动

有些机械完成某项工作后，需要立即停止运动或反转，但电动机及其所带的负载具有惯性，虽然电源已经切断，电动机的转动部分还会继续转动一定时间后才能停止。这就需要对电动机进行制动，使其立即停止下来。对电动机制动，也就要求它施加的制动转矩与转子的转动方向相反。

异步电动机的制动方法有：

（1）电气制动

1）反接制动　在生产中最常用的电气制动方法是反接制动，如图 4-14(a) 所示。利用转换开关在电动机定子绕组断开时，立即对调任意两根电源线，重新接通电源，使旋转磁场反向旋转。而转子由于惯性仍在原方向转动，这时使转子受到反向制动转矩的作用，转子转速迅速下降并且停止转动。当转速接近零时，通常利用控制电器自动切断电源，否则电动机又会向相反方向旋转。

由于在反接制动时旋转磁场与转子的相对转速（n_1+n）很大，因而电流较大。为了限制电流，对功率较大的电动机进行制动时必须在定子电路（鼠笼式）或转子电路（绕线式）中接入电阻。

这种制动方法比较简单，效果较好，但能量消耗较大，制动时会产生强烈的冲击，容易损坏机件。

2）能耗制动　能耗制动是在电动机切断三相电源的同时，在其中两相定子绕组中接上直流电源，在电动机中产生方向恒定的磁场，使电动机转子产生转子电流与固定磁场相互作用产生制动转矩。直流电流的大小一般为电动机额定电流的 $0.5 \sim 1$ 倍。这种方法是将转动部分的动能转换为电动机转子中的电能，而被消耗掉的制动方法，如图 4-14(b) 所示。

3）发电反馈制动　是指由于外力或惯性使电动机转速大于同步转速时，转子电流和定子电流的方向都与电动机作为电动机运行的方向相反，所以此时电动机不从电源吸取能量，而是将重物的位能（如起重机等提升设备放下重物时）或转子的动能（如电动机从高速调到低速时）转变为电能并反馈电网，电动机变为发电动机运行，因而称为发电反馈制动，其原理如图 4-14(c) 所示。

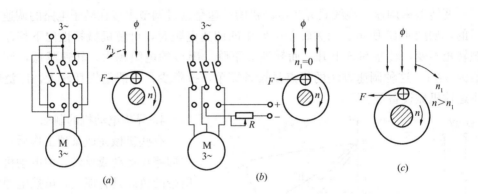

图 4-14　电气制动

(a) 反接制动；(b) 能耗制动；(c) 发电反馈制动

（2）机械制动　对电动机进行制动还可采用机械制动法，最常用的机械制动方法是电磁抱闸制动。当电动机启动时，定子绕组和电磁抱闸的线圈同时接通电源，电动机就可以自由转动。当电动机断电时，电磁抱闸线圈也同时断电，在弹簧作用下，闸瓦将装在电动机轴上的闸轮紧紧"抱住"，使电动机立即停转。建筑施工所用的小型卷扬机等起重机械大多采用电磁抱闸进行制动，如图 1-44 所示。

五、三相异步电动机的技术数据

在每台电动机的外壳上，都有一块铭牌，上面标明这台电动机的主要技术数据。此外还有些数据可以在电动机产品样本中查到。部分三相异步电动机的技术数据见附录Ⅲ。

1. 型号

电动机的型号表明其结构系列和技术规格。

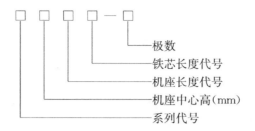

极数
铁芯长度代号
机座长度代号
机座中心高(mm)
系列代号

系列代号：Y系列是小型鼠笼式三相异步电动机

JR系列是小型转子绕线式三相异步电动机

机座长度代号：L—长机座；M—中机座；S—短机座。

例如：Y132S2—2电动机

Y表示Y系列电动机；132表示机座中心高度132mm；S2表示短机座中的第二种铁芯；最后的2表示磁极数为2极电动机。

2. 额定功率

铭牌上所标的功率是指电动机在额定运行时，轴上输出的机械功率。单位为千瓦（kW）。

3. 额定电压和接线方法

指电动机定子绕组按铭牌上规定的接线方法时，应加在定子绕组上的额定电压值。额定功率4kW及以上者定子绕组为△接法，其额定电压一般为380V。额定功率3kW及以下者，定子绕组为Y/△接法，其额定电压为380/220V。即当电源电压为380V时，应接成Y形，每相绕组所承受的电压为220V；当电源电压为220V时，应接成△形，每相绕组所承受的电压仍为220V。

4. 额定电流

电动机在额定运行时的线电流。单位为安（A）。如果定子绕组有两种接法，铭牌上就要标出两种相应的电流值。

5. 额定频率

电动机所接三相交流电源的规定频率，单位为赫兹（Hz）。我国电网频率规定为50Hz，所以国产电动机额定频率都是50Hz。

6. 额定转速

电动机额定运行时转子的转速，即在电压与频率为额定值，输出功率达到额定值时的转速。单位为转/分钟(r/min)。

7. 绝缘等级

绝缘等级是指定子绕组所用的绝缘材料的耐热等级。电动机在运行过程中所容许的最高温升与电动机所用绝缘材料有关。绝缘材料的耐热等级参阅表1-3，电动机所用的绝缘材料为A、E、B、F、H五个等级。

8. 工作方式（或定额）

铭牌上的工作方式是指电动机允许的运行方式。根据发热条件，通常有连续、短时和断续工作三种方式。连续工作指允许在额定运行下长期连续工作；短时工作指电动机只允许在规定时间内按额定功率运行，待冷却后再启动工作；断续工作是指电动机允许频繁启动，重复短时工作的运行方式。

第二节　单相异步电动机

一、单相异步电动机的结构

单相异步电动机是由单相交流电源供电，它的输出功率小，一般在 1kW 以下。除了在容量较大的拖动系统和生产设备中，主要使用三相异步电动机外，在一些控制、仪器设备、小功率电动工具和家用电器中，例如手电钻、冲击电钻、电锤和电扇、洗衣机、电冰箱等电器中，都大量使用了单相异步电动机。

单相异步电动机的结构与三相鼠笼式电动机相似，转子也是鼠笼式，定子绕组嵌放在定子铁芯槽内，但是只有一相。而三相异步电动机定子绕组由三相绕组组成。

二、单相异步电动机的工作原理

1. 交变脉动磁场

当单相正弦交流电流通入定子绕组时，产生交变脉动磁场。这个磁场的轴线即为定子绕组的轴线，在空间保持固定位置，但是大小和方向随电流在时间上作正弦交流变化。如图 4-15 所示，它的磁感应强度为

$$B = B_m \sin \omega t$$

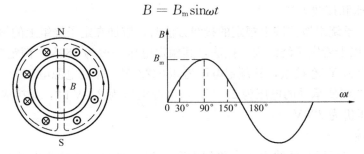

图 4-15　交变脉动磁场

因此，单相异步电动机中的磁场与三相异步电动机中的不同。但是我们可以利用三相异步电动机的工作原理来分析。将交变脉动磁场可分成两个旋转磁场，它们以同一转速 n_1 在相反的方向旋转，其 $n_1 = \pm \dfrac{60f}{p}$。两个旋转磁场的磁感应强度的幅值相等，等于脉动磁场的磁感应强度幅值 B_m 的一半，即

$$B_+ = B_- = \frac{1}{2} B_m$$

如图 4-16 所示，B_+ 以同步转速顺时针方针旋转，B_- 以同步转速逆时针方向旋转。

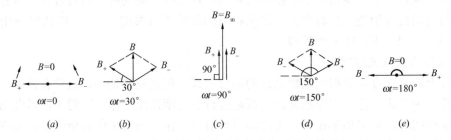

图 4-16　脉动磁场分成两个转向相反的旋转磁场

也就是说，交变脉动磁场可以看做由两个大小相等，转向相反的旋转磁场的合成。

因此，正向和反向旋转磁场同转子作用产生两个电磁转矩 T_+ 与 T_-，T_+ 要使转子顺时针方向转动，T_- 要使转子逆时针方向转动，合成转矩

$$T = T_+ + T_-$$

在电动机转子静止时，转子转速 $n = 0$，产生的两个转矩也是大小相等，方向相反，互相抵消。因此，合成转矩等于零，即启动转矩为零，单相异步电动机不能自行启动。

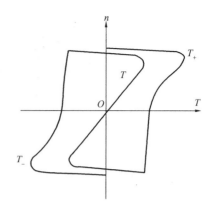

图 4-17　单相异步电动机的
机械特性曲线

单相异步电动机的机械特性曲线如图 4-17 所示。如果利用其他方法使电动机转子启动，那么电动机就会继续转动下去。当 $n \neq 0$ 时，T_+ 与 T_- 不相等，合成转矩 $T \neq 0$。单相异步电动机的转向由启动方向决定。

单相异步电动机为了产生旋转磁场，按定子的启动方式可分为多种类型，常用的方式有电容分相式和罩极式，下面分别介绍。

2. 电容分相式单相异步电动机

电容分相式单相异步电动机的定子绕组分布和工作电路如图 4-18(a)、(b) 所示。定子绕组由工作绕组 AX 和启动绕组 BY 组成。这两个绕组在空间相隔 90°，启动绕组 BY 与电容 C 串联后与工作绕组 AX 并联，使两个绕组中的电流在相位上近于相差 90°，这就是分相，电流波形如图 4-18(c) 所示。这样，在空间相差 90° 的两个绕组，分别通入在相位上相差 90°（或接近 90°）的两相电流，也能产生旋转磁场，如图 4-19 所示。在这旋转磁场的作用下，电动机的转子就能转动起来。

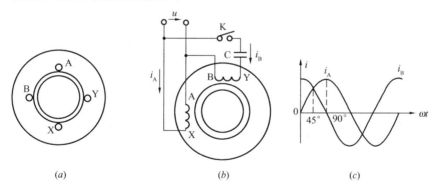

图 4-18　电容分相式单相异步电动机
(a) 定子绕组分布；(b) 工作电路；(c) 两绕组电流的波形

启动之后，接近额定转速时，启动绕组可以借助离心开关或启动断电器自动切断电源，只留下工作绕组接通电源继续工作。亦可不切断启动绕组一起工作。前者称为电容分相启动单相异步电动机，后者称为电容运转单相异步电动机。

这种类型的单相异步电动机如果需要改变旋转方向时，可将工作绕组或启动绕组中任何一个绕组的两端对调即可。

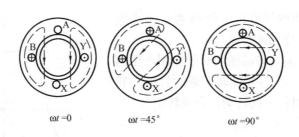

$\omega t=0$　　　　$\omega t=45°$　　　　$\omega t=90°$

图 4-19　两相旋转磁场

3. 罩极式单相异步电动机罩极式单相异步电动机的结构如图 4-20 所示。在定子上放置一对凸磁极，磁极上套有工作绕组，在磁极的约 1/3 部分套一短路铜环，单相电动机转子。短路铜环相当于电容分相式电动机中的启动绕组，因短路环罩住一小部分磁极，故称为罩极式异步电动机。

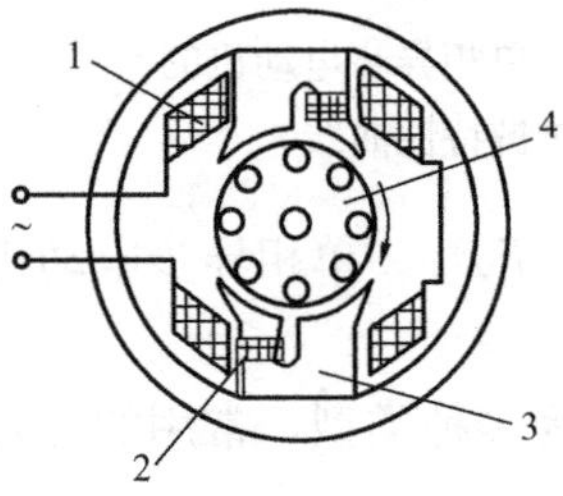

图 4-20　罩极式单相
异步电动机
1—工作绕组；2—短路铜环；
3—凸磁极；4—转子

当定子绕组接通单相交流电源时，凸极中产生的交变磁通被短路环分成了两部分。由于短路铜环的空间位置与工作绕组稍有不同，通过短路铜环的脉动磁场，要在铜环中感应出相位上滞后工作电流的感应电流。两绕组的位置不同，流过电流相位不同，也能产生旋转磁场使转子转动。

由于旋转磁场的转向只能从磁极未罩部分移向被罩部分，转子也只能朝此方向运转，即转子旋转方向不能改变。罩极式电动机的启动转矩较小，效率和功率因数都较低，所以一般只在容量较小（数瓦至数十瓦）的单相异步电动机中采用。

第三节　常用低压电器

电器是根据外界特定的信号和要求，自动或手动接通和断开电路，通过改变电路参数，实现对电路或非电对象进行切换、控制、保护、检测和调节用的电气设备。按我国现行标准规定，低压电器通常是指工作在交流 1200V 或直流为 1500V 以下的电器。

按照使用范围，低压电器（表 4-2）可分为：

低压电器产品型号代号　　　　　　　　　　表 4-2

代号	名称	A	B	C	D	E	F	G	H	J	K	L	M	N	P	Q	R	S	T	U	W	X	Y	Z
H	刀开关和转换开关				单投刀开关				封闭式负荷开关		开启式负荷开关						熔断器式开关	双投刀开关					其他	组合开关
R	熔断器			插入式					汇流排式			螺旋式	密闭管式				快速		有填料封闭管式			限流	其他	
D	自动开关											照明	灭磁				快速		万能式			限流	其他	装置式
K	控制器							鼓形							平面		凸轮						其他	

代号	名称	A	B	C	D	E	F	G	H	J	K	L	M	N	P	Q	R	S	T	U	W	X	Y	Z
C	接触器						高压			交流				中频		时间							其他	直流
Q	启动器	按钮式		磁力				减压								手动			油浸			星三角	其他	综合
J	控制继电器											电流					热	时间	通用		温度		其他	中间
L	主令电器	按钮									主令控制器						主令开关	足踏开关	旋钮		万能转换开关	行程开关	其他	
Z	电阻器		板形元件	冲片元件				管形元件									烧结元件	铸铁元件				电阻器	其他	
B	变阻器			旋臂式				励磁						频敏	启动		石墨	启动调整	油浸启动	液体启动	滑线式		其他	
T	调整器				电压																			
M	电磁铁														牵引						起重			制动
A	其他		保护器	插销	灯				接线盒			铃												

（1）电力网系统用的配电电器。如低压断路器（自动开关）、熔断器和负荷开关等。它们要求通断电流能力强、保护性能好、操作时过电压低、抗电动稳定性和热稳定性能好。

（2）电力拖动及自动控制系统用的控制电器。如接触器、启动器和各种控制继电器。它们要求转换能力强、操作频率高，电寿命和机械寿命长。

按照动作方式，低压电器又可分为手动控制和自动控制。

所谓手动控制是指人们用手进行直接操纵的电器，如闸刀开关、按钮、转换开关等。自动控制是指按照信号、指令或某些物理量的变化自动进行控制，甚至能远距离控制的电器，如接触器、继电器、行程开关等。

由于生产机械、建筑施工机械或者家用电器常要求完成各种各样的工作。因此，对拖动电动机必须根据需要进行手动或自动控制，如启动、停止、正转、反转等。为了保证电动机的安全运行，设置多种保护电器进行保护，如过载、短路、断相保护等。

产品型号一律采用汉语拼音字母及阿拉伯数字，组成形式及意义如下：

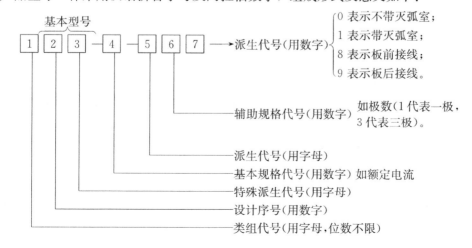

举例说明如下：

（1）HD13—200/31：HD表示单投刀开关，13表示设计序号，200表示额定电流为200A，31其中3表示为三极，1表示带灭弧罩。全型号代表名称为200A，带灭弧罩，三极单投刀开关。

（2）HK2—30/3：HK表示开启式负荷开关（闸刀开关），2表示设计序号，30表示额定电流为30A，3表示为三极。全型号代表名称为30A，三极开启式负荷开关。

一、开关

1. 闸刀开关

闸刀开关又称开启式负荷开关，它是一种结构最简单、应用最广泛的手动低压电器。通常在容量不大的低压电路中作为不频繁的带负荷接通、切断操作和短路保护之用。刀开关分为两极开关和三极开关，两极开关用于单相电路，额定电压为250V；三极开关用于三相电路，额定电压为500V。额定电流有10A、15A、30A和60A四个等级。三极开关常用作小容量异步电动机的不频繁启动控制开关。例如型号HK2—30/3的三极闸刀开关，额定电压500V，额定电流30A，可控制相应的三相异步电动机功率4kW，选用熔丝规格，铅锡熔丝线径为2.65mm；铜熔丝线径为0.71mm。

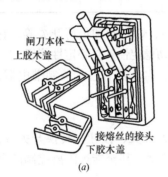
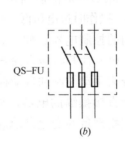

图 4-21 闸刀开关
(a) 外形结构；(b) 图形符号

闸刀开关的结构如图4-21(a)所示，它由瓷柄、触刀、触刀座、插座、进线座、出线座、熔丝、瓷底板、上下胶木盖以及紧固螺母等零件装配而成。安装闸刀开关时，要考虑操作和检修的安全及方便。一般来说，闸刀开关必须垂直地安装在控制屏或开关板上，并使进线座在上方。电源线应接上部的进线接线座上；负载接到下部的可动触刀、熔丝端的出线接线座上。这样安装带电部分用胶木盖罩住，使用比较安全，还可以避免闸刀开关断开时，由于受到振动触刀自动落下造成误合闸事故，使触刀不带电以保证装熔丝的安全。

2. 铁壳开关

铁壳开关又称封闭式负荷开关。一般用在配电设备中，作为不频繁接通和分断负载电路，具有熔断器短路保护。交流380V、60A及以下等级的铁壳开关，还可作为小型异步电动机的不频繁地全电压直接启动及分断的控制开关。

铁壳开关由带有灭弧系统的刀开关、熔断器和快速动作的操作机构组成，如图4-22所示。整个装置安装在防护铁板箱内，并且还有机械连锁使开关闭合后不能开启箱盖，以保证操作人员的安全。其安装要求与闸刀开关相同。

3. 组合开关

组合开关又称转换开关，如图4-23所示组合开关由若干动触片和静触片组成，装设在数层胶木绝缘触片座内，触片座堆叠起来装配。动触片装在带有手柄的转轴上，各动触片和静触片之间都互相绝缘，转动手柄即可使之接通和分断。如果选择不同类型的触片，

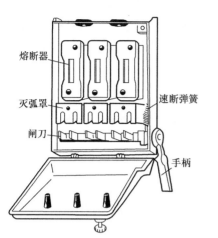

图 4-22 铁壳开关

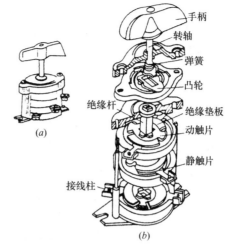

图 4-23 组合开关
(a) 外形；(b) 结构；(c) 图形符号

按照不同方式配置动触片和静触片、叠装不同层数，就可以得到若干种不同接线方案，使用非常方便。

组合开关一般用在电气设备中，作为不频繁地接通和分断电路、换接电源和负载和小容量电动机的直接启动、Y—△启动、正转一停止一反转一停止等的控制开关。组合开关体积小、安全可靠和操作方便，因而得到广泛应用。但是必须注意，其本身不带过载保护和短路保护装置的，如果需要保护，就应另外增设保护电器。

倒顺开关是一种常用的组合开关，具有"顺"、"停"、"倒"三个位置，通常用于小容量三相异步电动机正反转运行的手动操作控制。

4. 按钮开关

按钮开关又称控制按钮或按钮，它们的额定工作电流比较小，专门用来接通和切断较小电流的电路。生产实践中，常把按钮开关与接触器、继电器的线圈配合，构成控制电路，实现对电动机等用电设备的自动控制或远距离控制。

按钮开关的外形、结构和符号如图 4-24 所示。按其作用和结构不同，可以分为：

(1) 常闭（动断）按钮开关。常态时动触点和静触点是闭合的，当用手指按下按钮帽时，它们才分开；手指放开后，在复位弹簧作用下，动触点和静触点又恢复闭合状态。因此，平时常作"停止按钮"使用。

(2) 常开（动合）按钮开关。常态时动触点和静触点是分开的，当用手指按下按钮帽时，它们才接通；手指放开后，在复位弹簧作用下，动触点和静触点又恢复分开状态。因此，平时常作"启动按钮"使用。

(3) 组合（联动）按钮开关。这种开关同时具有一对常闭触点和一对常开触点，这两对触点是联动工作的。当用手指按下按钮帽时，先分开常闭触点，随后接通常开触点。手指放开后，在复位弹簧作用下，自动复位的先后次序与上面相反。它们两对触点不能同时作为"停止按钮"和"启动按钮"使用。

有些按钮开关还带有信号灯，这时按钮帽用彩色透明塑料制成。一般按钮开关常采用积木式两面拼接装配基座结构，触点数量可以按照需要拼接，可以装置成一常闭一常开至六常闭六常开的多联按钮开关。由三个组合按钮开关装在同一个盒子中，按钮帽颜色不同，分别刻有"正转"、"反转"、"停止"字样，常用来对电动机实施不同运行状态的控制。

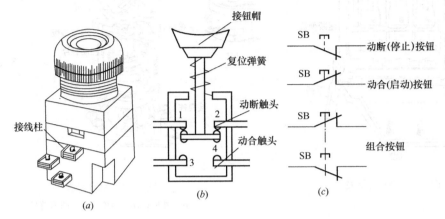

图 4-24　按钮开关
(a) 外形；(b) 结构；(c) 图形符号

5. 行程开关和接近开关

行程开关又称限位开关，它通过开关机械可动部分的动作，将机械信号变换为电信号，借此实现对机械的电气控制。行程开关有多种结构形式，图 4-25 为 LX19 系列行程开关的结构外形图。

图 4-25　行程开关

行程开关通常由操作头、触点系统和外壳组成。操作头感测机械设备的动作信号，并传递到触点系统。触点系统由一组动合触点和一组动断触点组成，将操作头传来的机械信号，变换为电信号，输出到有关控制电路，使之作出相应的反应动作。

习惯上把尺寸甚小的行程开关称为微动开关。

接近开关是一种非接触型的物体检测装置，按作用原理区分有：高频振荡型、电容型、感应电桥型、永久磁铁型、霍尔效应型等许多种。它可使微动开关，行程开关实现无接触、无触点化外，还可用作高速计数器。它具有工作可靠、寿命长、操作频率高以及能适应恶劣的工作环境等特点，所以在工业生产方面得到推广应用。

二、低压断路器

低压断路器又称自动空气断路器或空气开关，它是低压配电线路中一种重要的保护电器。在正常工作条件下，作为线路的不频繁接通和分断装置使用。当线路或用电设备发生严重过载、短路或失压等故障时，能够自动切断故障，实施迅速、有效的保护。

低压断路器在结构上由下列三个基本部分组成：

（1）触点和灭弧装置　它们是执行通断电路的部件。由于断路器接通和分断的电流很大，因此断路器每一极的触点都由主触点和弧触点等部分制成特殊的结构形式。主触点一般采用银或银基材料制成，接触电阻低、电和热的稳定性好。弧触点一般采用银钨、铜钨等材料制成，耐电弧、耐熔焊性能好。在断路器动作过程中，弧触点先于主触点闭合，后于主触点分断，所以燃弧总是发生弧触点上。在正常工作时，由于弧触点的电阻比主触点大，工作电流主要通过主触点。

灭弧装置的结构根据低压断路器的种类不同而不同，框架式低压断路器的灭弧罩由陶土夹板和钢质的灭弧栅及灭焰栅片组成，适用于大电流断路器。而塑料外壳式断路器的工作电流较小，它用的灭弧装置是由红钢纸板嵌上栅片所组成。

（2）各种脱扣器　它们是感测电路的不正常状态，并立即作出反应，进行保护性动作的部件。脱扣器主要有过电流脱扣器、失压脱扣器和分励脱扣器等，根据不同负载的需要，过电流脱扣器的额定电流分成许多等级。在线路电压过低或没有电压时，失压脱扣器使断路器无法合闸或使断路器分闸，通过调整螺母，可以改变释放时的作用力，从而在35%～70%额定电压的范围内调整释放电压。分励脱扣器是实现远方进行操作，使该线圈通电时，自由脱扣机构脱钩，断路器随之分闸。

（3）自由脱扣和操作机构　它们是联系以上两种部件的中间传递部件。断路器的接通与分断动作，必须依靠自由脱扣和操作机构来实现。自由脱扣机构分为再扣、闭合和断开三个动作。

要使断路器合闸，必须先使手柄反向转动，使自由脱扣机构处于再扣位置，即它的三个杠杆能互相搭住，方有可能将手柄顺向转动，把合闸力传递给动触点，使之闭合。

要使断路器分闸，如果是发生故障时，通过脱扣器（过电流脱扣器或失压脱扣器），使自由脱扣机构解扣而自动断开分闸。而在正常工作时，无论有负载还是没有负载，均可通过手柄直接操作断开分闸，或者通过分励脱扣器实现断开分闸。

低压断路器的工作原理如图 4-26 所示。开关的主触点是靠操作机构（手动或电动）合闸的。在正常情况下，触点能接通和分断工作电流。如果电路中发生故障时，自由脱扣机构在有关脱扣器的作用下动作，使钩子脱开，主触点在释放弹簧的作用下迅速分断，从而及时地保护电路及有关的电气设备。脱扣器中，过电流脱扣器在正常情况下，其衔铁是释放着的。当发生过载或短路故障时，与主电路串联的激磁线圈就会产生强大的电磁吸力将衔铁往下吸，使得衔铁的另一端上

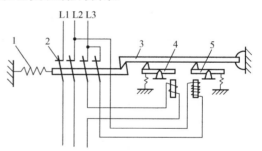

图 4-26　低压断路器工作原理图
1—释放弹簧；2—主触点；3—钩子
4—过电流脱扣器；5—失压脱扣器

的顶杆向上运动，顶开自由脱扣机构中的锁钩，使主触点分断。而失压脱扣器的工作恰好相反，当线路电压正常时，并激线圈产生足够的吸力将衔铁吸住，使顶杆同自由脱扣机构脱离，主触点才得以合闸接通。如果电压严重下降，或者电压全部消失，衔铁就释放，并通过顶杆迫使自由脱扣机构中的锁钩脱开，使主触点分断。

低压断路器一般分为框架式和塑料外壳式两大类，下面分别介绍。

1. 框架式低压断路器

主要有 DW10 和 DW15 两个系列，用作配电线路的保护开关。其额定工作电压为交

流 50Hz、380V 和直流 440V。额定电流有 200A、400A、600A、1000A、1500A、2500A 及 4000A 七个等级，操作方式有直接手柄操作、杠杆操作、电磁铁操作和电动机操作四种，其中 2500A 及 4000A 两种电流的断路器，因要求操作力太大，只有靠电动机操作。整个系列的断路器开关都有两极式和三极式两种结构。

2. 塑料外壳式低压断路器

又称装置式断路器，主要有 DZ10 和 DZ15 等系列，它既可用作配电线路的保护开关，又可作为电动机、照明电路以及电热器等的控制开关，一般建筑供电的室内低压线路配电盘中，动力用电部分的总开关（如第五章图 5-10 中所示）大多采用这种类型的断路器。其额定工作电压为交流 50Hz、220V、380V、500V 和直流 110V、220V。额定电流为 10～600A 范围内设有多个等级。这种类型的断路器一般采用手动操作方式工作。

在一般情况下，保护变压器及配电线路的总开关选用 DW 系列，保护电动机及小型室内配电盘的总开关选用 DZ 系列。

三、低压熔断器

低压熔断器是安全保护用电的一种电器，广泛地应用于电网和电气设备的保护。当电网和电气设备发生过载或短路时能自动切断电路，从而达到保护目的。由于其结构简单、使用方便、体积小、质量轻和价格低廉等优点，因此在建筑工程中亦得到广泛应用。

熔断器主要由熔体和安装熔体的绝缘管或绝缘座所组成。使用时，熔断器与所保护的电路串联，当电路发生过载或短路故障时，通过熔体的电流就可能达到或超过了某一定值，在熔体产生的热量使其温度升高到熔体金属的熔点，于是熔体自行熔断，切断故障电流，完成保护任务。常用的低压熔断器类型有：

1. RC1A 系列瓷插式熔断器

瓷插式熔断器由瓷底座、瓷插件（瓷盖）、触头和熔体（丝）4 部分组成。熔丝为铅、铅锡合金，它装在瓷插件上。这是目前最常用的一种熔断器，由于其灭弧能力较差，极限分断能力低，只适用于负载不大的照明线路中使用，结构如 4-27(a) 所示。

2. RL1 系列螺旋式熔断器

螺旋式熔断器由瓷底座、瓷帽和熔芯三部分组成。熔芯的熔管是一个圆形的瓷管，内装熔丝和石英砂填料，当熔丝熔断时，其上焊接的指示器（漆有绿色或红色小铜片）跳出，通过瓷帽的玻璃片孔可以看到。该熔断器一般用于配电线路中作为过载及短路保护，同时因为它具有较大的热惯性，安装尺寸小，常用于电气控制线路中保护电动机，结构如图 4-27(b) 所示。

3. RM10 系列无填料封闭管式熔断器

无填料封闭管式熔断器由熔管、熔体和插座等部分组成，它是利用熔体熔断时，在电弧的高温作用下，纤维管中自动产生气体来熄弧的。熔断器的熔体是用锌片冲压成薄片状，可以自行更换熔片，因此使用经济方便，常用于农村容量不大的小水电与小火电电网中，结构如图 4-27(c) 所示。

4. RTO 系列有填料封闭管式熔断器

有填料封闭管式熔断器由熔管和底座两部分组成。熔管由管体、触刀、熔体、指示器和石英砂填料等组成。管体内充满石英砂填料，在熔断器切断故障电流时，能迅速吸收电弧能量，保证很快灭弧。熔体（片）是用紫铜薄片冲压而成的网状多根并联式。该熔断器分断能力高、熔断时间快、有醒目的熔断指示器，便于识别故障电路，有利于迅速恢复供电。广泛地用于短路电流很大的电力网络或配电装置中，作为电缆、导线、电动机、变压器以及其他电气设备的短路保护和电缆、导线的过载保护。但是该熔断器动作后，即熔体熔断后，熔管就得报废，采用专用的绝缘操作手柄更换新熔管。因此，凡在短路电流并非十分大的场合，一般不宜采用这种熔断器，其结构如图 4-27 (d) 所示。

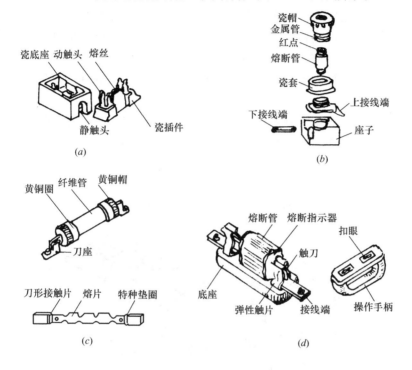

图 4-27　熔断器

(a) RC1A 型熔断器；(b) RL1 型熔断器；(c) RM10 型熔断器；(d) RTO 型熔断器

除上述类型熔断器外，在硅整流元件、晶闸管整流元件及其成套装置的短路及过载保护中，还采用 RLS 系列螺旋式快速熔断器、RS0 系列及 RS2 系列有填料快速熔断器，技术数据及性能可以查阅有关手册。

熔断器的正确选用包含两个内容，即熔断器类型的选择和熔体（丝）额定电流的确定。

(1) 选择熔断器的类型时，主要考虑负载的保护特性和短路电流的大小。例如，电动机过载保护用的熔断器，一般容量不需要很大，也不要求能限流，但却希望熔化系数（熔体的最小熔化电流与熔体的额定电流之比称为最小熔化系数，它表征熔断器保护小倍数过载时的灵敏度指标）适当小些，所以宜采用热惯量大的铅锡合金熔体和锌质熔体的熔断器。车间、工地配电网络的保护熔断器，如果短路电流较大，就要选用具有高分断能力的熔断器，甚至还需要选用有限流作用的熔断器，如 RTO 系列熔断器。在经常要发生故障的地方，应当考虑选用"可拆式"熔断器，如 RC1、RL1、RM10 等系列熔断器，这样，在熔体熔断后就能方便地装上新的熔体，继续使用。在有易燃、易爆气体、粉尘等的场合，就绝对不能选用敞开式的熔丝。

（2）确定熔体额定电流时，应当区别两种负载情况，一种是负载有冲击启动电流的情况（如电动机），另一种是负载电流比较平稳的情况（如一般照明电路）。

用熔断器保护电动机时，如果还要达到过载保护的目的（即线路中无热继电器保护的情况），如要熔断器在小倍数过载时动作，其熔体的额定电流就应当尽可能接近电动机的额定电流；而又要保证电动机能正常启动，熔断器在通过启动电流时又应当不动作。综合考虑两方面的要求，通常对鼠笼式异步电动机，一般取熔体的额定电流为电动机的额定电流的 $1.5 \sim 2.5$ 倍。在轻载启动或启动时间较短的情况下，系数取小值；而在较重负载下启动或启动次数较多和启动时间较长的情况下，系数取大值。

在负载电流比较平稳的场合，基本上可按额定负载电流来确定熔体的额定电流。

四、交流接触器

交流接触器是用于远距离频繁接通或分断交流主电路及大容量控制电路的控制电器。此外，还有直流接触器用于接通或分断直流电路及直流电器设备。它们广泛用于电动机的控制电路和自动控制系统中。

1. 结构

交流接触器的外形、结构和图形符号如图 4-28 所示。

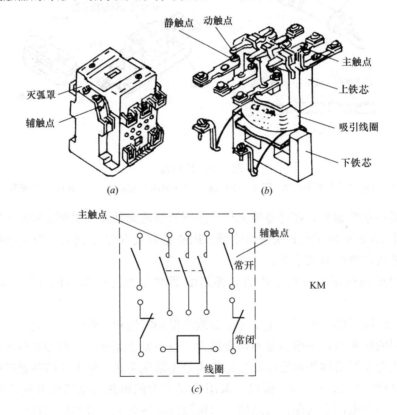

图 4-28 交流接触器
(a) 外形；(b) 结构；(c) 图形符号

交流接触器主要由下列部分组成：

（1）电磁系统 电磁系统包括固定的下铁芯、可动的上铁芯（衔铁）和吸引（电磁）

线圈。当线圈通电后，电磁铁吸合而带动动触点与静触点闭合或分开；当线圈失电后，触点位置恢复原位。接触器吸引线圈的额定电压有 36V、110V、127V、220V 和 380V 等。

（2）触点系统　接触器是通过触点的闭合或分开来接通或分断电路的。触点（触头）材料一般采用银、银—氧化镉合金、银—钨合金等材料制作，它们的电气磨损小、不易产生"热熔焊"。按照线圈未通电时，触点是否闭合的状态区分，接触器的触点可分为常开触点和常闭触点。常开触点是线圈未通电时分开的，线圈通电后闭合；常闭触点相反之。如果按照触点允许通过的电流大小区分，接触器的触点又可分为主触点和辅触点。主触点的接触面积大，并有灭弧装置，允许通过大电流，用于主电路的接通或分断，例如电动机的电源电路；辅触点的接触面积小，只能通过 5A 以下的小电流，用在控制电路中实现各种控制作用。一般交流接触器有三对常开的主触点，以及若干组辅触点，每组由一对联动的常闭和常开触点组成。主触点的额定电流有 10A、20A、40A、60A、100A 等。CJ10 系列交流接触器技术数据见表 4-3。

CJ10 系列交流接触器技术数据　　　　　　表 4-3

型　号	主触点额定电流（A）	辅助触点额定电流（A）	控制三相电动机的最大容量（kW）	
			220V	380V
CJ10-5	5	5	1.2	2.2
CJ10-10	10	5	2.2	4
CJ10-20	20	5	5.5	10
CJ10-40	40	5	11	20
CJ10-60	60	5	17	30
CJ10-100	100	5	30	50
CJ10-150	150	5	43	75

（3）灭弧装置为了能及时有效地消除主触点在切断主电路时所产生的电弧，在接触器主触点的上方，安装灭弧装置。一般 10A 以下的交流接触器采用半封闭灭弧罩壳或相间隔弧板；20A 和 40A 的采用半封闭式纵缝陶土灭弧罩。

（4）其他部分还有壳体、支承件、释放弹簧、缓冲弹簧等。

2. 工作原理

当接触器的吸引线圈通电以后，产生一个磁场将下铁芯磁化，吸引上铁芯（衔铁），使它向下铁芯运动，并最终吸合在一起。接触器触点系统中的动触点是同上铁芯由机械组合件固装在一起的，当上铁芯被下铁芯吸引向下运动时，动触点亦随之向下运动，与静触点闭合，接通电路。一旦电源电压消失或者显著降低，以致吸引线圈没有激磁或激磁不足，上铁芯就会因电磁吸力消失或过小而在释放弹簧的反作用力作用下释放，脱离下铁芯。与此同时，和上铁芯固装在一起的动触点也与静触点脱离，使电路切断。这也是通常所谓的失压保护和欠压保护。它可避免产生接触器抖动、接触不良等状态，从而避免接触器发生线圈烧毁和触点熔焊。一般来说，交流接触器在线圈电压为 85% 额定电压时，应能可靠地动作。

五、继电器

继电器是根据某一输入量来换接执行机构的电器，它起传递信号的作用。在控制线路中，继电器被用来改变控制线路的状态，以实现预定的控制程序和目的，同时也提供一定的保护。按使用范围区分，继电器可分为：保护继电器、控制继电器和通信继电器。按输入信号的性质可分为：电压继电器、电流继电器、功率继电器、频率继电器、温度继电器等。按感测元件的作用原理可分为：电磁式继电器、感应式继电器、热继电器、电子式继电器等。

1. 热继电器

热继电器用于电气设备（主要是电动机）过载保护，我国生产的热继电器都是双金属片式热继电器，它的外形、结构原理和图形符号如图 4-29 所示。其结构主要由热元件、双金属片、触点和机械联动调节部分组成。热元件串联在电气设备的电源电路（电动机的定子绕组电路）中，双金属片是热继电器的感测元件，触点是执行元件。

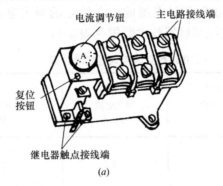

(a)

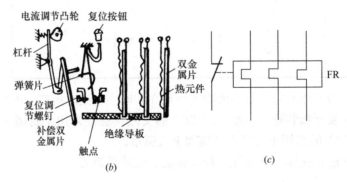

图 4-29　热继电器
(a) 外形；(b) 结构；(c) 图形符号

当电路中出现故障或非常正常现象（如电动机断相运转、过载等），电动机（电气设备）的电流过大，就可能引起过热而烧毁电动机，必须立即采取保护措施。

如以电动机保护为例。当电动机在额定负载下正常运行时，定子电流通过热元件产生的热量不足以使双金属片产生需要的形变。而电动机出现过载时，定子电流增大，当热元件产生的热量超过一定值并经过一定时间，双金属片向左弯曲达到一定的位移后，通过绝缘导板推动补偿双金属片、推杆、片簧和弓形弹簧片，使动触点向左弹开。如果将该动断触点串联在交流接触器吸引线圈电路中，它一旦断开，即可使电动机电源电路切断，电动机停转，起到过载保护作用。

热继电器动作之后，若电动机故障已排除，需要重新启动时，可按下手动复位按钮，推动弹簧片，使动触点弹回，动断触点恢复接通。调整复位调节螺钉，使动触点弹开的距离减小，双金属片冷却后，动触点即可自动弹回复位。

转动电流调节凸轮可以改变绝缘导板与补偿双金属片的距离，从而使动作电流能在 66%～100% 范围内调节。热继电器不动作的最大电流称为整定电流。

由于热继电器中热元件和双金属片的热惯性，热继电器不可能在电动机过载时立即动作，其动作时间与过载程度有关，见表 4-4，过载越大，动作时间越短。但是，在短路时虽然电流超过额定值很多，它也要经过一定时间才能动作。这就不适合于短路保护，必须另装熔断器作短路保护。

热继电器保护特性要求　　　　　　　　　　　　　　表 4-4

整 定 电 流 倍 数	动 作 时 间	起 动 状 态
1.0	长期不动作	
1.2	<20min	从热态开始①
1.5	<2min	从热态开始
6	>5s	从热态开始

① 从热态开始是指以额定电流加热使热继电器发热至稳定温度后开始试验。

目前常用的热继电器有：

（1）JR16 系列热继电器。全系列共分 20A、60A、150A 三个等级，共有 20 号热元件；继电器全部采用三相式结构，分为带断相保护装置和不带断相保护装置两种形式。

（2）JR14 系列热继电器。分 20A、150A 两个等级，共有 20 号热元件。该热继电器 150A 产品是由 20A 等级的热继电器加装饱和电流互感器而成，使热继电器在电动机启动时具有动作时间长的特性，这对重载启动尤为适合。另外还具有在短路电流冲击下热稳定性和动稳定性较高和不受接线条件（连接导线材料、粗细）影响的优点。热继电器分单相和三相式两种，也分为带断相保护装置和不带断相保护装置两种形式。

2. 时间继电器

时间继电器是在电路中起着控制动作时间的继电器，它可以实现延时或周期性定时接通或分断控制电路。按动作原理，时间继电器可以分为机械式和电气式。每种又可分为多种形式，我们主要介绍目前在电动机交流电气控制系统中最常用的 JS7-A 空气阻尼式时间继电器。

JS7-A 型时间继电器由电磁系统、延时机构和触点系统三部分组成。电磁铁为直动式双 E 型，触点系统则是借用 LX5 型微动开关，延时机构是利用空气通过小孔时产生阻尼作用的空气式阻尼器。

JS7-A 型时间继电器有通电延时与断电延时两种类型，这里讨论通电延时型的工作原理，其工作原理图如图 4-30 所示。

当线圈通电时，衔铁及固定在它上面的托板被吸引下落，这时固定在

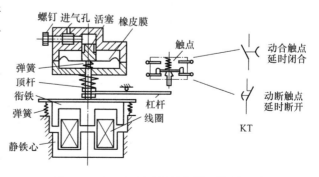

图 4-30　JS7-A 型时间继电器工作原理图

活塞杆上的撞块也因失去托板的支托也向下运动，但由于与活塞相连的橡皮膜向下运动时受到空气阻尼作用，所以活塞杆下落缓慢，经过一定时间后，才能触动微动开关的推杆使它的动断触点延时断开；动合触点延时闭合。通过调节螺钉头部锥形杆与锥形孔的配合间隙的大小，调节进气量的多少，从而可以调整延时时间的长短。

JS7 系列空气阻尼式时间继电器的优点是结构简单、寿命长、价格低廉、延时范围大，且不受电源电压和频率的影响；可以作成通电延时型及断电延时型两种类型。缺点是延时误差大（±10%～20%），无调节刻度指示，要准确调准延时时间比较困难；延时值易受周围环境温度、尘埃、安装方向的影响。JS7-A 系列时间继电器的技术数据见表 4-5。

JS7-A 系列时间继电器技术数据 表 4-5

型号	线圈额定电压 (V)	延时整定范围 (s)	触头容量		延时触头数量				不延时 触头数量	
			电压 (V)	额定电流 (A)	通电延时		断电延时			
					常开	常闭	常开	常闭	常开	常闭
JS7-1A	交流 50Hz、24				1	1				
JS7-2A	36、110	0.4～60	380	5	1	1			1	1
JS7—3A	127、220	及 0.4～18					1	1		
JS7—4A	380、420						1	1	1	1

电气式时间继电器中的晶体管时间继电器具有延时范围广、精度高、体积小、耐冲击振动、调节方便以及寿命长（可做成无触点式）等许多优点，所以发展很快，在延时要求较高的场合，使用日益广泛。

第四节　三相异步电动机的控制电路

三相异步电动机的控制电路大多是由继电器、接触器、主令控制器等电器元件通过导线连接组成，用来控制电动机的启动、制动、反转及调速等。如果将电动机、低压电器、测量仪表等装置有机地结合起来，就组成了电力拖动的自动控制系统。

生产机械和建筑工程设备的电气图，通常包含有原理图及接线图，以便于接线、安装和维修电气设备。本书只介绍讨论电路原理图。异步电动机的控制电路一般分为主电路、控制电路和辅助电路。主电路是强电流通过的电路，电路中包括设备的电源、电动机及其他用电设备。控制电路包括控制、保护电器，是控制主电路工作的电路，通过电流较小。辅助电路是设备的照明和信号电路。

电气图中各电气元件的图形符号均应按照国家标准《电气简图用图形符号》GB/T 4728.1～4728.13—2008～2018 等标准所规定的符号，其常用一部分图形符号见附录Ⅰ。在图形符号旁边应该标注文字符号，应按国家标准《电气技术中的文字符号制订通则》GB 7159—87 所规定的符号，其常用的文字符号见附录Ⅱ。一般用粗、细实线代表导线。电路中各电器触点位置通常按没有通电时的状态来画。同一电器的不同部分，按其作用常常画在电路中不同的位置，为了易于识别，都要求用同一文字符号标注。

一、直接启动控制电路

我们知道三相异步电动机启动时，启动电流很大，一般为额定电流的 4～7 倍。如果要启动的电动机容量较大，强大的启动电流会引起电网电压降低太大，从而影响其他设备的稳定运行。同时，由于电压 U 降低影响了电动机的启动转矩 T（因为 $T \propto U^2$），严重时，会导致电动机无法启动。所以，当电动机容量较大时，一般要采取降压启动的方法来限制启动电流。

当电动机的容量较小时，在电动机三相定子绕组上直接施加额定电压的电源进行启动的方法，称为直接启动，又称全电压启动。

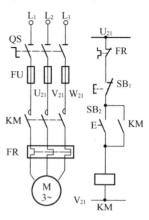

图 4-31　直接启动控制电路

直接启动控制电路如图 4-31 所示。该图的左半部为主电路；右半部为控制电路（本节以后一些控制电路图亦这样布置）。从三相电源 L_1、L_2、L_3 经电源开关（隔离开关如闸刀开关等）QS、熔断器 FU、交流接触器主触点 KM 和热继电器 FR 热元件接到三相异步电动机定子绕组的电路是主电路。从线电压 U_{21} 经热继电器 FR 常闭触点、停止按钮 SB_1、启动按钮 SB_2 和接触器线圈 KM 接到线电压 U_{21} 的电路是控制电路。控制电路中接触器常开辅助触点 KM 与启动按钮开关 SB_2 两端接点并联。

合上电源开关 QS 后，为启动过程：

由于交流接触器的主触点和辅助触点是同步动作的，因此，当接触器线圈通电时，常开的辅助触点与常开主触点同时闭合，而常闭的辅助触点同时断开。在启动过程中，常开辅助触点 KM 随主触点一同闭合后，使之与并联的启动按钮开关 SB_2 两端短接，即使松开按钮开关 SB_2，控制电路也不会断开，电动机启动后，就能保持连续运转。接触器常开辅助触点的这种作用叫做"自锁"。如果控制电路中，启动按钮开关 SB_2 两端接点不采用常开辅助触点 KM 与之并联，这样就构成了电动机点动控制电路。只有按住按钮开关 SB_2 时，电动机才能启动运转。而当手松开时，按钮开关 SB_2 分断，接触器线圈 KM 断电，电动机就停止运转。这种控制方式经常在起吊运输设备中如"行车"等采用。

直接启动控制电路中，要使电动机停止运转，只要按一下停止按钮开关 SB_1，即使短时切断接触器线圈电路，主触点和常开辅助触点 KM 都恢复分断状态，常开辅助触点 KM 失去"自锁"作用，使电动机 M 停止运转。

电路中的热继电器是作为过载保护电器用。热继电器的热元件 FR 串联在主电路中，热继电器的常闭触点 FR 串联在控制电路中。如果电动机在运行过程中，出现长时间超负载运行或断相运行等故障时，主电路中的电流大大超过额定值，热元件使双金属片受热弯曲，并且使串联在控制电路中的常闭触点 FR 分断，这样就切断了控制电路，接触器线圈 KM 断电，主触点 KM 分断，使电动机 M 断开电源停止运转，避免电动机定子绕组由于过流产生过热而损坏。

熔断器 FU 在一般电路（如照明电路）中，既可作短路保护，也可作过载保护，但在三相异步电动机电路中一般只能作短路保护。因为如果作过载保护，熔断器按电动机的额定电流选取，在电动机启动时的启动电流就能使熔断器熔断，电动机就无法启动了。

二、降压启动控制电路

大容量电动机启动时一般均采用降压启动的方法。降压启动是指电动机启动时，施加于定子绕组上的电压低于它的额定值，经过一定时间电动机转速升到一定值时，再将定子绕组上的电压提高到额定值，使电动机稳定运行。由于电动机的启动电流与定子绕组的电压成正比，所以利用降压启动的方法，可以减少电动机的启动电流。常用的降压启动方法有：定子电路中串电阻（或串电抗器）的启动；自耦变压器（补偿器）启动；星—三角形启动及延边三角形启动。

1. 串联电阻（电抗器）启动

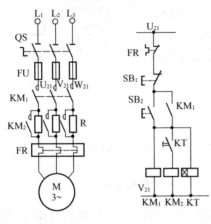

在定子电路中串入电阻（或电抗器），启动时间用串入的电阻（或电抗器）起降压的作用，限制启动电流，待电动机转速升到一定值时，将电阻（或电抗器）切除，使电动机在额定电压下稳定运行。由于定子电路中串入的电阻 R（一般为铸铁电阻）要消耗电能，所以大、中型电动机常采用串联电抗器的启动方法。

串联电阻（电抗器）启动控制电路如图 4-32 所示。图中各种电器分别为：电源开关 QS、熔断器 FU、交流接触器 KM_1 和 KM_2、热继电器 FR、三相异步电动机 M、时间继电器 KT、停止按钮 SB_1，以及启动按钮 SB_2。

图 4-32　串联电阻（电抗器）启动控制电路

合上电源开关 QS 后，启动过程为：

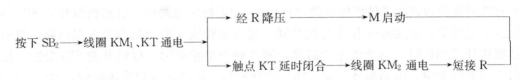

按下 SB_2 ⟶ 线圈 KM_1、KT 通电 ⟶
经 R 降压 ⟶ M 启动
触点 KT 延时闭合 ⟶ 线圈 KM_2 通电 ⟶ 短接 R

⟶ M 正常运行（额定电压下）

2. 自耦变压器降压启动控制电路

对于正常运行为星形（Y）接法的较大容量鼠笼型电动机不能用星—三角形启动方法，如果采用串电阻启动，则其体积庞大，能耗大，这时可采用自耦变压器（补偿启动器）来启动。

采用这种启动方法时，启动可由手柄人工操作；也可由接触器及继电器组成自动启动电路，并用按钮开关进行远距离操作。自动启动控制电路如图4-33所示。图中电器符号 T 为自耦变压器，其他均与前面所述意义相同。

合上电源开关 QS 后，启动过程为：

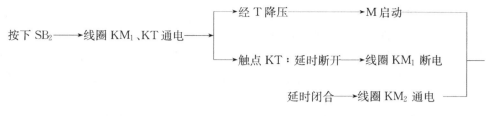

按下 SB₂ ⟶ 线圈 KM₁、KT 通电 ⟶ 经 T 降压 ⟶ M 启动
                              ⟶ 触点 KT：延时断开 ⟶ 线圈 KM₁ 断电
                                          延时闭合 ⟶ 线圈 KM₂ 通电

⟶ M 正常运行
（额定电压下）

采用自耦变压器启动比定子串电阻（或电抗）启动方法能提供较大的启动转矩，这是它的优点；但其缺点是自耦变压器价格昂贵，且不允许频繁启动。

3. 星—三角启动控制电路（Y—△启动）

凡正常运行为三角形（△）接法的，容量较大的电动机，可采用星—三角启动法。即启动时定子绕组为 Y 形连接，待转速升高一定程度时，改为△形连接，直到稳定运行。

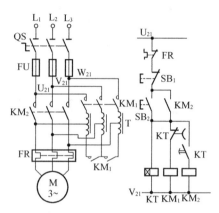

图 4-33　自耦变压器启动控制电路

采用这种方法启动时，可使每相定子绕组所受的电压在启动时降为电路电压 U 的 $1/\sqrt{3}$（$0.577U$），其线电流为直接启动时的 1/3。由于启动电流的减小，启动转矩也相应减小到直接启动的 1/3，所以这种启动方法只能用于空载或轻载启动的场合。

这种启动方法可采用自动星形—三角形启动器直接实现。启动器由按钮、接触器、时间继电器组成，自动星形—三角形启动控制电路，如图 4-34 所示。

启动过程为：

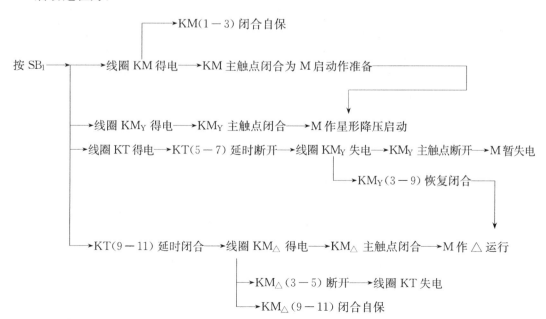

按 SB₁ ⟶ 线圈 KM 得电 ⟶ KM 主触点闭合为 M 启动作准备
         ⟶ KM(1−3) 闭合自保
         ⟶ 线圈 KMy 得电 ⟶ KMy 主触点闭合 ⟶ M 作星形降压启动
         ⟶ 线圈 KT 得电 ⟶ KT(5−7) 延时断开 ⟶ 线圈 KMy 失电 ⟶ KMy 主触点断开 ⟶ M 暂失电
                                                      ⟶ KMy(3−9) 恢复闭合
         ⟶ KT(9−11) 延时闭合 ⟶ 线圈 KM△ 得电 ⟶ KM△ 主触点闭合 ⟶ M 作 △ 运行
                              ⟶ KM△(3−5) 断开 ⟶ 线圈 KT 失电
                              ⟶ KM△(9−11) 闭合自保

三、正反转控制电路

在生产实践中，许多设备都要求电动机能正、反两个方向旋转。如金属加工机床的进刀、退刀，建筑施工设备起重机的提升、下降等。在本章第一节已经介绍，要使电动机改变旋转方向，只要改变通入电动机定子绕组中电流的相序即可实现，通常改变三相电源中任意两相接线的位置即可。

在小容量、不经常正反转的场合，如台钻，我们可以利用倒顺开关作为改变电源相序的电源开关。该开关有顺、停、倒三个位置。使用倒顺开关来操纵电动机进行正、反转方向变换时，最好在停的位置略微停顿一下，避免定子绕组因电流过大产生过热而损坏。

利用具有"前"、"停"、"后"三个按钮的按钮开关以及二个接触器组成的三相异步电动机正、反转控制电路如图 4-35 所示。

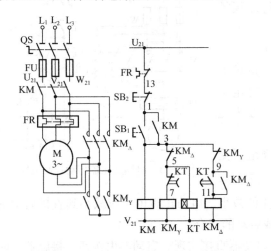

图 4-34　星形—三角形启动控制电路　　　图 4-35　电动机正反转控制电路

正转启动：按正转启动按钮 SB_2，正转接触器 KM_1 线圈通电动作，主触点闭合，使电动机 M 按 U、V、W 的相序接通电源启动，电动机正转。这时辅助触点中的常开触点 KM_1 闭合自锁 SB_2，常闭触点 KM_1 断开，断开反转接触器 KM_2 的线圈通电回路，防止按下反转按钮 SB_3 时 KM_1 与 KM_2 同时通电而造成电源短路，这种作用叫做"连锁"保护作用。

停止转动：按下停止按钮 SB_1，接触器线圈 KM_1 失电，即使电动机停止转动。当从正转→反转或从反转→正转，都必须先使电动机停转后，才能进行改变转向的操作。

反转启动：按反转启动按钮 SB_3，反转接触器 KM_2 线圈通电并自锁，主触点闭合，使电动机按 W、V、U 的相序接通电源启动，电动机反转。KM_2 的常闭辅助触点串在 KM_1 线圈通电回路中，亦起连锁保护作用。

利用 KM_1 与 KM_2 的常闭辅助触点分别串联在对方线圈通电回路中，以防止两个接触器同时通电而造成电源两相短路，这种连锁保护作用亦可称为"互锁"。

上述电路操作时不太方便，电动机的转向改变操作中，必须先按下停止按钮 SB_1。如果把上图中串在线圈 KM_1 与 KM_2 回路中的常闭辅助触点 KM_2 与 KM_1，换上按钮 SB_3 与 SB_2 的常闭触点，就实现了利用按钮连锁来控制电动机正反转的要求，并且可利用按钮 SB_2 和 SB_3 直接进行正反转控制，不必先按下停止按钮。利用按钮开关常闭先断开，常开后闭合的特点，来保证 KM_1 与 KM_2 不会同时通电，避免短路。实践应用时，为了增加工作可靠性，电动机还可利用按钮、接触器双重连锁的正反转控制电路，动作原理都是相同的。

四、限位控制电路

某提升机械的限位控制电路如图 4-36 所示。与电动机正反转控制电路比较，只是多了两个行程开关的常闭触点 SQ_1 和 SQ_2。SQ_1 与正转接触器线圈 KM_1 串联，SQ_2 与反转接触器线圈 KM_2 串联。接通电源后，按下正转按钮 SB_2，正转接触器线圈 KM_1 通电，电动机正转并带动提升机械上升，机械上的撞块碰撞行程开关后，使它的常闭触点断开，也将线圈 KM_1 断电，电动机停转，不能继续正转。这时只能按反转按钮 SB_3，反转接触器线圈 KM_2 通电，电动机反转带动提升机械离开极限位置向下运动，撞块离开行程开关后，SQ_1 自动复位到闭合位置。反之，机械下降到极限位置，由于行程开关 SQ_2 的作用，同样切断反转接触器线圈 KM_2 的电源，电动机立即停止转动。只能按正转按钮 SB_2，使电动机正转，行程开关 SQ_2 得到复位。如果提升机械运动的位置是在上、下极限位置之间，机械碰不到行程开关，那么可以随意控制地电动机正反转运行。

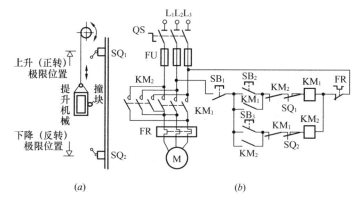

图 4-36　限位控制电路
（a）工作示意图；（b）控制电路

第五节　常用建筑工程设备的控制电路

一、混凝土搅拌机的控制电路

混凝土搅拌分为几道工序：搅拌机滚筒正转搅拌混凝土，反转使搅拌好的混凝土出料；料斗电动机正转，牵引料斗起仰上升，将骨料和水泥倾入搅拌机滚筒，反转使料斗下降放平（以接受再一次的下料）；在混凝土搅拌过程中，还需要由操作人员按动按钮 SB_7，以控制给水电磁阀 YV 的启动，使水流入搅拌机的滚筒中，加足水后，松开按钮，电磁阀断电，切断水源。

典型的混凝土搅拌机控制电路如图 4-37 所示。控制电源采用 380V 电压。在主电路中，搅拌机滚筒电动机 M_1 采用一般正、反转控制，无特殊要求；而料斗电动机 M_2 的电路上并联一个电磁铁线圈 YB，称为制动电磁铁。当给电动机 M_2 通电时，电磁铁线圈也得电，立即使制动器松开电动机 M_2 的轴，使电动机能够旋转；当 M_2 断电时，电磁铁线圈断电，在弹簧力的作用下，使制动器刹住电动机 M_2 的轴，则电动机停止转动。在控制电路中，设有限位开关 SQ_1 或 SQ_2（分别接入 KM_3 和 KM_4 回路），以限制上、下端的极限位置，一旦料斗碰着限位开关 SQ_1 或 SQ_2，便使相应接触器的线圈断电，则电动机停止转动。

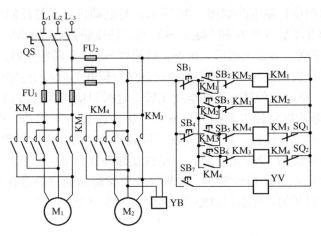

图 4-37　混凝土搅拌机控制电路图

二、皮带运输机的控制电路

皮带运输机通常采用多条皮带联合运行，以运送各种物料。图 4-38（a）是两条皮带各由一台鼠笼型异步电动机驱动的示意图。

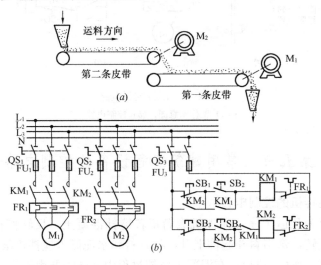

图 4-38　皮带运输机的控制电路
（a）工作示意图；（b）控制电路

为了防止运送物料在皮带上造成堵塞，对皮带运输机的启动和停止有一定的要求：启动时，要先启动第一条皮带，后启动第二条皮带，即电动机的启动顺序是 M_1 先启动，M_2 后起动。停止时，先停第二条皮带，后停第一条皮带，即 M_2 先停，M_1 后停。

为了满足上述要求，在图 4-38（b）所示的控制电路中，把接触器 KM_1 的常开辅助触点 KM_1 串入接触器 KM_2 的线圈回路中，当接触器 KM_1 不工作，电动机 M_1 停止时，

由于触点 KM_1 断开，使得接触器 KM_2 不能工作。这样就保证了电动机 M_2 不能先启动。把接触器 KM_2 的常开触头 KM_2 并联在按钮 SB_1 的两端，当接触器 KM_2 在工作，电动机启动运行时，由于 KM_2 的闭合，SB_1 不起作用，即使按下它，接触器 KM_1 线圈也不会断电，M_1 不会先停止。

电路的工作过程如下：

（1）按下启动按钮 SB_2 后，接触器 KM_1 线圈通电并自保持，主触点 KM_1 闭合使电动机 M_1 启动，第一条皮带开始运行。同时辅助触点 KM_1 闭合，为电动机 M_2 启动创造了条件。

（2）再按下启动按钮 SB_4，接触器 KM_2 线圈通电并自保持，主触点 KM_2 闭合，使电动机 M_2 启动，第二条皮带开始工作。同时，辅助触点 KM_2 闭合，使电动机 M_1 的控制电路中的停止按钮 SB_1 失去作用，保证在 M_2 运转期间 M_1 不会先停下来。

（3）要使皮带停止工作，应先按停止按钮 SB_3，使 KM_2 线圈断电释放，M_2 停转，使第二条皮带先停止运行。同时，辅助触点 KM_2 断开，恢复按钮 SB_1 的作用，为电动机 M_1 停转创造了条件。

（4）按下 SB_1，KM_1 线圈断电释放，M_1 停止。

三、塔式起重机的控制电路

塔式起重机是目前国内建筑工地普遍应用的一种有轨道的起重机械。它的种类较多，仅以 QT60/80 型塔式起重机为例进行介绍。

QT60/80 型塔式起重机结构如图 4-39 所示。主要由龙门架、塔身、塔顶、起重臂、平衡臂、平衡重以及完成各种动作功能的行走机构、回转机构、变幅机构和提升机构等部分组成。

起重机能在轨道上进行移动行走，根据需要可以改变起重臂的回转方向、仰角的幅度和使起吊重物上下运动。这种形式的起重机适用于占地面积较大的多层建筑施工。

QT60/80 型塔起重机控制电路的主电路原理图如图 4-40 所示。其主要工作原理如下：

1. 行走机构

行走机构采用两台起重机械专用的三相绕线式异步电动机（JZR$_2$-31-8，7.5kW）M_2、M_3 作为驱动电动机。为了减小启动电流，采用频敏电阻器 BP_1、BP_2 作为启动电阻。

频敏电阻器的阻抗随着电流频率的变化而显著地变化。电流频率高时，阻抗值也高；电流频率低时，阻抗值也低。这样，将频敏电阻器串在绕线式转子异步电动机的转子回路中，它的阻抗值在启动开始时最大，随着电动机转速上升，转差率 S 减小，电动机转子势的频率减小，电阻器的阻抗也随之减小，这样使绕线式异步电动机的整个启动过程，启动电流逐步减小，接近于恒值启动转矩。正常转速时，通过接触器 KM_{11}、KM_{12} 将电阻器短接。

通过交流接触器 KM_9 或 KM_{10} 来控制电动机的正、反转动方向，决定起重机的行走和行走方向。为了行走安全起见，在起重机行走架的前后各装一个行走限位开关，在轨道的两端各装有一块撞块起限位保护作用。当起重机往前或往后走到极限位置时，使行走电动机断电停转，起重机停止行走，防止脱轨事故。

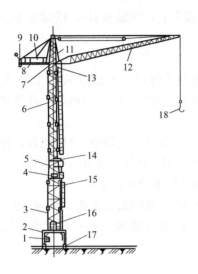

图 4-39 QT60/80 型塔式起重机

1—电缆卷筒；2—龙门架；3—塔身（第一、二节）；4—提升机构；5—塔身（第三节）；6—塔身（连接架）；7—塔顶；8—平衡臂；9—平衡重；10—变幅机构；11—塔帽；12—起重臂；13—回转机构；14—驾驶室；15—爬梯；16—压重；17—行走机构；18—吊钩

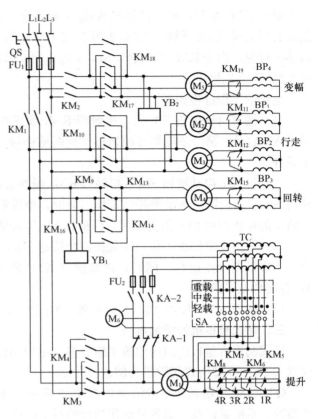

图 4-40　QT60/80 控制电路主电路原理图

2. 回转机构

回转机构由一台起重机构专用的三相绕线式异步电动机（JZR_2-12-6，3.5kW）M_4 驱动。启动时接入频敏电阻器 BP_3，以减小启动电流。

操纵主令控制器，通过交流接触器 KM_{13} 或 KM_{14} 控制回转电动机 M_4 的正、反转，来实现起重臂不同的回转方向。转到某一位置后，电动机停止转动。按下按钮，接触器 KM_{16} 主触点闭合，三相电磁制动器 YB_1 通电，通过锁紧制动机构，将起重臂锁紧在某一位置上，使吊件准确就位。通常在接触器 KM_{16} 的线圈电路中串入接触器 KM_{13}、KM_{14} 的常闭触点（图中未画出），进行连锁，保证在电动机 M_4 停止转动后，电磁制动器 YB_1 才能工作。

3. 变幅机构

变幅机构由一台三相绕线型异步电动机（JZR_2-31-8，7.5kW）M_5 驱动，启动时接入频敏电阻器 BP_4。

操纵主令控制器，通过交流接触器 KM_{17}、KM_{18}，控制变幅电动机 M_5 的转向，实现改变起重臂仰角的幅度。在变幅电动机的定子回路上，并联一个三相电磁制动器 YB_2，制动器的闸轮与电动机同轴，一旦 M_5 与 YB_2 同时断电时，实行紧急制动，使起重臂准确地停止在某一位置上。

为了安全起见，在起重臂俯仰变幅的极限位置各装有一块撞块，交流接触器 KM_{17}、KM_{18} 的线圈电路中，各接入一个幅度限位保护开关（图中未画出）。一旦到达极限位置，限位开关断开，切断 KM_{17} 或 KM_{18} 线圈的电路，主触点分断，停止供电，变幅电动机停转。

4. 提升机构

提升机构由一台三相绕线型异步电动机（JZR$_2$-51-8，22kW）M_1 驱动曳引轮、钢丝绳和吊钩的运动。操纵主令控制器可以控制提升电动机的启动、调速和制动。

例如通过接触器 KM_3、KM_4 控制电动机的启动和转向，使吊钩上升或下降。

通过调速接触器 KM_5、KM_6、KM_7、KM_8 的主触点依次闭合，改变转子电路外接电阻的大小来改变绕线式电动机的转速。接触器都不工作时，外接电阻全部接入，转速最低，吊件慢速提升。接触器 KM_8 工作时，外接电阻被全部短接，电动机运行于自然特性上，转速最高，吊件提升速度最快。

提升电动机 M_1 采用电力液压推杆制动器制动。电力液压推杆制动器由小型鼠笼式异步电动机 M_6、油泵和机械抱闸等部分组成。制动器的闸轮与电动机 M_1 同轴，当电动机 M_6 高速转动时，闸瓦与闸轮完全分开，制动器处于完全松开状态。电动机 M_6 转速逐渐降低时，闸瓦逐渐抱紧闸轮，制动器产生的制动力矩逐渐增大。当电动机 M_6 停转时，闸瓦紧抱闸轮，使制动器处于完全制动状态。只要改变电动机 M_6 的转速，就可以改变闸瓦与闸轮的间隙，产生不同的制动力矩。

当中间继电器 KA 不工作时，常闭触点 KA-1 闭合，常开触点 KA-2 分开，鼠笼式电动机 M_6 与提升电动机 M_1 定子电路并联。当接触器 KM_3、KM_4 均不工作，切断电源时，电动机 M_1、M_6 同时断电停转。只要电动机 M_6 停止运转，制动器立即对提升电动机 M_1 进行制动，迅速刹车使提升吊件固定在某一位置不动。

当需要慢速下降重物时，中间继电器 KA 工作，使常闭触点 KA-1 分开，常开触点 KA-2 闭合，鼠笼式电动机 M_6 通过三相自耦变压器 TC、万能转换开关 SA 接到电动机 M_1 的转子回路上。由于电动机 M_1 转子回路的交流电压频率 f_2 较低，使鼠笼式电动机 M_6 转速下降，闸瓦与闸轮间的间隙减少，两者发生摩擦并产生制动力矩，使电动机 M_1 慢速运行，提升机构以较低速度下降重物。

为了安全起见，提升机构的控制电路中还接入起重机的超高、钢丝绳脱槽和提升重物超重的保护开关。在正常情况下，它们是闭合的。一旦出现故障，相应保护开关断开，接触器 KM_1、KM_2 的线圈断电，主触点分开，切断电源，各台电动机停止运行，起到保护作用。

此外，在实际电路中，电源主电路接有电压表、电流表，大功率绕线式电动机 $M_1 \sim M_5$ 的主电路都接有过电流继电器和表示工作状态的相应指示灯等，进行自动保护并使起重机操作人员，随时发现异常情况，以便采取相应措施，保证起重机安全可靠的工作。

本 章 小 结

1. 三相异步电动机的旋转磁场由三相对称定子电流产生。旋转磁场的转速 n_1 取决于定子绕组的磁极对数 p 和电源频率 f。

$$n_1 = \frac{60f}{p}$$

旋转磁场的转向取决于三相电流的相序。

2. 三相异步电动机转子的转速为

$$n = n_1(1-S)$$

三相异步电动机的功率为

$$P = \sqrt{3}U_l I_l \cos\varphi$$

在额定功率时，输出的额定转矩为

$$T_N = 9550\frac{P_{2N}}{n_N}$$

三相异步电动机的主要特性是机械特性。在使用时，我们必须注意特性曲线中额定转矩、最大转矩和启动转矩的数值大小，以及电源电压和转子电阻对机械特性的影响。

3. 为了减小大容量三相异步电动机的启动电流，鼠笼式异步电动机通常采用降压启动方法；绕线式异步电动机通常在转子电路中，采用外接电阻的启动方法。

4. 单相异步电动机为了产生旋转磁场，常用的方式有电容分相式和罩极式，它们的输出功率都比较小。

5. 常用的低压配电器和控制电器有开关、低压断路器、熔断器、交流接触器以及继电器等。应根据功用和参数正确选用不同型号的低压电器。

6. 三相异步电动机的控制电路是利用低压电器元件通过导线连接组成。广泛用来控制电动机的启动、停止、制动、反转及调速等。近年来，晶闸管控制系统、数字控制系统，特别是微机控制系统也得到迅速发展和推广应用。

复习思考题与习题

1. 简单说明小型三相鼠笼式异步电动机的基本结构。

2. 什么叫异步电动机的同步转速？它与转子转速有什么区别？

3. 有一台异步电动机通入 50Hz 的交流电，运转时测得其转速为 997r/min，问该电动机定子绕组的磁极对数是多少？

4. 有一台异步电动机，其额定频率 $f_N = 50$Hz，额定转速 $n_N = 730$r/min。求该电动机的极对数、同步转速及额定运行时的转差率。

5. 有一台异步电动机，已知其磁极数为 $2p = 8$，额定频率 $f_N = 50$Hz，额定转差率 $S_N = 0.043$。求该电动机的同步转速及额定转速。

6. 某三相鼠笼式异步电动机，已知其额定线电压为 $U_N = 380$V，额定功率 $P_N = 7$kW，额定功率因数 $\cos\varphi_N = 0.82$，求电动机的额定线电流。

7. 什么叫主电路、控制电路和辅助电路？

8. 什么叫自锁和互锁？如何实现自锁和互锁？

9. 过载保护和短路保护应采用什么电器元件实现？

10. 在电路图 4-32 中，文字符号 QS、FU、FR、KM、KT 和 SB 分别是什么电器元件的代号。

11. 试设计一个三相鼠笼式异步电动机的直接启动控制电路，电动机工作时，应点亮信号灯（接触器线圈和信号灯的额定电压为 220V，电动机额定工作电压 380V）。

12. 试设计一个可以在两地进行控制三相鼠笼式异步电动机直接启动的控制电路（电动机、接触器线圈的额定电压均为 380V）。

第五章　建筑供电与安全用电

第一节　供　电　系　统

一、概述

电能是现代生产、生活的主要能源和动力。它容易从其他形式的能量转换为电能，经过输送、分配到用户，又易于转换为其他形式的能量加以利用。它取用方便、输送简单、价格低廉、便于控制、调节和测量，有利于生产过程的自动化。因此，电能在国民经济各个领域中得到广泛应用。

发电厂是将其他形式能源转换成电能的工厂。按被转换能源的不同，发电厂可分火力发电厂、水力发电厂、原子能发电厂、风力发电厂和太阳能发电厂等。目前我国主要以燃煤的火力发电厂为主，沿海地区陆续规划和新建了一些原子能发电厂。因为生产过程中还需要大量的水，所以大型发电厂一般都建立在能源蕴藏地、河水、水库和海岸附近。一般与大城市及大型工矿企业距离较远，要进行远距离的输送电力。

为了在远距输送电力时，减少输电线上的电能损耗和输电导线的截面积，通常采用中压发电、高压输电的方法。发电厂中三相交流发电机产生的电压，一般为 6kV 至 15kV。除供给发电厂附近区域使用外，都要通过升压变压器将电压升高到 35kV 以上，由高压输电线输送到用电地区，再通过降压变压器将电压降低为 380/220V，供给用户使用。图 5-1 为电能从发电厂输送到用户的输配电过程示意图。

由各种电压的电力线路将一些发电厂、变电所和电力用户联系起来的一个发电、变电、输电、配电和用电的整体，叫做电力系统。图 5-2 为一个是电力系统主接线示意图。电力系统中各级电压的电力线路及其联系的变电所，叫做电力网，简称电网。各级电压合理输送容量及输送距离见表 5-1。

各级电压合理输送容量及输送距离　　　　　　　　　表 5-1

额 定 电 压 （kV）	输 送 容 量 （MW）	输 送 距 离 （km）
0.38	0.1 以下	0.6 以下
3	0.1～1.0	1～3
6	0.1～1.2	4～15
10	0.2～2.0	6～20
35	2～10	20～50
110	10～50	50～150
220	100～500	100～300
330	200～1000	200～600

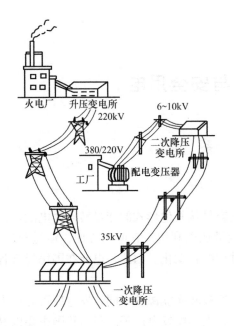

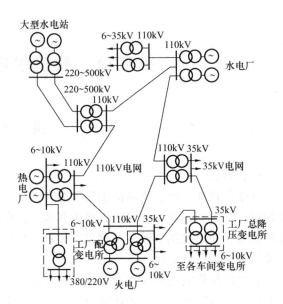

图 5-1 输配电过程示意图　　　　图 5-2　电力系统主接线示意图

建立大型电力系统，（1）可以实现最经济合理的运行，在满足用户负荷的情况下，充分利用动力资源（首先利用水力资源），调节发电厂的负荷，提高效率，减少线路损耗。（2）提高供电可靠性，不会因为个别发电设备、输电线路发生故障时，导致用户停电。并可有计划地进行设备轮流检修，确保安全运行和更可靠的供电。（3）减少整个地区的设备用量，提高设备利用率。

用电设备消耗的功率称为电力负荷，按用电设备的重要性及对供电可靠性的要求，即中断供电时在政治、经济上所造成损失或影响的顺序，电力负荷分为下列三级：

1. 一级负荷

供电中断时，将造成人身伤亡事故，在政治、经济上造成重大损失。属于这类负荷的有：重要铁路、通信枢纽、国民经济中连续生产的重点企业等。

对于一级负荷，必须有两个独立电源供电，且其中任一个电源都能完全保证用电的需要。容量不大的一级负荷，还可以采用移动式发电站、柴油发电机组、蓄电池组等设备作为备用电源。

2. 二级负荷

供电中断时，将在政治、经济上造成较大损失。如主要设备损坏、大量产品报废的连续生产企业、铁路、通信枢纽等。

对于二级负荷，应根据当地条件，由两条线路供电，保证彼此间相互备用的可能性，尽可能地保证可靠供电。

3. 三级负荷

不属于一级和二级负荷的用电设备。这类负荷对供电方式无特殊要求，但应在不增加投资的情况下，尽力提高供电的可靠性。

二、变配电所

1. 变配电所的作用

变电所的作用是从电力系统接受电能、变换电压和分配电能。配电所的作用只是从电力系统接受电能和分配电能。前者装有变换电压用的电力变压器，而后者没有。

2. 变配电所的类型

变电所可以分为升压变电所和降压变电所两大类型。升压变电所是将发电厂生产的6～15kV的电能升高至35、110、220、500kV等高压，以利于远距离输电；降压变电所是将高压电网输送过来的35、110、220、500kV的电能，降低至6～10kV后，分配给用户变压器，再降至380/220V，供建筑物或建筑工地的内外照明或动力设备、用电器等使用。

一般用户变电所，多属于降压变电所。按其在供电系统的作用，又可以分为一次降压和二次降压两种。一些大型工厂企业和城市用变电所，由35kV以上的高压电网供电，降压为6～10kV的电压（称为一次降压），再由6～10kV降压为380/220V（称为二次降压）。多数中小型工厂、学校和高层大楼的变电所，通常为后面一种变电所。

变电所通常由高压配电室、变压器室和低压配电室组成，分别设置在不同的房间内。此外，还有高压电容器室（提高功率因数用）和值班室。

变电所还可分为露天变电所和室内变电所两种。电压在35kV以上的变电所，多数采用露天变电所，将高压侧的电气设备和变压器置于室外，只将低压侧的电气设备置于配电室内。供电容量大的大多采用室内式变电所，以便维护管理，供电容量小的大多采用露天式变电所，变压器及其附属设备安装在户外电杆上或者台墩上，它的投资少，设备简单，如图5-3、图5-4所示。

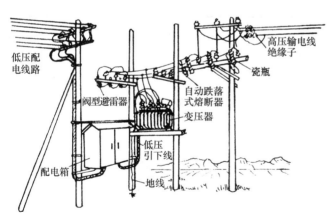

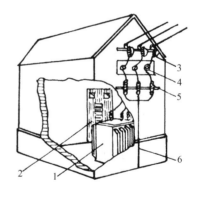

图5-4　室内变电所示意图

1—配电变压器；2—控制屏；3—跌落式熔断器；

4—绝缘子；5—避雷器；6—地线

图5-3　户外降压变电所

3. 主接线与二次接线

变配电所的接线图（电路图），按其在变配电所起的作用分为下列两种：

（1）表示变配电所的电能输送和分配路线的接线图，称为主接线图，或一次接线图。

变配电所的主接线是由各种开关电路、电力变压器、母线、电力电缆、高压电容器等电气设备（称为一次设备）依一定次序相连接的输送和分配电能的电路。电气主接线图，常画成单线系统图，也就是用一根线来表示三相系统的主接线图。变配电所主接线常用的电气设备符号见表5-2。

图 例	名 称	图 例	名 称
 ▭	总降压变电站	 ↗	负荷开关
 ⊘	配电所	 ▯	熔断器
 ⊘	变电所	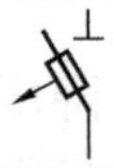 ⤢	跌落式熔断器
▬	配电箱	 ⌐	刀开关
 ▣	油断路器	 ▽	电缆
 ⊥	隔离开关	 ⊘⫫ ⊏	电流互感器
 ⤜	低压自动空气断路器	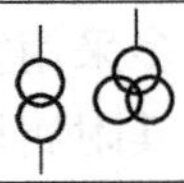 ⊗⊗ ⊛	变压器、电压互感器
 ▯	阀型避雷器	——	母线（汇流排）

（2）表示对一次设备的运行进行控制、指示、测量和保护的接线图，称为二次接线图，或二次回路图。二次回路包括：继电保护装置、自动装置、控制装置、信号装置、测量仪表装置、操作电源装置等（称为二次设备）。一般二次回路是通过电压互感器和电流互感器与主电路相联系，将高电压、大电流转换成二次回路的低电压（100V）、弱电流（5A）。

4. 功率因数的提高

由于异步电动机和变压器等感性用电负载大量使用，供电系统除供给有功功率外，还需供给大量的无功功率，以致功率因数 $\cos\varphi$ 降低，发电、配电设备的能力不能充分利用，输电线路中的电压和电能损耗增加。

根据我国电力部门的规定：100 千伏安及以上高压供电的用户功率因数为 0.9 以上，其他电力用户和大、中型电力排灌站等功率因数为 0.85 以上；农业用电功率因数为 0.80。供电企业应督促和帮助用户采取措施提高功率因数。

电容器并联在电网中具有补偿无功功率的作用。如图 5-5 所示，电流 I_C 与 I_L 正好反相，从而抵消一部分感性电流，则功率因数角 φ' 较补偿前的 φ 角减小，$\cos\varphi$ 得到提高，且可看到其输入电流 I' 也较 I 减小了。

在变电所中通常设有装置移相电容器组的电容柜，采用补偿方式来提高功率因数。变电所中装有功率因数表，其读数应在 0.9～1 范围内，当功率因数小于 0.9 时，合上控制开关即可将电容器柜投入电网进行补偿。

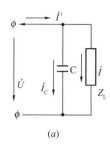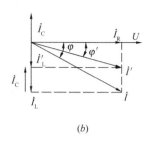

(a) (b)

图 5-5　并联电容补偿接线图

(a) 接线图；(b) 相量图

三、负荷计算

电力负荷计算的目的是为了合理选用供电系统的电气设备和导线器材。民用住宅、工厂或施工工地的各种用电设备在运行中负荷大小是在变化的，但不会超过其额定容量。各台用电设备的最大负荷一般也不会在同一时间出现。因此，全楼（全厂、全工地）的最大负荷总是比全部用电设备容量的总和要小。通常，它们的总负荷用"计算负荷"来表示。

负荷计算有多种方法，这里主要介绍用需要系数法来确定计算负荷的方法。

1. 确定设备功率

进行负荷计算时，首先将用电设备进行分类，按其性质分为不同的用电设备组，然后确定设备功率。

用电设备的额定功率 P_e 或额定容量 S_e 是指铭牌上的数据。对于不同负载持续率下的额定功率或额定容量，应换算成统一负载持续率下的有功功率，即设备功率 P_s。

（1）连续工作制电动机的设备功率 P_s 等于其铭牌上的额定功率 P_e。

（2）断续或短时工作制电动机（如起重用电动机等）的设备功率是指将额定功率统一换算成负载持续率 $JC_e = 25\%$ 时的有功功率。若 JC_e 不等于 25% 时其换算公式如下：

$$P_s = P_e \sqrt{\frac{JC_e}{0.25}} = 2P_e \sqrt{JC_e} \tag{5-1}$$

式中　P_e——电动机额定功率（kW）；

　　JC_e——电动机额定负载持续率。

（3）电焊机的设备功率是指将额定容量换算到负载持续率为 $JC_e = 100\%$ 时的有功功率，若 JC_e 不等于 100% 时，其换算公式如下：

$$P_s = S_e \sqrt{JC_e} \cos\varphi \quad (\text{kW}) \tag{5-2}$$

式中　S_e——电焊机的额定容量（kVA）；

　　JC_e——电焊机的额定负载持续率；

　　$\cos\varphi$——功率因数。

（4）整流器的设备功率是指额定直流功率。

（5）成组用电设备的设备功率是指不包括备用设备在内的所有单个用电设备的设备功率之和。

（6）照明设备功率是指灯泡上标出的功率，对于荧光灯及高压水银灯等还应计入镇流器的功率损耗，即灯管的额定功率应分别增加 20%及 8%。

2. 确定计算负荷

(1) 用电设备组的计算负荷

有功功率 $P_{js} = K_x P_s$ （kW） (5-3)

无功功率 $Q_{js} = P_{js} \tan\varphi$ （kvar） (5-4)

视在功率 $S_{js} = \sqrt{P_{js}^2 + Q_{js}^2}$ （kVA） (5-5)

(2) 配电干线或配电变电所的计算负荷

有功功率 $P_{js} = K_{\Sigma P} \sum (K_x P_s)$ （kW） (5-6)

无功功率 $Q_{js} = K_{\Sigma Q} \sum (K_x P_s \tan\varphi)$ （kvar） (5-7)

视在功率 $S_{js} = \sqrt{P_{js}^2 + Q_{js}^2}$ （kVA） (5-8)

以上式中 P_s——用电设备组的设备功率 （kW）；

K_x——需要系数，见表 5-3、表 5-4；

$\cos\varphi$，$\tan\varphi$——用电设备的功率因数及功率因数角的正切值见表 5-3~表 5-5；

$K_{\Sigma P}$，$K_{\Sigma Q}$——有功、无功同时系数，分别取 0.8~0.9 及 0.93~0.97。

建筑施工用电设备的需要系数及功率因数 表 5-3

用 电 设 备 名 称	需要系数 K_x	功率因数 $\cos\varphi$
电铲	0.4~0.6	0.5~0.6
砂浆搅拌机	0.4~0.6	0.5~0.6
塔式起重机及提升机	0.2	0.6
连续式运输机械	0.5~0.65	0.6~0.75
电焊机组：		
1. 弧焊变压器（交流弧焊机）	0.35	0.4
2. 单头电焊机用电动发电机	0.35	0.6
3. 多头电焊机用变压器	0.7~0.9	0.65
4. 多头电焊机用电动发电机及铆钉加热器	0.7~0.9	0.75
5. 点焊机	0.35	0.6
6. 对缝电焊机	0.35	0.7
泵、通风机、电动发电机（电焊机用者除外）	0.7	0.8
传动轴	0.6	0.7
金属冷加工车间	0.2	0.65
金属热加工车间	0.27	0.65
排锯	0.65	0.75
移动式机械	0.1	0.45
电气照明	0.9	1.0

照明用电设备需要系数   表 5-4

建筑类别	K_x	建筑类别	K_x
生产厂房（有天然采光）	0.8~0.9	宿舍区	0.6~0.8
生产厂房（无天然采光）	0.9~1	医院	0.5
办公楼	0.7~0.8	食堂	0.9~0.95
设计室	0.9~0.95	商店	0.9
科研楼	0.8~0.9	学校	0.6~0.7
仓库	0.5~0.7	展览馆	0.7~0.8
锅炉房	0.9	旅馆	0.6~0.7

照明用电设备的 $\cos\varphi$ 及 $\tan\varphi$ 表 5-5

光源类别	$\cos\varphi$	$\tan\varphi$	光源类别	$\cos\varphi$	$\tan\varphi$
白炽灯、卤钨灯	1	0	高压钠灯	0.45	1.98
荧光灯（无补偿）	0.55	1.52	金属卤化物灯	0.4~0.61	2.29~1.29
荧光灯（有补偿）	0.9	0.48	镝灯	0.52	1.6
高压水银灯	0.45~0.65	1.98~1.16	氙灯	0.9	0.48

3. 单相负荷计算

有些用电设备是单相的，单相负载接入电网时，应尽量均匀分配在三相，使其三相负载均衡。在单相负荷与三相负荷同时存在时，应将单相负荷换算成等效三相负荷，再与三相负荷相加。当电源为三相四线制供电系统中，用电设备可能接于一相（火线和地线间，称为相负荷）或两相（两条火线间，称为线间负荷）。负荷计算时，都应把线间负荷换算成相负荷，再把相负荷换算为等效三相负荷。换算方法如下：

（1）只有线间负荷时，将各线间负荷相加，选取较大两相数进行计算。

例如线间负荷 $P_{ab} \geq P_{bc} \geq P_{ca}$

当 $P_{bc} > 0.15 P_{ab}$ 时，　　　　　$P_d = 1.5 (P_{ab} + P_{bc})$　　　　　　　　(5-9)

当 $P_{bc} < 0.15 P_{ab}$ 时，　　　　　$P_d = \sqrt{3} P_{ab}$　　　　　　　　　　(5-10)

当只有 P_{ab} 时，　　　　　　　$P_d = \sqrt{3} P_{ab}$　　　　　　　　　　(5-11)

以上各式中　P_{ab}、P_{bc}、P_{ca}——接于 ab、bc、ca 线间负荷（kW）；

　　　　　　P_d——等效三相负荷（kW）。

（2）只有相负荷时，等效三相负荷取最大相负荷的 3 倍，即：

$$P_d = 3P_p \qquad\qquad (5-12)$$

式中　P_p——最大相负荷；

　　　P_d——等效三相负荷。

（3）当多台单相用电设备功率小于计算范围内三相负荷设备功率的 15% 时，按三相平衡负荷计算，不必换算。

4. 变压器容量的确定

当需要设置降压变电所时，电力变压器的容量便可根据上述计算的视在功率 S_{js} 来选择，使变压器的额定容量 S_e 稍大于计算的视在功率 S_{js}，即：

$$S_e \geqslant S_{js} \quad (\text{kVA}) \tag{5-13}$$

选择配电变压器时，其原边高压绕组的电压等级应与当地的电源电压一致；而副边接法为 Y_0 时，低压侧线电压为 0.4kV。我国电力变压器已按国家标准生产，请查有关手册选用。

第二节　建　筑　供　电

建筑供电主要是指建筑物内进行低压（380/220V）配电网络的设计和施工。包括配电方式、配电系统的确定，导线、电缆型号、规格的选择和线路敷设施工方法等。

本节还将对配电设备、电气施工图等内容简单介绍。

一、室内配电线路

1. 低压配电系统的类型

低压配电系统可分为放射式、树干式、变压器—干线式和链式等类型。

（1）放射式配电系统（图 5-6）。供电可靠性较高，配电设备集中，检修方便，但系统灵活性较差，有色金属消耗量较多，一般适用于容量大、负荷集中或重要的用电设备。

（2）树干式配电系统（图 5-7）。所需配电设备及有色金属消耗量较少，系统灵活性好，但干线故障时影响范围大，一般适用于用电设备比较均匀、容量不大，又无特殊要求的场合。

（3）变压器—干线式配电系统（图 5-8）。除了具有树干式系统的优点外，接线更简单，能大量减少低压配电设备。为了提高母干线的供电可靠性，应适当减少接出的分支回路数，一般不超过 10 个。频繁启动、容量较大的冲击负荷，以及对电压质量要求严格的用电设备，不宜用此方式供电。

（4）链式配电系统（图 5-9）。与树干式相似，适用于距离变电所较远而彼此相距又较近的不重要的小容量用电设备。链式的设备一般不超过三台，其总容量不大于 10kW。

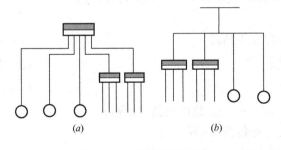

(a)　　　　　(b)

图 5-6　放射式配电系统

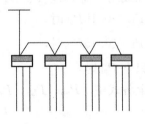

图 5-7　树干式配电系统

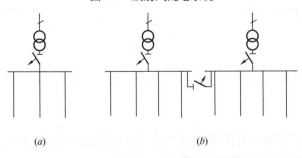

(a)　　　　　(b)

图 5-8　变压器—干线式配电系统

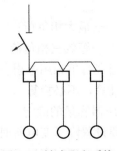

图 5-9　链式配电系统

2. 室内配线的技术要求

室内配线是建筑物内的一种设施，为室内各种用电设备服务。因此，要求做到输送电能安全可靠，布线合理、安装牢固、整齐美观。设计时应考虑与排水管道、空调通风管道、共用天线电视系统和有线通信系统布线等工程的关系。室内配线的技术要求为：

（1）根据工作环境、安装方式、线路工作电压和导线绝缘要求选择导线或电缆的型号。导线截面尺寸应能符合供电电流和机械强度的要求。

（2）配线时应尽量避免导线中间有接头，必须接头时，应采用压接和焊接，可靠连接。应尽可能把接头安排放在接线盒或灯头盒内。

（3）导线穿过楼板、墙壁等情况时，应考虑用钢管、瓷管等保护措施。防止机械损伤或墙壁潮湿时产生漏电现象。

（4）导线互相交叉时，在每根导线上应套上塑料或其他绝缘管，并将套管固定。

（5）为确保安全用电，室内电气管线和配电设备应与其他燃气管、蒸汽管、通风管及上、下水管等保持一定的距离。

3. 室内配线方式

国内外由于电费制度不同，内部配电方式亦不相同。国外较普遍的做法是采用最高需量表的综合计费方法，动力和照明用电采用单一电价，内部配电线路只要一套，采用动力用电和照明用电混合配电方式。我国目前推行的是动力用电和照明用电分别计费的两部电价法，因此，采用动力和照明用电分开的配电方式。

动力用电配线均采用 380/220V 三相四线制供电。照明用电根据用电负荷大小，在用电负荷较小时，可采用 220V 单相制（一根相线和一根中线）供电。用电负荷较大的学校、办公楼、宿舍区等，可采用 380/220V 三相四线制（三根相线和一根中线）供电。将各组的电灯平均地分接到每一根相线和中性线之间，尽可能使三相负载平衡。

二、低压配电设备

1. 低压配电箱

配电箱是动力系统和照明系统的配电和供电中心，凡是建筑物内所有用电的地方，均需安装合适的配电箱。用电负荷较小的建筑物内只设一个配电箱就可以满足要求。而用电负荷大或建筑面积大的建筑物，则应设置总配电箱与分配电箱。

低压配电箱由盘面和箱体两大部分组成，盘面的设计应该整齐、美观、安全以及便于检修。配电箱可以木制的，也可以是铁制的，有明装也有暗装的，还可分为成套配电箱或非成套配电箱。非成套的配电箱一般为木制的，往往在施工现场制作。成套配电箱可分为动力配电箱、照明配电箱和组合配电箱，它由开关厂或电器设备厂制造。

动力配电箱适用于工矿企业的车间及生产部门，并广泛使用在民用建筑中，作交流 50Hz 500V 以下的供配电系统的控制保护与电能分配的网络中使用。

动力配电箱种类繁多，常用的有 XL-9～12 及 XL-21～31 型。前者断流容量低，后者断流容量大，熔体可自行更换。它们的主电路采用刀熔开关或刀开关以及自动开关。并可以按需要在一次线中接装磁力启动器、接触器、热继电器等器件控制电动机正反运转。

照明配电箱用于工业与民用建筑中在交流 50Hz 额定电压不超过 500V 的照明和小型动力系统中，作为线路的过载、短路保护之用。常用的照明配电箱有悬挂式低压照明配电箱（XXM 系列）和嵌墙式低压照明配电箱（XRM 系列）两种类型。

DCX 系列组合式插座箱（盒）、配电箱适用于一般室内正常环境中的科研楼、实验室、洁净厂房、电信机房、宾馆等各类工业与民用建筑作照明及小容量电力配电用。用于交流 50Hz 额定电压为 380V、220V 和直流 440V、220V 及以下的单相、三相四线、三相五线制线路，最大负荷电流不超过 54A，总开关最大额定电流为 60A，作过载及短路保护。

在城市民用建筑和住宅中，也广泛地采用更为简单、价格低廉的配电盘，如图 5-10所示。

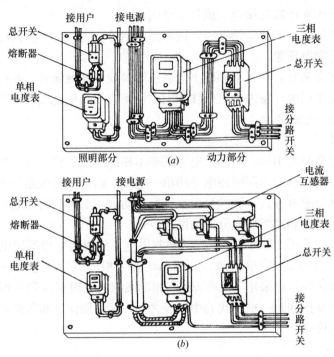

图 5-10　室内低压线路配电盘布置
(a) 小容量配电盘；(b) 大容量配电盘

2. 电度表

电度表是计量电能的仪表，有感应式和电子式两大类型。感应式电表的结构如图5-11所示。电磁铁 A、B 和永久磁铁 C 都固定不动。轴和铝盘可以转动。当铝盘带动轴转动时，轴上的蜗轮转动计数器，在计数器上积算出负载消耗掉的电能量。

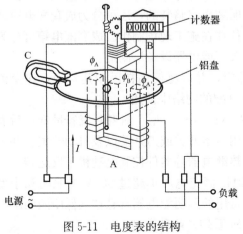

图 5-11　电度表的结构

电磁铁 A 和 B 的铁芯系用硅钢片叠成。电磁铁 A 的线圈匝数少，导线粗，与负载串接，称为电流线圈。电磁铁 B 的线圈匝数多，导线细，与负载并联，称为电压线圈。当交流电流分别流过电磁铁 A 和 B 的线圈时，便产生了两个交变磁通 Φ_A 和 Φ_B。这两个交变磁通穿过铝盘，分别在铝盘中产生涡流 I_A 和 I_B。涡流 I_A

与磁通 Φ_B 以及涡流 I_B 与磁通 Φ_A 相互作用，产生电磁转矩 M，使铝盘转动。

铝盘转动时，又切割永久磁铁 C 的磁通，在盘内产生涡流。此涡流与永久磁铁的磁场相互作用，产生了同铝盘旋转方向相反的制动转矩 $M_制$。当 $M=M_制$ 时，铝盘以恒速旋转。铝盘转过的转数与负载消耗的电能成正比，通过计数器，可直接读出耗电的度数值。一般，在电度表铭牌上都注明每度电（1kW·h）的转数。例如："2400r/（kW·h）"表示一千瓦小时的电能对应的铝盘转数为 2400r。这一数值称为电度表常数，国产表的"电度表常数"约为 $750\sim5000r/$（kW·h）。单相电度表的接线图如图 5-12 所示。其中①为电源火线经串联的电流线圈由②输出作为用户的火线。③、④分别为电源中线和用户中线。电压线圈并在火线和中线上，即①和③端。特别要注意图中左边所示，电压线圈是经连接钩由①端接入火线。如此连接钩脱落则电压线圈失电，电度表不会转动。故接线盒盖应由供电部门加封铅印。严禁用户私自拆开。

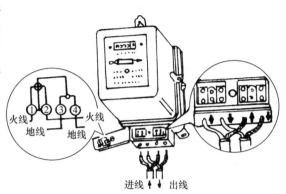

图 5-12　单相电度表的接线图

电度表安装以后，应该进行观察，检查和注意下列事项：

（1）电度表装好以后，开亮灯泡，铝盘应从左向右转动。

（2）关灯后，如铝盘微微转动，不超过一整圈是正常现象。如超过一整圈，请拆去②、④两根线，转动停止，则说明用户线路有毛病。如仍转动不停，是电度表不正常，请检修。

（3）电度表每月自身耗电量约 1 度。

（4）用户应根据最大的实际使用电量，合理选择规格，才能正确记录用电量。选用规格过大，当用电量过小，会造成计量不准的毛病，选用规格过小，可能造成发热烧毁事故。

选用电度表时，应考虑电度表有一定的过载能力，老型号 DD-17 型电流过载能力为两倍，其规格见表 5-6。

DD-17 型单相电度表规格（部分）　　　　　　　表 5-6

额定电压 （V）	额定电流 （A）	最小使用电力 （W）	最大使用电力 （W）	误差 （%）
220	2.5	27.5	1100	$\pm2.0\sim\pm3.0$
220	5	55	2200	$\pm2.0\sim\pm3.0$
220	10	110	4400	$\pm2.0\sim\pm3.0$

新型号 DD 862-4 型电流过载能力为 4 倍，其规格见表 5-7。

DD 862-4 型感应式单相电度表系最新产品，精度 2.0 级，用于测量额定频率为 50Hz 的单相交流有功电能。其特点是高过载，长寿命，稳定性好，调整维修方便。

DD 862-4 单相电度表规格 表 5-7

额定电压（V）	220
额定电流（A）	1.5（6）、2.5（10）、5（20）、10（40）、15（60）、20（80）、50（100）
额定频率（Hz）	50

若每户用电量定为 4kW，对 DD-17 型最好选 10A 表，而对 DD862-4 型，则可选 5A 表，两者的过载能力相当。而 DD862-4 型计量更正确。

3．熔断器

熔断器主要作短路保护之用，当发生短路或严重过载时，能自动切断电路（熔体熔化），确保安全用电。在建筑供电常用的熔断器为 RC1A 系列无填料瓷插式熔断器和 RL1 系列有填料螺旋式熔断器，它们结构和原理在第四章作了介绍，在此不再重复。

三、电子式智能电能表

在我国智能电网快速发展的推动下，目前正在大规模进行智能电能表的换装行动，以取代精度低、功能单一、结构复杂、耗材料多的感应式电度表，新增电力用户均将安装使用新型的智能电能表。

提高智能电能表及物联网集抄系统的覆盖率，进一步贯彻节能环保，提高电能生产、使用和管理的自动化、智能化水平。下面以三相四线费控智能电能表为例介绍智能电能表的特点、工作原理、规格参数、基本功能、显示和安装使用方法等。

1．概述

DTZY1800 型三相四线费控智能电能表是采用先进的超低功耗大规模集成电路技术及表面贴装和波峰焊工艺（SMT）生产的新一代智能电能表。其用途是供计量频率为 50Hz 的三相交流有功、无功电能，产品具有防窃电、计量精度高、稳定性好、过载性能强、低功耗、体积小、质量轻等特点，可广泛用于城乡居民、工厂企业和商业等三相交流有功、无功电能的计量。

电能表采用高精度宽量程专用计量芯片，高精度独立实时时钟电路，液晶显示屏 LCD 显示，具有红外、RS485、公网模块通信（CDMA）功能，可以实时控制用户用电以及监测用电情况，编程命令经过数据加密，保证数据的安全性和可靠性。具备实时时钟，远程、本地等操作功能。

2．工作原理

采用专用计量芯片，能准确计量分时、多费率有功电能，该计量芯片具备宽量程、低温漂、低功耗、抗干扰能力强等特点。

电能表采用变压器供电方式。由专用微处理器完成数据采集、运算、电量累计，同时处理红外、RS485 抄表、事件等，LCD 显示功能。如图 5-13、图 5-14 所示。

3．主要规格参数

（1）规格参数（表 5-8）

DTZY1800 智能电能表规格参数 表 5-8

型号	名称	额定电压 V	电流规格 A	仪表常数	准确度等级
DTZY1800	三相四线费控智能电能表	3×220/380	5（60）	400imp/kWh	有功 1 级
				400imp/kvarh	无功 2 级

146

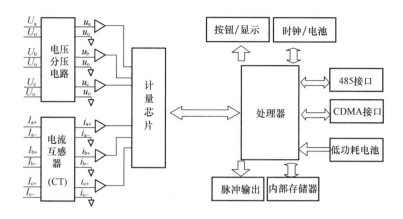

图 5-13　三相四线智能电能表工作原理框图

（2）启动：在额定电压、额定频率和 $\cos\Phi=1.0$ 的条件下，负载电流升到 $0.004I_b$ 后，电能表有输出脉冲或代表电能输出的指示灯闪烁。

（3）潜动：电能表电流回路不加电流，电压线路施加 $115\%U_n$ 的参比电压，电能表的测试输出在规定的时间内不产生多于 1 个的脉冲。

4. 基本功能

（1）电能计量功能　具备正、反向多费率组合、有功、无功电量。

（2）脉冲输出接口　具有与所计量的电能成正比的 LED 脉冲和电能脉冲输出接口；具备多功能信号输出，可输出时间信号（秒信号）和时段投切信号，两种信号可通过软件设置、转换，电能表上电之后，输出时间信号。

（3）通信接口　具有调制型红外接口、RS485 通信接口、CDMA 通信接口，各通信接口的物理层独立，一个通信接口的损坏不影响其他接口。

（4）时段、费率　本表计可设置两套时区表和两套日时段表方案，及两套方案的各自切换时间（年月日时分）。

（5）需量计量　能够计量正、反向有功，正、反向视在，1、2、3、4 象限无功，组合无功 1、2 的最大需量（需量是指规定时间内的平均功率）和发生时间。

（6）事件记录　编程记录，电表清零，拉合闸事件，需量清零，开表盖，开端盖，全失压，电量冻结，负荷记录，停电抄表功能，低功耗唤醒显示功能。

5. 显示

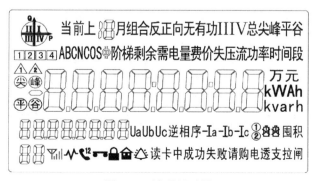

图 5-14　液晶显示屏

（1）显示要求　液晶显示各费率时段的总、尖、峰、平、谷用电量，上1月、上2月的各费率时段及总用电量，显示通信地址、日期、时间等。按键循环可设置。显示分为电量类数据、历史电量数据、当前运行参数以及需量查询。

（2）指示灯　电能表使用高亮度、长寿命、红色LED作为有功和无功指示灯，平时灭，计量有功电能时闪烁。

6. 外形、安装接线

（1）安装尺寸（图 5-15）

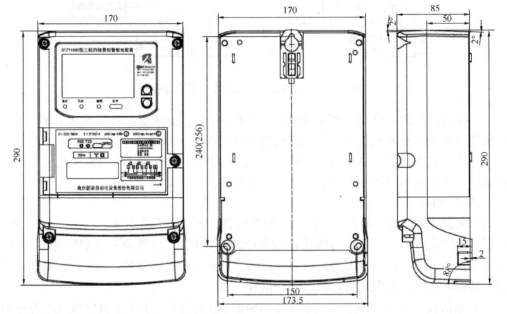

外形尺寸：长×宽×高=290mm×170mm×85mm
安装尺寸：长×宽=(240~256mm)×150mm

图 5-15　智能电能表外形及安装尺寸

（2）接线图（图 5-16）：

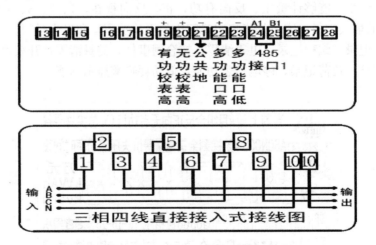

图 5-16　三相四线智能电能表接线图

注：对于单相智能电能表的接入线，只有相线和零线，可参阅图 5-12 单相电度表的接线图。

四、导线选择与敷设

1. 导线的选择

建筑供电系统中，需要大量的导线和电缆，导线和电缆的选择，必须保证供电的安全性、可靠性和经济性。导线和电缆型号的选择要根据其额定电压、使用的环境和敷设的方式确定。室内低压配电线路一般选择耐压 500V 的各种绝缘电线即可，而输送电压较高时选择各种电力电缆。导线截面的选择是根据允许载流量、机械强度和电压损失的原则确定。

2. 常用的绝缘电线和电力电缆

(1) 塑料绝缘电线（铜芯 BV、铝芯 BLV）　绝缘性能良好，制造工艺简便，价格较低，无论明敷或穿管都可取代橡皮绝缘线。其缺点是塑料绝缘对气候适应性差，低温时发硬脆，高温或日光照射下增塑剂容易挥发使绝缘老化。因此，塑料绝缘电线不宜在室外敷设。BVV、BLVV 塑料绝缘护套线广泛用于室内沿墙及天棚明敷设。BVR 为铜芯塑料软电线。

(2) 橡皮绝缘电线　通常用玻璃丝或棉纱配置编织层，型号为 BX 及 BLX 表示。由于氯丁橡皮绝缘电线（BXF 及 BLXF）耐油性好、不易霉、不延燃、适应气候性能好，老化过程慢（约为普通橡皮绝缘电线的两倍），因此适宜在室外敷设。在 35mm^2 以下氯丁橡皮绝缘电线逐渐取代普通橡皮绝缘电线。但其绝缘层机械强度稍弱。BXR 为铜芯橡皮软电线。

(3) 绝缘电力电缆　通常有油浸纸绝缘电力电缆（护套有铅护套 ZQ 型、铝护套 ZL 型两种）、聚氯乙烯绝缘及护套电力电缆（VV、VLV）、橡皮绝缘电力电缆（XV、XLV）等。耐电压强度有 1kV、6kV 及以上等级。

3. 导线截面的选择

室内导线截面的选择是根据允许载流量、机械强度和电压损失等三个方面来确定。

(1) 按允许载流量选择　电流在导线中流动时，导线温度的升高，会使绝缘层加速老化甚至损坏。因此，各种电线电缆根据其外层绝缘的材料特性，规定了最高允许温度。如橡皮绝缘与聚氯乙烯绝缘长期最高允许温度为 65℃；铜芯橡皮绝缘护套电缆为 55℃。超过这个规定的温度，将使绝缘寿命严重降低。所以规定：在一定环境温度（25℃）下，不超过最高允许温度时所传输的电流，称为允许载流量，又称安全电流。

导线的温升与电流的大小、导线材料性质、导线截面积、散热条件等因素有关。当其他因素一定时，温升与导线的截面大小有关，截面大温升小。为了使导线在工作时的温度不超过允许值，对其截面的大小必须有一定的要求。表 5-9 列出了环境温度为 25℃，空气中明敷设时，导线线芯温度为 65℃时的安全电流，即长期允许载流量。表 5-10 列出了环境温度 25℃，导线线芯温度 65℃时穿钢管敷设的长期允许载流量。表 5-11 为环境温度变化时载流量的校正系数。

如果环境温度变化时或者导线工作温度变化时，上述两个表中所列允许载流量应乘以温度校正系数。

500V 单芯橡皮、聚氯乙烯绝缘电线长期允许载流量（A） 表 5-9

导线截面（mm²)	橡皮绝缘电线		聚氯乙烯绝缘电线	
	铜 芯 BX、BXF，BXR	铝 芯 BLX、BLXF	铜 芯 BV、BVR	铝 芯 BLV
0.75	18		16	
1.0	21		19	
1.5	27	19	24	18
2.5	33	27	32	25
4	45	35	42	32
6	58	45	55	42
10	85	65	75	59
16	110	85	105	80
25	145	110	138	105
35	180	138	170	130
50	230	175	215	165
70	285	220	265	205
95	345	265	325	250
120	400	310	375	285
150	470	360	430	325
185	540	420	490	380
240	660	510		
300	770	600		
400	940	730		
500	1100	850		
630	1250	980		

聚氯乙烯绝缘电线穿钢管敷设长期允许载流量（A） 表 5-10

导线截面（mm²)	穿两根		穿三根		穿四根	
	铝 芯	铜 芯	铝 芯	铜 芯	铝 芯	铜 芯
1.0		14		13		11
1.5		19		17		16
2.5	20	26	18	24	15	22
4	27	35	24	3l	22	28
6	35	47	32	4l	28	37
10	49	65	44	57	38	50
16	63	82	56	73	50	65
25	80	107	70	95	65	85
35	100	133	90	115	80	105
50	125	165	110	146	100	130
70	155	205	143	183	127	165
95	190	250	170	225	152	200
120	220	290	195	260	172	230
150	250	330	225	300	200	265
185	285	380	255	340	230	300

环境温度变化时载流量的校正系数（K）   表 5-11

导线工作	环 境 温 度								
温度（℃）	5	10	15	20	25	30	35	40	45
80	1.17	1.13	1.09	1.04	1.0	0.954	0.905	0.853	0.798
65	1.22	1.17	1.12	1.06	1.0	0.935	0.865	0.791	0.707
60	1.25	1.20	1.13	1.07	1.0	0.926	0.845	0.756	0.655
50	1.34	1.25	1.18	1.09	1.0	0.895	0.775	0.663	0.477

【例 5-1】 三相异步电动机额定工作电流为 40A，当环境温度为 35℃，导线工作温度为 60℃，三根导线穿过保护钢管敷设时，求该铜芯塑料导线的截面。

【解】 在环境温度 25℃，明敷设导线时，使 $I_{安全} > I_{工作}$，从表 5-9 中选得 $I_{安全} =$ 42A 的铜芯聚氯乙烯绝缘电线的截面为 4mm²。

在环境温度为 35℃，导线工作温度为 60℃，查表 5-11，温度校正系数数 $K =$ 0.845。

$$I_{安全} \geqslant \frac{I_{工作}}{K} = \frac{40A}{0.845} = 47.3A$$

查表 5-10，按三根导线穿钢管敷设时，使 $I_{安全} > I_{工作}$，从表中选得 $I_{安全} = 57A$ 的铜芯聚氯乙烯绝缘电线的截面为 10mm²。

（2）按机械强度选择 导线在安装和运行过程中，要受到外力的影响。导线本身也有自重，不同敷设方式和支持点的距离不同，导线受到不同程度的张力。如果导线不能承受这些外力时导线就容易折断。因此，选择导线截面时，必须考虑导线的机械强度。表 5-12 列出了根据机械强度允许导线的最小截面。

根据机械强度允许导线的最小截面   表 5-12

敷 设 方 法	截面（mm²）	
	铜导线	铝导线
1. 室内绝缘导线敷设于绝缘子上，其间距为：		
（1）2m 及以下	1.0	2.5
（2）6m 及以下	2.5	4
（3）12m 及以下	4	10
2. 室外绝缘导线固定敷设：		
（1）敷设在遮檐下的绝缘支柱上	1.0	2.5
（2）沿墙敷设在绝缘支持件上	2.5	4
（3）其他情况	4	10
3. 室内裸导线	2.5	4

续表

敷 设 方 法	截面（mm²）	
	铜导线	铝导线
4. 1kV 以下架空线	6	10
5. 架空引入线（25m 以下）	4	10
6. 控制线（包括穿管敷设）	1.5	
7. 移动设备用软线和电缆	1.5	
8. 穿管敷设或槽板配线	1.5	2.5
9. 室内灯头引接线	0.5	
10. 室外灯头引接线	1.0	

（3）按允许的电压损失选择　由于线路存在着阻抗，所以在负荷电流通过线路时要产生电压损耗。而按规范要求，用电设备的端电压偏移规定有一定的允许范围。因此对线路有一定的允许电压损耗要求。如线路的电压损耗值超过了允许值，则应适当加大导线或电缆的截面，使之满足允许电压损耗值的要求。

4. 导线的敷设

室内导线的敷设，通常分为明配线和暗配线两种方式。导线沿墙壁、天花板、桁架及柱子等明线敷设称为明配线；导线穿管埋设在墙内、地坪内或装设在顶棚里的称为暗配线。考虑安装维修方便、容易散热，工厂车间、建筑工地采用明配线。而宾馆、住宅、办公室等建筑物内部考虑装饰美观的要求，采用暗配线。室内导线的敷设方法通常有以下几种：

（1）瓷夹和瓷瓶布线；

（2）塑料护套线布线；

（3）槽板布线；

（4）钢管布线；

（5）塑料管布线；

（6）钢索布线；

（7）室内电缆工程等。

有关敷设工艺方法，在建筑电气工程安装图册中专门介绍，需要时可以查阅。下面只简单介绍钢管布线敷设方法。

钢管布线如图 5-17 所示，一般用于有易燃物品和爆炸气体的厂房，要求较高的建筑物内以及不许有架空线路的广场等处。由于敷设后检修比较困难，所以安装要求比较严格。在敷设时应注意以下事项：钢管的弯曲半径不得小于该管直径的 6 倍；管内所穿导线的总面积不得超过管内面积的 40%；管内导线不允许有接头和扭拧等现象；管子进出端应套护圈，以免穿线时损坏导线绝缘；钢管要安放牢固；全部钢管要可靠接地，安装后要先用摇表检查绝缘电阻合格以后才允许接通电源。钢管按管壁厚度的大小，分为水燃气钢管和薄电工钢管两种管材，根据敷设要求合理选择。

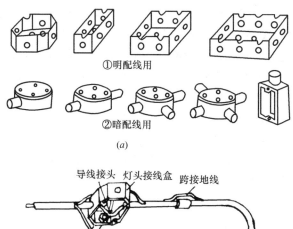

①明配线用

②暗配线用

(a)

导线接头　灯头接线盒　跨接地线

开关接线盒

(b)

图 5-17　钢管线路敷设方法

(a) 接线盒；(b) 各种敷线的组成

五、电气施工图

建筑设计时，还包括建筑电气工程图的设计、计算和施工说明。通常电气工程图分为电气系统图（也称为主接线图）、二次接线图和电气施工图。

电气工程图应按国家制图标准绘制，其图纸幅面尺寸、标题栏、比例、字体、图线、尺寸标注和标高等，都有详细规定。电气图用图形符号在国家标准《电气简图用图形符号》GB/T 4728.1～4728.13—1996～2005 也都有明确规定，电气图常用图形符号参阅附录Ⅰ有关部分。为了达到主次分明方便施工的目的，绘制电气图时，一般以细实线绘制建筑平面，以粗线绘制电气线路，以突出线路图形符号为主，建筑轮廓线为次。

电气施工图包括首页（电气工程图纸的目录、图例、设备和材料明细表、施工说明书等）、电气外线总平面图、电气系统图、电气平面图等。

电气平面图是电气施工中的主要图纸。包括动力、照明、防雷和弱电（共用天线电视、有线通信、消防与保安系统等）线路的平面图。平面图要表示进户线、配电箱（盘）及动力、照明线路的位置，线路的敷设方式，导线型号、数量、截面积，穿线管的种类、管径，各种用电设备的种类、规格、安装位置和方式，配电箱（盘）型号，开关的种类，安装方式及位置，各支路的编号及要求等。

施工说明是补充说明电气施工要求的文件。它有助于我们更好地了解电气工程图纸的内容，更详细地说明电气设备装置及线路敷设方式、使用材料等情况。一般来说，施工说明内容很多时，应单独编成一份施工说明，放入有关资料中。施工说明比较简单时，常附在相关的电气平面图上。

主要设备和材料表主要供安装工人员查阅参考。在工程安装情况比较简单时，可不单独列出，亦常附在相关的电气平面图上。

1. 电气施工图的基本表示方法

建筑实体（如墙、柱、门、窗、楼梯等）和一些电气设备（如灯、开关、插座、用电设备和配电箱等），以及线路的走向布置都是用一定的图形符号标注在图面上的。

电气平面图和建筑平面，都是假设沿某一水平面将建筑物截开，移去上面部分，人站在高处往下看，这就是水平剖视表示法。一般来说，显示建筑平面剖视形状时，这一水平剖面常选择在窗的中间这一高度，这样即可把门窗等建筑件的形状、位置、尺寸显示出来；在显示电气情况时，这一水平剖面常选择在楼板或房顶下面这一高度，这样灯具、线路就不会被截去，从而把电气设备的布置和线路走向等情况显示出来。

建筑物的尺寸是较大的，通常按一定的比例缩小后在图纸上表示。图示尺寸与实际尺寸之比值，我们称之为比例，常用符号 M 来表示，并标注在图纸右下角的图标题栏内（此时 M 这个符号常可省略）。但需注意的是在图纸上为了突出电气装置的情况，这些电气装置的图形符号并不严格按比例画在图内，往往要比应该画的尺寸要大一些。

建筑图、电气平面图一般按上北下南、右东左西的方法画在图纸上，或用指北针标注其方向，如图 5-18 所示。电气平面图上标有①、②……，Ⓐ、Ⓑ……和点划线——·——所组成的符号即为轴线。轴线的作用如同地图上的经纬线，可以帮助我们了解电气装置的安装部位。

图 5-18　方向标记

建筑物和设备实际尺寸常用细线箭头和数字标注在图上。地坪和楼面的高度，常用符号▽和数字表示。一般以大楼一层地坪高度为基准，定为±0.00。符号上数字表示与一层地坪平面的相对高度。

在电气照明平面中，通常以标记㊿表示该房间的灯光照度为 50（lx）。圆圈中的数字越大，说明房间在灯光的照射下的亮度越高。

2. 常用电气照明设备图形符号

常用电气照明设备、导线及连接、电气系统主要电气设备等电气简图用图形符号见附录Ⅰ。

六、建筑供电设计举例

某单位住宅楼电气平面图和配电系统图如图 5-19～图 5-21 所示。

1. 建筑工程概况

该住宅楼为四层三单元，每单元每层为二用户。这样，每单元有八个用户，共同一个楼梯通道进出。

每户建筑设计为：

（1）三居室　南面二室、北面一室。

（2）起居室（厅）　设在中间位置。

（3）厨房　在北面，紧靠每户进门处。

（4）卫生间　设在中间位置，还可安放洗衣机。

另外，一楼各户的南向室外还有一个院子。

2. 电气平面图设计说明

该住宅楼一层电气平面图、一层一单元电气平面图分别如图 5-19、图 5-20 所示。

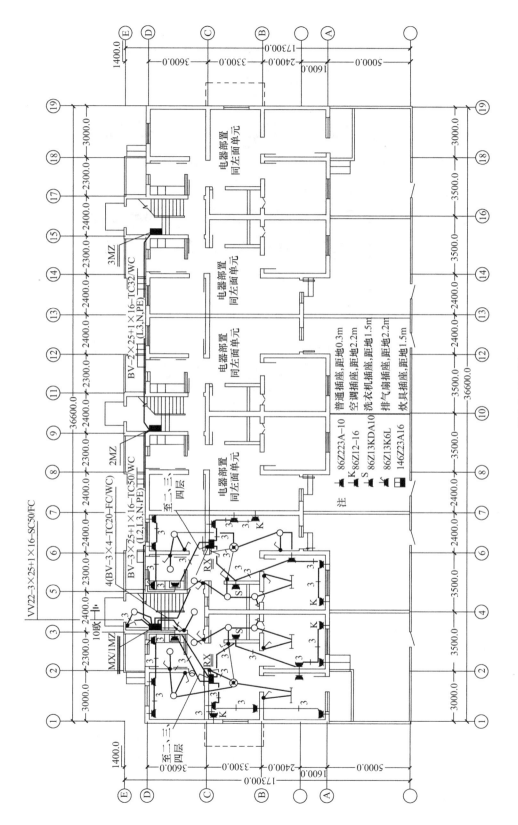

图 5-19 一层电气平面图

155

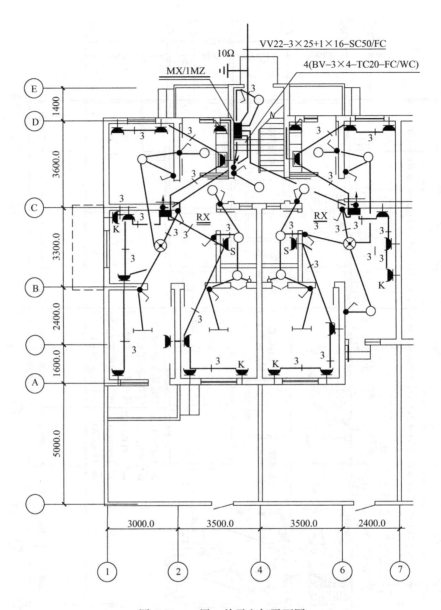

图 5-20　一层一单元电气平面图

（1）电源　由单位变电所通过电缆线埋地引入。电源电压 380/220V，三相四线制供电。

（2）导线　该住宅楼在不同的部位，不同的用途，选用了不同的导线型号、规格。主要有以下几种：

1）电源进户线 VV22－3×25＋1×16－SC50/FC

为铜芯聚氯乙烯绝缘、聚氯乙烯护套内钢带铠装电力电缆，用钢管（内径 50mm）地面暗敷设。电缆外壳接地，接地电阻＜10Ω。中间导线有 3 根相线截面 25mm²，1 根中线截面 16mm²。

2）单元输送线从总电源到一单元和二单元到三单元的导线皆为 BV－2×25＋1×16－TC32/WC。从总电源到二单元的导线为 BV－3×25＋1×16－TC32/WC。

156

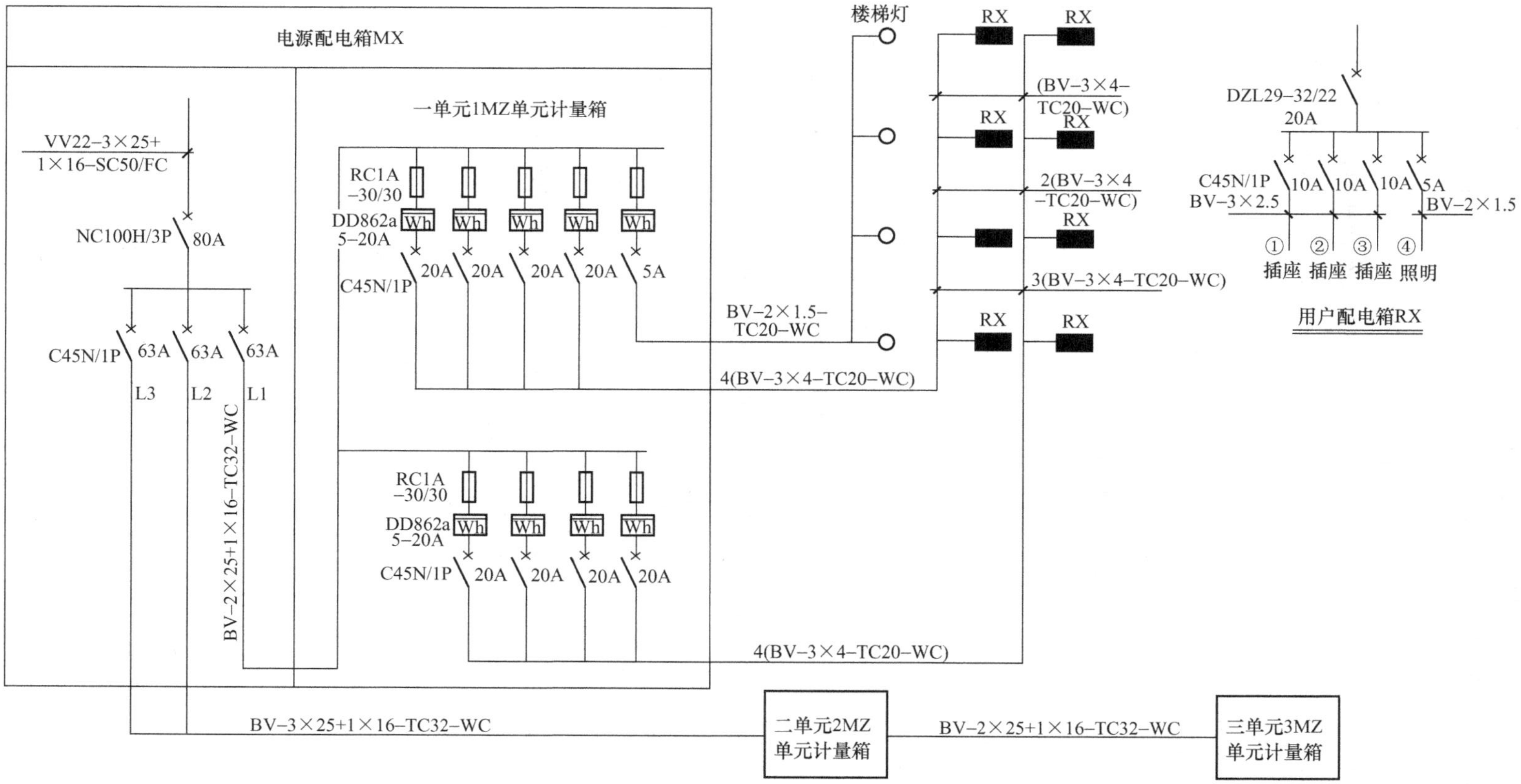

图 5-21 配电系统图

为铜芯聚氯乙烯绝缘线，中间导线为相线截面 25mm^2（依次分别为相线 L$_1$、L$_3$ 以及 L$_2$ 和 L$_3$），中线 N，保护接地线 PE。用电工钢管（内径 32mm）墙内暗敷设，三相五线制输电。

3）单元到用户输送线 4（BV－3×4－TC20－FC/WC）

每单元八个用户，因此从单元计量箱到用户输送线分成东西两组，每组为 4 根铜芯聚氯乙烯绝缘线。中间导线为 3 根铜芯线截面 4mm^2（相线 L、中线 N 和保护接地线 PE），单相三线制输电，用电工钢管（内径 20mm）地面或墙内暗敷设。

4）楼梯走道照明线 BV－2×1.5－TC20－WC，单相两线制输电。

5）用户室内导线 3 组插座线 BV－3×2.5 和 1 组照明线 BV－2×1.5。

（3）配电箱　在一单元一层的楼梯旁装有总电源配电箱 MX，一单元的单元计量箱 1MZ 也合并组装在一起，故以代号 MX/1MZ 表示。

在二、三单元一层设有单元计量箱 2MZ、3MZ。在各用户的起居室设有用户配电箱 RX。

3. 配电系统设计说明

该住宅楼的配电系统图如图 5-21 所示。

（1）总电源供电　三相四线制供电，为均衡供电起见，各单元一相电，即一单元为 L$_1$，二单元为 L$_2$，三单元为 L$_3$。总配电箱 MX 中设有总电源开关 NC100H/3P，它为 3 极低压断路器，整定电流 80A。下面分设三个单元的电源开关 C45N/1P，它为单极小型低压断路器，整定电流 63A。

（说明：一般直接由地方供电局供电的住宅楼，通常是由供电局把单相电源直接送到各个住宅单元的计量箱，不设电源总配电箱）

（2）单元计量配电　在各单元计量箱 MZ 中，共设有 9 个 DD862 电度表，额定电流为 5～20A。其中 8 个电度表是作为用户用电计量，每户允许功率按 4.4kW 设计。1 个电度表为楼梯走道照明用电计量，电费由各户共同分摊。

每个电度表上方各设 1 个熔断器 RC1A 主要为了维修方便，起到通断电源的保护作用。每个电度表下方各设 1 个单极小型低压断路器 C45N/1P，作为各用户和楼道照明用电控制保护。

（3）用户配电　各用户配电箱 RX 内设有 1 个带漏电保护的低压断路器 DZL29 作总开关整定电流 20A，下面设有 4 个单极小型低压断路器 C45N/1P，分为 3 组单相三极插座供电线路（单相三线制）和 1 组照明供电线路（单相两线制）。

第三节　建筑工地供电

一、建筑施工电力负荷计算

建筑工地施工现场的电力负荷分为动力负荷和照明负荷两大类。动力负荷主要是指各种施工机械用电，见表 5-13。照明负荷是指施工现场及生活照明用电，一般占工地总电力负荷的比例很小部分。通常可以在动力负荷计算之后，再加上 10％作为照明负荷。

建筑工地施工现场一般采用前面介绍的需要系数法来计算电力负荷。

常用施工机械额定功率 表 5-13

机 械 名 称	功率 (kW)	机 械 名 称	功率 (kW)
蛙式夯土机	1.5	混凝土输送泵	32.2
振动夯土机	4	插入式振动器	1.1
振动沉桩机	45	钢筋切断机	7
螺旋钻孔机	30	钢筋弯曲机	2.8
塔式起重机	55.5	交流电焊机	38.6
塔式起重机	150	直流电焊机	26
卷扬机	7	木工圆锯	3
混凝土搅拌机	10	木工平刨床	3
砂浆搅拌机	3	双盘水石机	3

注：各种施工机械的型号不同，功率亦不相同。

【例 5-2】 某建筑工地的用电设备为：

塔式起重机一台（共有五台电动机，总功率 P_e 为 55.5kW，负载持续率 J_{ce1} = 40%），卷扬机二台（P_{e2} = 7.5kW×2，J_{ce2} = 25%），混凝土搅拌机二台（P_{e3} = 10kW× 2，连续工作），交流电焊机一台（P_{e4} = 38.6kW，J_{ce4} = 25%），试计算该工地的计算负荷？

【解】 首先根据第五章第一节中关于负荷计算的公式分别计算各用电设备的计算负荷，再求出该工地的总的计算负荷。

(1) 搭式起重机（J_{ce} = 40%）

查表 5-3 得 K_x = 0.2，$\cos\varphi$ = 0.6，$\tan\varphi$ = 1.334 根据式（5-1）、式（5-3）可得：

$$P_{s1} = K_{x1} \cdot 2P_{e1}\sqrt{J_{ce1}}$$

$$= 0.2 \times 2 \times 55.5 \times \sqrt{0.4} = 14\text{kW}$$

$$Q_{s1} = P_{s1}\tan\varphi = 14 \times 1.334 = 18.73\text{kvar}$$

(2) 卷扬机（J_{ce} = 25%）

查表 5-3 得 K_x = 0.2，$\cos\varphi$ = 0.6，$\tan\varphi$ = 1.334

$$P_{s2} = P_{ez} \times 2 = 7.5 \times 2 = 15\text{kW}$$

$$Q_{s2} = P_{s2} \cdot \tan\varphi = 15 \times 1.334 = 20\text{kvar}$$

(3) 混凝土搅拌机（连续工作）

查表 得 K_x = 0.6，$\cos\varphi$ = 0.6，$\tan\varphi$ = 1.334

$$P_{s3} = P_{es} \times 2 = 10 \times 2 = 20\text{kW}$$

$$Q_{s3} = P_{s3} \cdot \tan\varphi = 20 \times 1.334 = 26.68\text{kvar}$$

(4) 交流电焊机（J_{ce} = 25%）

查表得 $K_x=0.35$，$\cos\varphi=0.4$，$\tan\varphi=2.291$，由于电焊机是单相负荷，应换算为等效三个负荷（$\sqrt{3}P_{e4}$），又由于它的 $J_{ce4}=25\%$，应该一换算到 $JC=100\%$ 的额定功率，可得：

$$P_{s4}=\sqrt{3}P_{e4}\cdot K_{x4}\sqrt{J_{c4}}$$

$$=\sqrt{3}\times38.6\times0.35\sqrt{0.25}$$

$$=11.7\text{kW}$$

$$Q_{s4}=P_{s4}\cdot\tan\varphi=11.7\times2.291=26.8\text{kvar}$$

（5）电气照明

查表得 $K_x=0.9$，$\cos\varphi=1$，$\tan\varphi=0$，由于题中没有说明具体要求，故按动力负荷增加 10% 计算

$$P_{s5}=0.1(P_{s1}+P_{s2}+P_{s3}+P_{s4})$$

$$=0.1\times(14+15+20+11.7)=6.07\text{kW}$$

$$Q_{s5}=P_{s5}\cdot\tan\varphi=6.07\times0=0$$

（6）求总的计算负荷

根据式（5-3）、式（5-4）、式（5-5），并且有功同时系数 $K_{\Sigma P}$ 取 0.9，无功同时系数 $K_{\Sigma Q}$ 取 0.95 时可得

$$P_{js}=K_{\Sigma P}\cdot\sum(K_x P_s)$$

$$=0.9\times(P_{s1}+P_{s2}+P_{s3}+P_{s4}+P_{s5})$$

$$=0.9\times(14+15+20+11.7+6.07)=66.77\text{kW}$$

$$Q_{js}=K_{\Sigma Q}\cdot\sum(K_x P_x\cdot\tan\varphi)$$

$$=0.95(Q_{s1}+Q_{s2}+Q_{s3}+Q_{s4})$$

$$=0.95\times(18.73+20+26.68+26.8)=87.6\text{kvar}$$

$$S_{js}=\sqrt{P_{js}^2+Q_{js}^2}=\sqrt{66.77^2+87.6^2}$$

$$=110.15\text{kVA}$$

二、配电变压器的选择

建筑工地用电的特点为临时性强，负荷变化大。首先考虑利用建设单位需要的配电变压器，把临时供电与长期供电计划统一规划。即在施工计划中，先行安排变配电所的施工。或者利用附近单位供电设施供电。但是必须进行负荷容量核算，输电距离也不宜过远，否则电压损失过大，影响工地用电。在边远地区的市政工程中，如道路、桥梁等工程，施工地点随着工程进展而经常转移，则可利用柴油发电机等方式建立临时电站。在不符合上述情况时，建筑工地则应建立临时变配电所。

建筑工地变电所的配电变压器，一般采用户外式变压器露天安装，位置应尽量靠近负荷中心或大容量用电设备附近，应设置安全围栏，并要求符合防火、防雨雪、防小动物的要求。附近不得堆放建筑材料和土方。工地变电所地势应当较高，可以防汛和保证室内干

燥。低压配电室应和变压器尽量靠近，减小低电压大电流时的电力损失。

配电变压器的容量可按第五章第一节所介绍的方法进行选择确定。

【例 5-3】 选择【例 5-2】中建筑工地的变压器？

【解】

(1) 容量选择 根据式（5-13）变压器的额定容量 S_e

$$S_e \geqslant S_{js} = 110.15 \text{kVA}$$

查表 3-1 可选择变压器容量 $S_e = 125 \text{kVA}$。

(2) 电压选择 根据附近电源情况和此变压器容量，一般选择高压侧 10kV，低压侧 0.4kV。

(3) 选择变压器 查表 3-1 选用 SL7-125/10 电力变压器一台，供该建筑工地使用。

三、配电线路布置

建筑工地的供电方式，绝大多数为三相四线制供电，可以提供 380V 和 220V 两种电压，供不同需要选用。这样，也便于变压器中性点的工作接地，用电设备的保护接零和重复接地，以保证安全用电。

在小型施工工地，低压配电线路一般采用树干式供电系统，即一路主干线供电，再由主干线引出若干支线与用电设备连接，主干线设总配电箱，支线设分配电箱。这种方式导线和设备都比较省，但当干线发生故障时，影响面大，供电可靠性差。主干线可沿现场四周的围墙或道路边敷设。

如果建筑工地较大，用电量较大时，变压器可设在工地的中心，低压配电线路采用放射式供电系统供电，由总配电箱直接引出几条线路向各用电区供电。这种方式导线和设备用量较大，但供电可靠性好。

工地的配电线路的主干线应尽量与永久性的配电线路结合一起设计施工。仅为施工需要设置的配电线路，一般都采用架空线，很少采用地下电缆。架空线路由导线、绝缘子和电杆组成，电杆起支承导线的作用，而绝缘子将导线和电杆绝缘起来，在建筑工地施工现场的架空导线一般不允许采用裸导线，通常采用 BXF 或 BLXF 型氯丁橡皮绝缘电线，以保证供电安全。架空线的优点为工程简单，费用低，便于维修和撤换。

四、建筑施工供电设计举例

1. 施工平面图

根据建筑施工现场提供的施工平面图，北侧有 10kV 高压架空线路经过工地，可作电源接用。施工建筑教室楼、各种施工机械设备、施工用户等均在图上表示。

2. 施工用电设备

塔式起重机、卷扬机、混凝土搅拌器、滤灰机各一台，还有电动打夯机、振捣器、木工机械等若干台。应先作电力负荷计算。

3. 配电变压器

根据电力负荷计算，施工用电总容量为 89.6kVA，当地高压电源为 10kV。施工动力用电为三相 380V、照明用电为单相 220V。选用 SL7-100/10 型三相降压变压器。考虑接近高压电源负荷中心，变压器进出线和交通运输方便等因素，变压器位置确定施工现场的西北角。

4. 低压配电线路

低压配电线路分两路干线进行供电。

第一路干线（北路）对混凝土搅拌机、滤灰机及路灯、室内照明等供电。由于是施工临时配电，考虑安全和节约因素，选用 BLX 型橡皮绝缘铝导线。图中的铝线导线符号1—BLX（4×10）表示导线中截面为 10mm² 的铝线共四条。

第二路干线（西至南路）对塔式起重机、卷扬机、电动打夯机、振捣机及路灯、投光灯、室内照明等供电。

两路干线的控制在变电所低压配电室的总配电盘上进行。

第二路干线中，由于塔式起重机用电负荷量较大，并且该起重机布置离变电所较近；而南路段负荷较轻，为了节约器材，在选择导线截面时，全线不按同一截面选择，可分两段计算。从变电所至塔式起重机分支的电杆为一段（下称西段）、自塔式起重机分支的电杆至警卫室旁边的电杆为另一段（下称南段）。

第二路干线西段图中导线符号为 2-BLX $\begin{pmatrix} 3\times50 \\ 1\times35 \end{pmatrix}$，表示选用 BLX 型橡皮绝缘铝导线截面为 50mm² 的铝线三条，中线用截面为 35mm² 的铝线一条。

第二路干线南段图中导线符号为 2-BLX（4×10），表示选用 BLX 型橡皮绝缘铝导线中截面为 10mm² 的铝线四条。

塔式起重机专用供电线路的导线符号为 3-BLX $\begin{pmatrix} 3\times35 \\ 1\times16 \end{pmatrix}$，它的截面是按塔式起重机的要求确定的。

在建筑施工平面上，按实际位置画出变压器的安装位置、低压配电线路的走向和电杆位置。施工现场供电平面如图 5-22 所示。

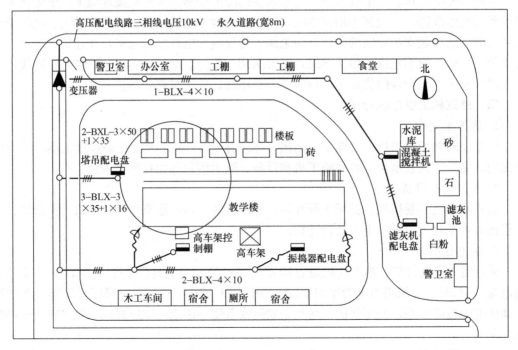

图 5-22　某新建中学施工现场供电平面图

第四节 高层建筑供电

随着世界各国的经济发展，科学技术的进步，城市人口迅速增长，城市用地日趋紧张。在美、欧等发达国家的大、中城市中高层建筑得到迅速发展。近几年来在我国大、中城市中，也兴建了不少高层建筑。

民用建筑根据其建筑高度和层数可分为单、多层民用建筑和高层民用建筑。高层民用建筑根据其建筑高度、使用功能和楼层的建筑面积可分为一类和二类。民用建筑根据建筑高度、功能、火灾危险性和扑救难易度等进行了分类，见表 5-14。

建筑物分类   表 5-14

名称	高层民用建筑		单、多层民用建筑
	一类	二类	
住宅建筑	建筑高度大于 54m 的住宅建筑（包括设置商业服务网点的住宅建筑）	建筑高度大于 27m，但不大于 54m 的住宅建筑（包括设置商业服务网点的住宅建筑）	建筑高度不大于 27m 的住宅建筑（包括设置商业服务网点的住宅建筑）
公共建筑	1. 建筑高度大于 50m 的公共建筑； 2. 建筑高度 24m 以上部分任一楼层建筑面积大于 1000m² 的商店、展览、电信、邮政、财贸金融建筑和其他多种功能组合的建筑； 3. 医疗建筑、重要公共建筑、独立建造的老年人照料设施； 4. 省级及以上的广播电视和防灾指挥调度建筑、网局级和省级电力调度建筑； 5. 藏书超过 100 万册的图书馆、书库	除一类高层公共建筑外的其他高层公共建筑	1. 建筑高度大于 24m 的单层公共建筑； 2. 建筑高度不大于 24m 的其他公共建筑

高层建筑与其他工业、民用建筑相比较，其电气工程有以下特点：

1. 消防要求高

高层建筑高度高，体积大，人员密集，建筑装饰复杂，设备繁多。因此，本身火灾隐患多，一旦发生火灾，火势凶猛，不易扑救。

我国对高层建筑消防极为重视，高层建筑的设计、施工、验收以及投入使用，都应该严格执行高层民用建筑防火规范。

2. 用电负荷量大、供电可靠性要求高

高层建筑用电设备（表 5-15）多，用电负荷大。如空调负荷、电梯等交通设备、供水系统等动力设备。各种重要用电设备对电源的可靠性要求高，特别是消防设备负荷属一级负荷，要求更高。因此，一般高层建筑都常要求有两路独立的电压电源进线，并设置柴油发电机组作为应急电源。

功　　能	举　　　　例
1. 电气照明	客房、办公室、餐厅、厨房、商店、楼梯、走道、庭园、安全和疏散照明等
2. 电梯	客梯、货梯、消防电梯、观景电梯、自动扶梯等
3. 给水排水	生活水泵、排水泵、排污泵、冷却水泵和消防泵等
4. 制冷	冷冻机、冷却塔风机、冷却水泵、冷水泵等
5. 锅炉房	鼓风机、引风机、给水泵、上煤机、供油泵、补水泵等
6. 洗衣房	洗衣机、甩干机、熨平机、电熨斗等
7. 厨房	小冷库、冰箱、抽风机、排风机和各种炊事机械等
8. 客房	电冰箱、电视机
9. 空调	送、回风机、风机盘管
10. 消防	排烟风机、正压风机
11. 弱电设备	电话站、广播站、消防中心、电视监控室、计算机室等用电设备

用 电 设 备 分 类　　　　　　　表 5-15

3. 采用竖向敷设的供电系统

由于建筑物高度高，为了减小线路损耗及电压损失，配电变压器可以上楼分层布置，一般都设有专用的配线竖井。

4. 常设置各种弱电设施

如公用天线电视系统、有线通信系统、火灾自动报警与联动控制系统、安全防范系统，有的还设有微机管理系统，以提高大楼的自动化管理水平。

一、高压供电

1. 供电方式

高层建筑供电必须符合下列基本原则：

（1）保证供电的可靠性　在确定供电方式时，应根据建筑物内用电负荷的性质和大小，外部电源情况，负荷与电源之间的距离，确定电源的回路数，保证供电可靠。

（2）减少电能损耗　高层建筑高压供电电压一般采用 10kV，有条件时也可采用 35kV。高压深入负荷中心可以减少供电线路中电能损耗。

（3）接线简单灵活　供电系统的接线方式力求简单灵活，便于维护管理，能适应负荷的变化，并留有必要的发展余地。并且还要考虑节约投资，降低运行费用，减少有色金属消耗量。

目前常用的供电方式为：

（1）两路电源进线，单母线分段。主接线如图 5-23 所示，平时两路同时供电，互为备用，装有分段开关自动投入装置（BZT），供电可靠性比较高。在正常运行时，线路和变压器损耗比较低，但所用设备较多，初期投资增加。

（2）两路电源进线，单母线不分段，正常时一用一备。主接线如图 5-24 所示，当正常工作电源事故停电时，另一路备用电源自动投入，两路都保证 100% 的负荷用电。这种

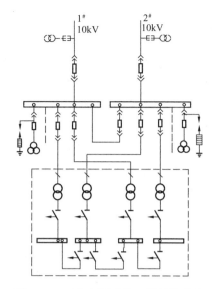

图 5-23 两路电源进线、单母线分段

方式可以减少中间联络母线和一个电压互感器柜，减少高压设备和高压配电室面积的初期投资。但是，在清扫母线或母线故障时，将造成全部停电。由于备用线路和变压器经常性的维护工作不好，有可能出现不能起到真正的备用作用。因此这种接线方式常用于大楼负荷较小，供电可靠性要求相对较低的住宅或商业大楼。

（3）一路高压电源作主电源，另一路由城市公用变压器或邻近变电所 400V 低压作备用电源，如图 5-25 所示。此种方式用于建筑规模较小，用电量不大的二类高层建筑物，其可靠性较低于前两种方式。

对于一类建筑物和商业性大楼，供电可靠性要求很高。因此，都设置柴油发电机组，以便提供第三电源。有时还需设置不间断电源（UPS），满足连短时停电也不允许的部分重要负荷，如计算机、消防通信系统、事故照明、电话等一级负荷可靠的供电。

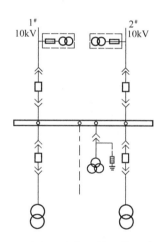

图 5-24 两路电源进线、单母线不分段主接线

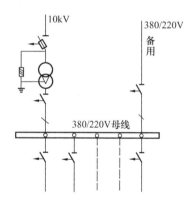

图 5-25 高供低备主接线

2. 负荷计算

高层建筑的负荷计算是为了正确合理地选择电气设备和电工材料，并为进行无功补偿提供依据。例如，只有确定用户的计算负荷才能确定用户电度表量程、进线开关容量和进户线截面大小；只有确定每区每层的计算负荷，才能确定该区域或楼层配电箱（盘）总进线开关及导线规格；只有确定整个建筑物的计算负荷，才能合理地选择该建筑物电力变压器的容量，确定达到当地供电部门规定的功率因数值所需要的补偿电容器容量。负荷计算时还要考虑 15～20 年内负荷增加的部分。

高层建筑的电力负荷一般可分为空调、动力、电热、照明等类。对于商业性高层建筑的用电负荷的分布大致如下：

空调设备占　　　　40%～50%；

电气照明占　　　30%～35%（包括少量电热）；
动力用电占　　　20%～25%。

由此可见，商业楼的空调约占总用电量的一半，这些空调设备一般都设置在大楼地下室、首层或下部。此外，洗衣机、水泵等动力设备也大都设在下部。因此，就竖井分布而言，因大量的用电设备在下部，一般将变压器设置在建筑物的底部是有利的。

在40层以上的超高层建筑中，电梯设备较多，此部分负荷大都集中在大楼的顶部。竖向中段层数较多，通常设有分区电梯和中间泵站。在这种情况下，宜将变压器上、下配置或者上、中、下层分别设置。供电变压器的供电范围大约为15～20层。

由于高层建筑用电设备多、负荷大，对供电的可靠性要求很高，因此应准确划分负荷等级，做到安全供电，节约投资。

二、自备应急电源

大多数高层建筑，为满足供电可靠性要求，一般都要两路以上的电源进线，并设有自备应急发电机组提供第三电源。在国内外高层建筑中，作为应急电源的自备发电机组，几乎都选择柴油发电机，因它具备以下特点：

（1）启动迅速，自动启动控制方便，一般在十几秒钟就能接带应急负荷。

（2）效率高、功率范围大、体积小、质量轻和搬运移动比较方便。

（3）操作简便，运行可靠，维修方便。它的燃料采用柴油，贮存运输都比较方便。

柴油发电机组发电功率范围为几千瓦至几千千瓦，它的缺点为噪声大，过载能力较差。柴油发电机房一般设置在附属建筑内，也可放置在地下室。

三、低压配电

低压配电的设计，包括配电方式、配电系统的确定，导线、电缆型号、规格的选择和线路敷设方法等，设计时还要考虑配电系统的保护。现代高层建筑配电系统中必须保证供电的可靠性和电能质量的要求。因此，变压器的负荷率不能太高，应有一定的余量。高层建筑配电一般都分成工作和事故的两个独立系统，两个系统的配电干线之间设有联络开关，互为备用。低压系统的各级保护开关，宜采用自动空气开关。保护装置的整定，要注意级间的选择性配合。对于高层民用住宅，在终端配电箱设有漏电保护开关，保证安全用电。

国内外由于电费制度不同，内部配电方式亦不相同。国外较普遍采用最高需量表的综合计费方法，电力和照明采用单一电价，内部配电线路只要一套，采用电力和照明混合配电方式。我国目前推行的是电力和照明分别计费的两部电价法，因此，配电系统设计时必须将电力和照明分开。这样就有电力工作、电力事故、照明工作和照明事故等四个配电系统。

1. 低压配电系统

低压配电系统可分为放射式和树干式两大类。国内外高层建筑低压网络的垂直配电方式基本上都是采用放射式系统，楼层配电则为混合式系统，而且普遍地采用插接式绝缘母线槽沿电气竖井垂直敷设。水平干线因为走线困难，多采用全塑电缆与竖井母线连接。

电气竖井的平面位置应设在负荷中心，一般位于电梯井道两侧和楼梯走道附近。井道的水平截面积视建筑条件及电缆、管线的多少而定，一般普通住宅楼的电气竖井水平截面约有 1.5m² ，它兼作为各层的配电小间。变电所一般尽可能地靠近电气竖井，尽可能减少低压线的走线。为了管理方便及维修安全，强电与弱电线应该分别敷设在不同的电气竖井内。

电气竖井应与其他管道井、电梯井、垃圾井道、排烟通道等竖向井道分开单独设置。同时应避免与房间、吊顶、壁柜的互相连通。

2. 楼层的配电方式

楼层的配电方式有两种：

(1) 照明与插座分开配电　这种配电方式是将楼层各房间照明和插座分别分成若干个支路，再接到配电箱内。其优点是照明和插座互不干扰，若照明回路发生故障，房间内还可以临时利用插座回路照明。旅馆、办公楼、科研楼等多采用这种配电方式。

(2) 旅馆客房的另一种配电方式便是每套房间内设置一熔断器盒，整套房间为一配电支路，各层配电以树干式方式向各套房间配电。这种配电方式的优点是故障时各客房之间互相不影响。

3. 典型的低压配电系统

典型的低压配电系统如图 5-26 所示。图中方案 (a)、(b) 为混合式配电，又称为分区树干式配电系统，每回路干线对一个供电区配电，可靠性比较高。

方案 (b) 与方案 (a) 基本相同，只是增加一共用的备用回路。备用回路也采用大树干配电系统。

方案 (c) 采用放射式配电系统，增加了 1 个中间配电箱，各个分层配电箱的前端都有总的保护装置，从而提高了配电的可靠性。

方案 (d) 适用于楼层数量多、负荷大的大型建筑物，如旅馆、饭店等，采用大树干式配电系统，可以大大减少低压配电屏的数量，安装维修

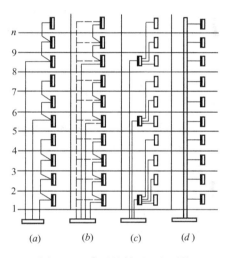

图 5-26　典型的低压配电系统

方便，容易寻找故障。分层配电箱置于竖井内，通过专用插件与母线呈 "T" 形连接。采用分区树干式配电系统时，一般采用电缆配线。为了安装可靠，大型旅馆各层配电和各种用电设备的分支线路，一般采用铜芯绝缘线，并用钢管护套穿线。为了消防安全和节约能源，各客房的电源回路最好采取集中控制，实行统一管理。

第五节　建　筑　防　雷

一、雷电起因与危害

1. 雷电起因

雷电是指带电荷的云层相互之间或者对大地之间迅猛的放电现象。这种带电荷的云层称为雷云。

雷云的形成是由于地面的湿热空气上升到高空时形成水滴、冰晶，在地球静电场的作

用下开始极化分离，同时在与其他上升气流的摩擦作用下，这种分离更加明显。最后形成一部分带正电荷，一部分带负电荷的雷云。由于异种电荷不断的积累，电场强度不断增大，当雷云的电场强度超过空气的绝缘强度时，就在雷云之间或者雷云与大地之间进行放电。放电过程中不同极性的电荷通过一定的通道互相中和，产生强烈的光和热。放电通道发出的强光，人们通常称为"闪电"，而通道所发出的热量，使附近的空气突然膨胀，发出了巨大的轰隆声音，人们称之为"打雷"。

雷电有线状、片状和球状等几种形式，打到地面上的闪电称为"落地雷"。它可能造成建筑物、树木的破坏或人、畜的伤亡，产生"雷击事故"。

雷云放电一般分成 3～4 次放电。一次雷电放电时间通常为十分之几秒。其中第一次放电的电流强度最大。雷电流的最大峰值可达几十千安（kA）到几百千安（kA），如图 5-27 所示，所以破坏性很强。

在雷电频繁的雷雨天气，偶然会发现紫色、殷红色、蓝色的"火球"。这些火球有时从天而降，然后又在空中或沿地面水平方向移动，有时平移有时滚动。这些"火球"一般直径为十到几十厘米，存在时间一般为几秒到十几秒居多。这就是球形雷。

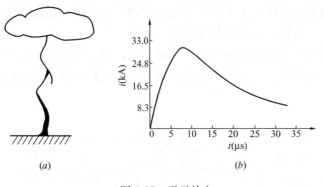

图 5-27　雷云放电
(a) 雷云放电示意；(b) 雷电流波形

球形雷能通过烟囱、开着的门窗和其他缝隙进入室内，或者无声消失，或者发出"丝丝"的声音，或者发生剧烈的爆炸，碰到人畜会造成严重的烧伤和死亡事故。

球形雷的预防方法：最好在雷雨天不要打开门窗；在烟囱和通风管道等处，装上网眼 $\leqslant 4cm^2$，导线直径约为 2～2.5mm 的接地金属丝保护网，并作良好接地，这样就可以减少球形雷的危害。

2. 雷击的种类和危害

雷击可分为：直击雷和雷击电磁脉冲（雷电感应、电磁脉冲辐射、雷电过电压侵入和反击）。不同的雷击会产生不同的危害。

（1）直击雷　在雷暴活动区域内，雷云直接通过人体、建筑物或设备等对地放电所产生的电击现象。此时雷电的主要破坏力在于电流特性而不在于放电产生的高电位。主要有热效应、机械力等的破坏作用。

（2）雷电感应　雷电放电过程中，在其活动区出现的静电感应、电磁感应对电气设备、人身安全等产生的危害。

（3）电磁脉冲辐射　雷电放电过程中，在其活动区出现的电磁脉冲对现代电子设备（如计算机、通信设备等）造成的危害。

（4）雷电过电压侵入　当发生直击雷或感应雷时，可使导线或金属管道产生过电压，这种过电压沿着导线或金属管道从远处或防雷保护区域外传来，侵入建筑物内部或设备内部，使建筑物结构、设备部件损坏或人员伤亡。

（5）反击　当雷电闪击到建筑物的接闪装置上时，由于雷电流幅值大，波头陡度高，

168

会使接地引下线和接地装置的电位骤升到上百千伏，则可能会造成建筑物接地引下线与邻近建筑接地引下线及各种金属导线、管道或用电设备的工作地线之间放电，从而使这些金属导线，管道或用电设备的工作地线上引入反击电流，造成人身和设备雷击事故。

雷云与大地之间的放电会产生很大的破坏作用，主要表现在：

（1）直接雷击的破坏作用

雷云直接对地面物体的放电，其破坏作用最大。强大的雷电流流经地面物体时，产生极大的热效应，雷电通道的温度可达几千摄氏度以上，使金属熔化，房屋、树木等易燃物质引起火灾。

（2）雷电冲击波的破坏作用

雷电通道温度极高，周围空气受热急剧膨胀，并以超声速度向四周扩散，其外围空气被强烈压缩，形成冲击波，使附近的建筑物、人、畜受到破坏和伤亡。这种冲击波的破坏作用就像炸弹爆炸时附近的物体和人、畜受损害一样。

（3）雷电的静电感应和电磁感应的破坏作用

静电感应是由于雷云在建筑物上空形成很强的电场，在建筑物顶部感应出相反极性的电荷。在雷云向地面放电以后，放电通路电荷中和，云与大地之间电场迅速消失。但是建筑顶部的电荷却不能很快流入大地。因而形成对地很高的电位，往往造成屋内电线、金属管道等设备放电，击穿电气绝缘层产生火花，引起火灾。

电磁感应是由于强大的雷电流通过金属体入地时，在周围空间产生强大的变化电磁场。在这附近的金属体内感应出电动势。如果金属体回路开口，可能产生火花放电。如果金属体构成闭合回路就可能产生感应电流，在有些接触不良的地方，产生局部发热引起火灾。

3. 雷击事故分析

在地球上平均每秒钟有 100 次闪电，每个闪电的强度可以高达 10^8 V。一个中等雷暴的功率有 10^8 W，相当一个小型核电站的输出功率。据不完全统计，全球平均每年因雷电灾害造成的直接经济损失就超过 10 亿美元。

20 世纪 80 年代我国每年雷击伤亡人数超过一万多人，其中死亡三千多人。1989 年 8 月，我国青岛市黄岛油库遭雷击起火，大火足足烧了 104 小时，才被扑灭。救火人员 19 人献出了生命，78 人受伤，大火烧掉 3.6 万吨原油，油库区沦为一片废墟，直接和间接损失达 7000 万元。

雷击造成森林着火，建筑和构筑物损坏，雷击事故一直是电力供应部门最主要的灾害之一。它主要危害供电线路、变电供电设备等，不仅造成电力部门设备上的损失，更严重的是影响工矿生产和城市正常生活。

随着科学技术和经济的发展，近几年来，高层建筑和构筑物大量出现，如发射与接收天线铁塔等都会吸引落雷而使本身所在建筑及附近建筑遭到祸害。此外，增设的种种架空长导线，使雷电有机会侵入建筑物内，引起设备和人员伤亡等事故。由于电子、电器设备、通信设备和计算机设备耐压低，对雷击电磁脉冲特别敏感，对雷击放电产生的过电压、过电流没有任何防御能力，需要专门的防雷器件来进行保护。雷击损失亦十分突出，而且影响范围广，几乎扩展到所有行业和部门乃至千家万户，经济损失和危害明显增加，灾害的对象发生了转移，主要不是建筑物本身的损失。

通过大量雷击事故的统计和分析，建筑雷击有以下规律：

（1）落雷建筑的环境

许多遭雷击的建筑物，特别是不高的楼宇和平房，大都与其邻近的高大物体引雷作用有关，多半是树木，也可能是高大的金属构筑物，或者特高层建筑物。

（2）建筑物的高度与落雷的概率

一般的概率估算认为，对于中等雷暴地区，在平原开阔地带上的建筑物，高 90m 的，平均大约每年遭 1 次雷击；高 180m 的，每年遭 3 次雷击；高 240m 的，约遭 5 次；高 360m 的，约遭 20 次；而 15m 高的楼房，则要 4～6 年才可能遭一次雷击。

（3）建筑物遭雷击的部位

建筑物的屋脊、檐角，特别是屋顶上的饰物等尖端物表面的电场最强，容易产生回击放电，遭受雷击。此外，高耸的烟囱和屋顶竖起的各种金属物，如收音机、电视天线等也容易遭雷击。

（4）建筑物遭雷击的其他规律

建筑物的地下水位高，长年积水潮湿，地面及室内物体电阻率小，容易集中雷雨云的感应电荷。河湖岸旁、地下水出口处，有金属矿床地带、山坡与稻田接壤地带和土壤电阻率有突变的界线地段，都容易遭雷击。

另一个值得注意的是地理位置，它还与雷雨云的形成及移动有关。例如对于某些山区、山的南坡落雷多于北坡，傍海的一面山坡落雷多于背海的另一面山坡；雷暴走廊与风向一致的地方，在风口和顺风的河谷等处落雷均多于其他地方。因此，我们在建房选址和建成房屋的防雷设计时都需要特别注意。

就大范围内的情况来看，我国雷暴天气多发生在夏季，地理分布上南方多于北方，山地多于平原，内陆多于沿海。

鉴于雷击的危害性，我国在 2016 年 11 月通过并公布了《中华人民共和国气象法》，中国气象局也签发了新的《防雷减灾管理办法》。

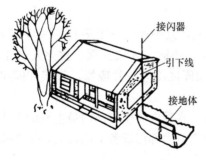

图 5-28 建筑物的防雷装置

二、防雷基本原理

1. 防雷装置

建筑物的防雷装置一般由接闪器、引下线和接地体三个基本部分组成，如图 5-28 所示。

接闪器是吸引和接受雷电流的金属导体。接闪器的形式有避雷针、避雷带和避雷网。避雷针，它的防雷基本原理是由于其端部电场强度最大，把雷云放电自然地吸引过来，并安全地把雷电导通入地。这样避雷针下面的一定空间内，建筑物就可以避免直接雷击，这个空间叫做避雷的保护范围。由于建筑物的屋脊、屋角、屋檐、山墙、烟囱和通风管道等最容易遭受雷击。因此，考虑建筑美观要求，不允许装设避雷针时，可以用金属条在这些最易雷击的地方装设接闪器，采用避雷带、避雷网的保护形式。也可以利用建筑钢筋所形成笼网作接闪器。

引下线是敷设在外墙面或混凝土柱子内的导线，它把雷电流由接闪器引到接地装置。

接地装置是埋在地下的接地导线和接地体的总称。接地装置的埋设深度不能小于

0.5m，接地体均使用镀锌钢材延长使用寿命。为了节约金属材料，降低造价，应尽量利用建筑物中的结构钢筋作为接闪器、引下线和接地装置。特别可以解决较高建筑物遭受雷侧击的问题。

2. 避雷针的保护范围

避雷针可以保护建筑物、露天变配电装置等免受直接雷击。

通常可分为单支、两支和多支避雷针的保护形式。

（1）单支避雷针的保护范围（图 5-29）

1）避雷针在地面上的保护半径 r（m）为

$$r = 1.5h$$

式中　h——避雷针的高度（m）。

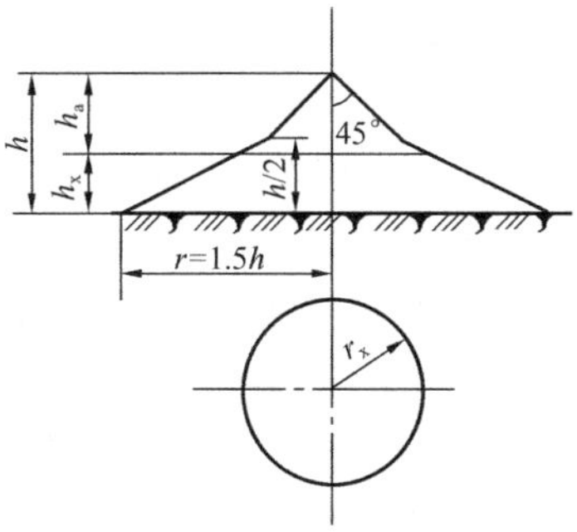

2）在被保护物高度 h_x 水平面上保护的半径 r_x（m）应按下式确定：

图 5-29　单支避雷针的保护范围

当 $h_x \geqslant \dfrac{h}{2}$ 时，　　　　　　$r_x = (h - h_x)\, p = h_a p$ 　　　　　　　　　　(5-14)

当 $h_x < \dfrac{h}{2}$ 时，　　　　　　$r_x = (1.5h - 2h_x) p$ 　　　　　　　　　　(5-15)

式中　h_a——避雷针的有效高度（m）；

　　　p——高度影响系数，$h \leqslant 30\text{m}$ 时为 1；$30 < h < 120\text{m}$ 时为 $\dfrac{5.5}{\sqrt{h}}$。以下各式中 p 值均与此相同。

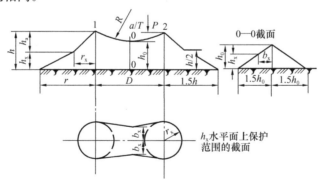

图 5-30　两支等高避雷针的保护范围

（2）两支等高避雷针的保护范围（图 5-30）

1）两针外侧的保护范围应按单支避雷针的计算方式确定。

2）两针间的保护范围，按通过两针顶点及保护范围上部边缘最低点 O 的圆弧确定，圆弧半径为 R。O 点为假想避雷针的顶点，其高度应按下式计算：

$$h_0 = h - \frac{D}{7p}$$ 　　　　　　　　　　(5-16)

式中　h_0——两针间保护范围上部边缘最低点的高度（m）；

　　　D——两避雷针的间的距离（m）。

两针间 h_x 水平面上保护范围最小的宽度 b_x（m）应按下式计算：

$$b_x = 1.5(h_0 - h_x) \qquad (5-17)$$

当 $D = 7h \cdot p$ 时，$b_x = 0$。保护变电所的避雷针，两针之间的距离与针高之比 D/h 不宜大于 5，但保护第一类工业建筑物的避雷针 D/h 不宜大于 4。

（3）多支等高避雷针的保护范围

1）三支等高避雷针所形成三角形 1、2、3 的外侧保护范围，应分别按两支等高避雷针的计算方法确定，如在三角形内被保护物最大高度 h_x 水平面上，各相邻避雷针间保护范围的一侧最小宽度 $b_x \geqslant 0$ 时，则全部面积即受到保护。

2）四支及以上等高避雷针所形成的四角形或多边形，可先将其分成两个或多个三角形，然后分别按三支等高避雷针的方法计算，如各边保护范围的一侧最小宽度 $b_x \geqslant 0$，则全部面积即受到保护。

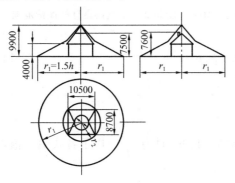

图 5-31　单支避雷针保护

【例 5-4】　图 5-31 中被保护建筑物系一混合结构的小屋，各部尺寸如图所示。若把避雷针装在屋脊中间，试问该避雷针应高出屋脊多少，才能把整个小屋保护起来。

已知：屋脊高度 $h_{x3} = 7.5\text{m}$；屋角距避雷针 $r_3 = 2.25\text{m}$；檐角高度 $h_{x2} = 4\text{m}$；檐角外缘距避雷针 $r_2 = 6.82\text{m}$。

【解】　屋子最突出的部位是两个屋角、小烟囱和四个檐角。其中小烟囱紧靠避雷针的下方，容易受到保护。

1）按保护檐角计算避雷针高度 h　檐高度 $h_{x2} < \dfrac{h}{2}$ 时，（因已知屋脊高度为 7.5m，再加避雷针高度，明显地要大于 8m），可按下式计算

$$r_x = (1.5h - 2h_x)p$$

式中高度影响系数 p 取 1，（$h < 30\text{m}$）即

$$r_x = 1.5h - 2h_x$$

得

$$h = \frac{r_x + 2h_x}{1.5} = \frac{r_2 + 2h_{x2}}{1.5} = \frac{6.82 + 2 \times 4}{1.5} = 9.88\text{m}$$

$$h_a = h - h_{x3} = 9.88 - 7.5 = 2.38\text{m}$$

2）按保护屋角计算避雷针高度 h　屋角高度 $h_{x3} \geqslant \dfrac{h}{2}$ 时，按下式计算

$$r_x = (h - h_x)p = h_a p$$

式中高度影响系数 p 取 1，即得：

$$h_a = r_3 = 2.25\text{m}$$

$$h = h_a + h_{x3} = 2.25 + 7.5 = 9.75\text{m}$$

因此，在屋脊上架设的避雷针高度应超过屋脊 2.38m。

三、建筑物防雷

1. 民用建筑物的防雷分类

（1）第一类民用建筑物，是具有特别重要用途的属于国家级的大型建筑物，如国家级

的大会堂、办公楼、大型展览馆、大型火车站、国际机场、通信枢纽、超高层建筑物和国家重点文物保护建筑物等。

(2) 第二类民用建筑物，是重要的或人员密集的大型建筑物，如部、省级办公楼，省级大型的集会、展览、体育、交通、通信、广播、商业建筑物和影剧院等。

省级重点文物保护的建筑物；19 层及以上的住宅建筑和高度超过 50m 的其他民用建筑物。

(3) 第三类民用建筑物，高度在 20m 以上的建筑物，高度超过 15m 的烟囱、水塔等孤立建筑物和历史上雷害事故较多的建筑物。

2. 工业建筑物的防雷分类

建筑物根据其生产性质、发生事故的可能性和后果，按对防雷的要求分为三类：

(1) 第一类工业建筑物，凡建筑物中制造、使用或贮存大量爆炸物质如炸药、火药起爆药等，因火花而引起爆炸，会造成巨大破坏和人身伤亡者，以及某些爆炸危险场所。

(2) 第二类工业建筑物，凡建筑物中制造、使用或贮存爆炸物质，但电火花不易引起爆炸或不致造成巨大破坏和人身伤亡者，以及某些爆炸危险场所。

(3) 第三类工业建筑物，根据雷击对工业生产的影响，并结合当地气象、地形、地质及周围环境等因素，确定需要防雷的爆炸危险场所或火灾危险场所，以及历史上雷害较多地区的较重要建筑物等。

3. 工业与民用建筑物的防雷措施

工业与民用建筑物的防雷措施，可以归纳在表 5-16 中说明。

工业与民用建（构）筑物的防雷措施

表 5-16

类别 措施		工业第一类	工业第二类	工业第三类	民用第一类	民用第二类
防直击雷	接闪器	装设独立避雷针	当难于装设独立避雷针时，可将避雷针或网格不大于 6m×6m 的避雷网直接装在建（构)筑物上	装设避雷网或避雷针。避雷网应沿易受雷击的部位敷设成不大于 6m×10m 的网格。所有避雷针应用避雷带相互连接	在易受雷击的部位装设避雷带或避雷针	装设避雷网或避雷带。应沿易受雷击的部位敷设。网格要求不大于 6m×10m。避雷带间、屋面上任何一点距避雷带均不应大于 5m。当有三条及以上平行避雷带时，每隔不大于 24m 处，应将平行避雷带连接起来	同工业第三类
	引下线		引下线不应少于两根，其间距不应大于 16m，沿建、构筑物外墙均匀布置	引下线不应少于两根，其间距不宜大于 24m	引下线不宜少于两根，其间距不宜大于 40m。周长和高度均不超过 40m 的建、构筑物，可只设一根引下线	引下线不应少于两根，其间距不宜大于 24m	

173

措施＼类别		工业第一类	工业第二类	工业第三类	民用第一类	民用第二类
防直击雷	接地装置	独立避雷针应有独立的接地装置，其冲击接地电阻不宜大于10Ω	围绕建、构筑物敷设成闭合回路，其接地电阻①不应大于10Ω，并应和电气设备接地装置及所有进入建、构筑物的金属管道相连。并可兼作防雷电感应之用	防直击雷和防雷电感应共用接地装置，其冲击接地电阻，不宜大于10Ω，并应和电气设备接地装置以及埋地金属管道相连	其冲击接地电阻不宜大于30Ω，并应与电气设备接地装置相连	宜围绕建筑物敷设，其冲击接地电阻不应大于10Ω	主要的公共建筑物防雷接地装置的冲击接地电阻不应大于10Ω
	防反击	独立避雷针至被保护建构筑物及与其有联系的金属物之间的距离：地上部分：$S_{k1} \geqslant 0.3R_{ch}+0.1h_x$ 地下部分：$S_{d1} \geqslant 0.3R_{ch}$ 式中 S_{k1}——空气中距离（m）；S_{d1}——地中距离（m）；R_{ch}——冲击接地电阻（Ω）。h_x——被保护建构筑物高度（m）。S_{k1}及S_{d1}不应小于3m	建、构物应装设均压环，环间垂直距离不应大于12m，所有引下线、建筑物内的金属结构和金属设备均应连在环上。可利用电气设备接地干线环路，作为均压环。如树木高于建筑物且不在避雷针保护范围以内时，建筑物和树木的净距不应小于5m	为防止雷电流经引下线时产生的高电位对附近金属物的反击，金属物至引下线的距离应符合下式要求 $S_{k2} \geqslant 0.05L_x$ 式中 S_{k2}——空气中距离（m）；L_x——引下线计算点到地面的长度（m）	防雷接地装置宜与电气设备接地装置及埋地金属管道相连，如不相连时，则：（1）两者间的距离应符合下列要求 $S_{d2} \geqslant 0.2R_{ch}$ （2）防雷装置的引下线与金属物之间的距离应符合下列要求 $S_{k3} \geqslant 0.2R_{ch}+0.05L_x$ 式中 S_{d2}——地中距离（m）；S_{k3}——空气中距离（m）；S_{d2}不应小于2m	防雷接地装置宜与电气设备接地装置以及埋地金属管道相连，如不相连时，两者间的距离不宜小于2m
防雷电感应	防静电感应	建、构筑物内的金属物和突出屋面的金属物，均应接到防雷电感应的接地装置上。金属屋面应每隔24m用引下线接地一次。现场浇制的或由预制构件组成的钢筋混凝土屋面，其钢筋宜绑扎或焊接成闭合回路，并每隔24m用引下线接地一次		建筑物内的主要金属物应与接地装置相连			
	防电磁感应	平行敷设的长金属物，其净距小于100mm时，应每隔30m用金属线跨接，交叉净距小于100mm时，其交叉处应跨接。当管道连接处不能保持良好的金属接触时，在连接处应用金属跨接。防雷电感应的接地电阻不应大于10Ω，并应和电气设备接地装置共用。屋内接地干线与防雷电感应接地装置的连接，不应少于两处		平行敷设的长金属物，其净距小于100mm时，应每隔30m用金属线跨接，交叉净距小于100mm时，其交叉处应跨接			

类别 措施	工业第一类	工业第二类	工业第三类	民用第一类	民用第二类
防雷电波侵入	低压线路宜全长采用电缆直接埋地敷设，在入户端应将电缆的金属外皮接到防雷电感应的接地装置上。架空线采用不小于50m铠装电缆埋地引入时，换线处应装设阀型避雷器，避雷器、电缆金属外皮和绝缘子铁脚等应连在一起接地，其冲击接地电阻不应大于10Ω。架空金属管道，在进入建构筑物处，应与防雷电感应的接地装置相连。在靠近建、构筑物100m的管道，应每隔约25m接地一次，其冲击接地电阻不应大于20Ω。埋地或地沟内的金属管道，在进入建、构筑物处也应与防雷电感应的接地装置相连	低压架空线采用一段电缆埋地引入时，与工业第一类相同。爆炸危险性较小或年平均雷暴日在30日以下时，可采用低压架空线直接引入建、构筑物内的方式	在入户处应将绝缘子铁脚接到防雷及电气设备的接地装置上。进入建筑物的架空金属管道在入户处宜和上述接地装置相连	当低压线路采用电缆直接埋地引入时，在入户端应将电缆金属外皮与接地装置相连。当架空线采用一段电缆埋地引入时，与工业第一类相同。由架空线直接引入时，在入户处应加装避雷器，并将其和绝缘子铁脚连在一起接到电气设备的接地装置上。靠近建筑物的电杆上的绝缘子铁脚还应接地，其冲击接地电阻不大于30Ω。进入建筑物的架空金属管道，应在入户处与接地装置相连	同工业第三类

① 未标明冲击接地电阻时，均指工频接地电阻，以下均与此相同。

4. 高层建筑物的防雷措施

高层建筑高度很高，落雷容易，发生雷害危险性更大，故在设计高层建筑时，更要装备有效的避雷设施，从人员安全和建筑物保护来说都是极为重要的。

高层建筑与一般建筑物相比，由于建筑物高，要求接闪器的保护范围也应相应增大。特别要注意雷击电流袭击建筑物侧面的现象，引出了高层建筑物的防侧击的现象。另外，高层建筑用电负荷量大，往往有自己的变电所，雷击架空输电线路时，高压雷电波沿架空线侵入室内，造成人身伤亡或设备事故。

（1）防止直接雷措施　建筑物顶部采用避雷网保护。自30m以上，每3层沿建筑物四周设防侧击避雷带、水平均压环、引下线、闭合接地装置。也可用建筑物钢筋混凝土中的钢筋作防雷装置。这时构件内钢筋的接点应绑扎或焊接，被利用来与外部连接的钢筋与预留板的连接宜焊接，各构件之间必须连成电气通路，把避雷装置与建筑物本身完美结合成一个整体，形成笼式避雷网，既有最佳的防雷效果，又经济、牢固、持久、美观。

（2）防止雷电波侵入措施　进入建筑物的各种线路及管道宜用全线埋地引入，并在入户端将电缆的金属外皮、钢管与接地装置连接。在电缆与架空线连接处，应装阀型避雷器，并与电缆金属外皮和绝缘子铁脚连在一起接地。进入建筑物的埋金属管道及电气设备的接地装置，应在入户处与防雷接地装置连接。

垂直敷设的主干金属管道，尽量设在建筑物中部和屏蔽的竖井中。建筑物内的电气线路采用钢管配线。垂直敷设的电气线路，在适当部位装设带电部分与金属外壳间的击穿保护装置。

四、建筑工地防雷

对于施工 15m 以下的建筑物，由于高度较低，雷击可能性不大。而高大建筑物的施工工地的防雷问题是很重要的，应该采取相应的防雷措施。

（1）施工时应提前考虑防雷施工工程。为了节约钢材，应按正式设计图纸的要求，先做好全部接地装置。

（2）在开始架设结构骨架时，应按图纸规定，随时将混凝土柱子内的主筋与接地装置连接起来，以备施工期间，柱顶遭到雷击时，雷电流安全流散入地。

（3）沿建筑物的四角和四边竖起的竹木脚手架或金属脚手架上，应做数根避雷针，并直接接到接地装置上，使其保护到全部施工面积。

（4）施工用的起重机的最上端必须装设避雷针，并将起重机下部钢架连接于接地装置上。移动式起重机，须将两条滑行钢轨接到接地装置。

（5）应随时使施工现场正在绑扎钢筋的各层地面，构成一个等电位面，以避免遭受雷击时的跨步电压。由室外引来的各种金属管道及电缆外皮，都要在进入建筑物的进口处，就近连接到接地装置上。

第六节　安　全　用　电

一、概述

在现代建筑和建筑工地中，电气设备大量增加，安全用电问题愈加突出。安全用电实际上包含供电系统的安全，用电设备的安全和人身安全等三个主要方面。如果缺乏必要的安全知识，电气设备的安装、使用和维修违反安全规程，就可能产生电气事故即造成人身事故和设备事故。人身事故是指人体触电死亡或受伤，设备事故是指设备被烧毁或设备故障引起不应有的停电事故，这些事故都可能产生巨大的经济损失和不良的影响。

1. 人体触电

人体与较高电压的带电体接触时，使人体的某两点之间承受一定的接触电压，例如手与手或手与脚的两点之间形成一定的触电电流。当触电电流比较大时，产生一定的热效应和化学效应引起人体神经和肌肉功能紊乱、人体烧伤、心脏停搏，甚至危及生命。

触电电流对人体的危害程度通常与触电电流的大小、电流的频率、触电持续时间、电流通过人体的途径等因素有关。

使人体感觉到触电的电流称为感觉电流，一般为 1mA。人体能控制自己摆脱电源的电流称为摆脱电流，一般为 10mA。而当通过人体的电流超过 50mA，触电持续时间超过 1s 时，就可能造成生命危险，这个电流称为致命电流。实验证明，电源频率为 50～60Hz 的触电电流以及触电电流流经心脏时对人体伤害最严重，即危险性最大。触电持续时间越长越危险。

2. 触电方式

按照人体触及带电体的部位及触电电流通过人体的途径区别，人体触电的方式有三种，即单相触电、两相触电和跨步电压触电。

（1）单相触电　人体的某一部位接触一根带电导体或漏电电气设备的金属外壳，另一部位与大地接触，这时人体相当于接触电源的一根相线，如图 5-32 所示。在 380/220V 的供电系统中，单相触电相当于在人体施加 220V 的相电压，这种触电方式是很危险的。

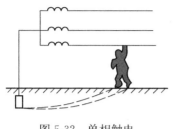

图 5-32　单相触电

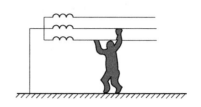

图 5-33　两相触电

（2）两相触电　人体的两个部位同时接触两相带电体，如图 5-33 所示，这时人体相当于接触电源的两根相线。在 380/220V 的供电系统中，两相触电，相当于人体施加 380V 的线电压，这种触电方式更加危险。

（3）跨步电压触电　当电流流过电网接地体或防雷接地体时，电流通过接地体周围的土壤中向大地四面八方流散，在土壤中产生电压降，接地体的电位最高，距接地体的距离越远，则电位下降越低。如图 5-34 所示，当人在接地体附近行走时，两脚之间产生了一定的电位差，形成跨步电压触电。跨步电压的大小与接地体的电位高低，人的跨步步距大小和人离开接地体的距离有关。一般在高压电线落地处的距离 10m 以外，就没有跨步电压触电的危险。如果人体误入危险区，感到两脚发麻时，不能大步奔跑，而应该单脚跳出接地的危险区。

3. 触电急救

一旦突然发生人体触电事故时，必须迅速进行抢救。首先是使触电者尽快地脱离电源和现场抢救。

抢救时必须冷静迅速找出触电原因，注意触电者的身体已经带电。可以立即拉开附近的电源开关或用干燥的木棍、竹杆和带上绝缘手套作为工具拉开触电者，挑开电线，使触电者脱离电源。此时还应注意防止触电者脱离电源后从高处落下摔伤等二次伤害事故。

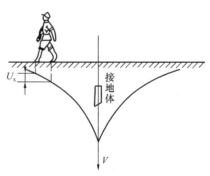

图 5-34　跨步电压触电

触电者脱离电源后，除迅速通知医护人员来现场诊治外，还应先在现场抢救。救护方法根据伤害程度不同而不同。如必要的外伤包扎处理。若触电者没有失去知觉或失去知觉还有呼吸、心脏跳动时，应在空气流通、温暖舒适的地方平卧休息，速请医生诊治。若触电者已经停止呼吸，心脏也停止跳动时，必须立即进行人工呼吸和心脏按压的急救方法，使触电者逐渐恢复正常。人工呼吸和心脏按压应交替连续进行，不得间断。抢救触电人员必须要有耐心和毅力，往往要进行 1～2h 以上，触电者才能苏醒，千万不要认为已经死亡，不去进行急救。

4. 安全电压

人体接触带电体时，所承受到的电压称为接触电压。对人体不产生严重反应和危险的电压称为安全电压。安全电压等于通过人体的安全电流与人体电阻的乘积。

人体的电阻变化范围很大，与人体精神状态、皮肤表面的清洁、干湿程度、接触电压高低及因人而异等因素有关。一般人体内部电阻为 500Ω。人体皮肤的电阻可能在 1～100kΩ 之间变化。

通过人体的安全电流 I 与电流流经人体的持续时间 T 有关。通常可以它们的乘积等于 30mA·s，来考虑人体允许的安全电流。一般认为，通过人体的安全电流为 10mA。

根据欧姆定律，我们可以计算安全工作电压 U

$$U = I \cdot R = 10 \times 10^{-3} \times 1200 = 12V$$

我国安全工作电压分为 12、24、36V 三个等级，在建筑物内和建筑工地上，大多采用 36V 作为安全电压；在特别潮湿的场所则应采用 12V 作为安全电压。

二、保护接地与接零

1. 接地接零的主要类型

电力系统和电气设备的接地和接零，根据不同的工作需要和作用，可以分为以下类型：

（1）工作接地　在正常或事故情况下，为保证电气设备可靠地运行，必须在电力系统中某点（如发电机或变压器的中性点）直接或经特殊装置与地连接，称为工作接地，如图 5-35 所示。

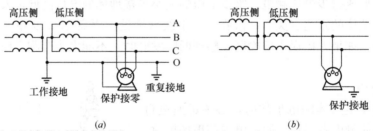

图 5-35　接地、接零示意图

（2）保护接地　电气设备的金属外壳，在正常情况下是不带电的。但是在绝缘损坏时发生漏电，金属外壳就会带电。为防止人身触电事故将金属外壳接地，称为保护接地。其接地电阻不得超过 4Ω。

（3）重复接地　将零线上的一点或多点与地再次的连接称为重复接地。例如供电系统的架空线路沿线每一公里处及在引入建筑物、车间的入口处，零线都要重复接地。

（4）接零　变压器和发电机接地中性点与中性零线相连接称为接零。将电气设备的金属外壳与供电系统的中性零线相连接称为保护接零。保护接零只适用电压在 1000V 以下中性点接地的三相四线制供电系统中，在此系统中不允许再用保护接地。

此外，还有防止雷电危害和过电压的危险所作的过电压保护接地；为防止生产过程中产生静电形成高电位的危险所作的静电接地；为防止电磁感应干扰所作的屏蔽隔离接地等。

2. 三相四线制与三相五线制

国际电工委员会（IEC）对低压供电系统接地形式的文字符号的意义规定如下：

第一个字母表示电源端与地的关系：

T——电源端有一点直接接地；

I——电源端所有带电部分不接地或有一点通过高阻抗接地。

第二个字母表示电气装置的外露可导电部分与地的关系：

T——电气装置的外露可导电部分直接接地，此接地点在电气上独立于电源端的接地点；

N——电气装置的外露可导电部分与电源端接地点有直接电气连接。

横线后的字母用来表示中性线与保护线的组合情况：

S——中性线和保护线是分开的；

C——中性线和保护线是合一的。

目前低压电网广泛采用三相四线制的供电系统，其中性点接地。它适合三相或单相负载共同使用，电气设备的金属外壳采用保护接零。由于该系统的保护接地线和中性线合用一根导线。由于中性线细而长造成中性线的阻抗较大，当负载三相不平衡等原因在中性线上有电流流过时形成对地的电压。这时远离电源的设备外壳上呈现电压，甚至可能电压较高，危及人身的安全。按国际电工委员会（IEC）的规定，三相四线制或单相两线制系统，又称为 TN—C 系统。"T"表示电力网中性点是直接接地系统，"N"表示电气设备金属外壳接地点采用直接电气连接，即"保护接零"。TN—C 系统是整个系统的保护接地线"PE"与中性线"N"合用一根导线（PEN 线），如图 5-36（a）所示。

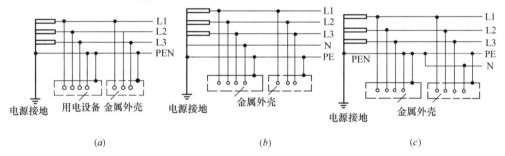

图 5-36　TN 系统

(a) TN—C 系统；(b) TN—S 系统；(c) TN—C—S 系统

对于具有较多的单相用电设备场所，例如多层厂房、宾馆、高级住宅等，要解决上述问题可提倡采用 TN—S 系统，该系统的保护接地线（PE）和中性线（N）完全分开，在我国通常称为三相五线制或单相三线制系统，如图 5-36（b）所示。

目前我国的一些较大的企业事业单位，在自用配电变压器的独立电网中，一般均采用保护接地导线与中性线局部合用的 TN—C—S 系统，如图 5-36（c）所示。

三、漏电保护装置

为了有效地防止人身触电和预防漏电火灾事故发生，除采用上述保护接地或保护接零措施外，还采用了漏电开关和漏电断路器等漏电保护装置。

根据不同要求装设于民用建筑供电系统，防止接地故障造成的危害。

1. 漏电开关

漏电开关分为带过载、带短路保护和不带过载、只带短路保护两种。为尽量缩小停电范围，可采用分段保护方案。将额定漏电流动作电流大于几百毫安至几安培的漏电开关装在电源变压器低压侧，主要对线路和电气设备进行保护。将漏电动作电流大于几十毫安至几百毫安的漏电开关装在分支路上，保护人体间接触电及防止漏电引起火灾。在线路末端的用电设备处和容易发生触电的场所装设额定漏电动作电流 30mA 及以下的漏电开关，对直接触碰带电导体的人体进行保护。

漏电开关多用在有家用电器（电冰箱、洗衣机、电风扇、电熨斗、电饭锅等）的线路中，并用于带有金属外壳的手持式电动工具、露天作业用易受雨淋、潮湿等影响的移动用电设备（如工地使用的搅拌机、水泵、电动锤、传送带及农村加工农产品的用电设备、脱粒机等）的线路中，以及在易燃易爆场所的电气设备和照明线路中。

漏电开关按工作原理分电压动作型、电流动作型、电压电流动作型、交流脉冲型和直流动作型等。因为电流动作型的检测特性好、用途广，可用于全系统的总保护，又可用于各干线、支路的分支保护，因而得到了广泛的应用。

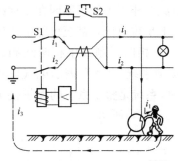

图 5-37　漏电开关工作原理图

漏电开关是由零序互感器、漏电脱扣器和主开关等三部分组成的自动开关，当检测判断到触电或漏电故障时，能自动直接切断主电路电源。

适合照明和单相负载的两极漏电开关的工作原理如图 5-37 所示。

在正常工作情况时，没有漏电电流，电源线的往返电流 i_1 和 i_2 大小相等，方向相反，合成励磁磁势为零，零序电流互感器没有输出，电源主开关 S1 保持在接通状态。当负载出现漏电电流 i_3 时，两条电源线的往返电流 i_1 和 i_2 就不相等，合成励磁磁势亦不为零，零序电流互感器的副绕组产生感应电压。当漏电电流达到规定的动作电流时，漏电脱扣器动作，带动主开关断开，通常在 0.1s 时间内就能切断电源，实现漏电自动保护的作用。

为了保证漏电开关在使用时动作可靠，便于检查，漏电开关均设有由试验电阻 R 和试验按钮 S2 组成的试验电路。当按下试验按钮 S2 时，试验电路中产生一个模拟漏电流，使主开关跳开。用户在刚安装后以及使用期间定期进行试验检查，如不能动作，则应进行更换或维修。

DZL18-20 单相漏电开关性能　　　　　表 5-17

额定电压（V）	额定电流（A）	过载脱扣器额定电流（A）	额定漏电动作电流 In（mA）	额定漏电不动作电流（mA）	动作时间（s）		
					In	2In	0.25A
220	20	10、15、20	10、15、30	6、7.5、15	≤0.2	≤0.1	≤0.04

表 5-17 中示出 DZL18-20 集成电路单相漏电开关的性能。该漏电开关适用于单相电路中，作为家庭和单相用电设备的漏电和触电自动保护之用，以达到有效地保护人身安全的目的。它属于电子式电流型漏电开关，采用集成电路放大器，工作稳定可靠，价格也较便宜。

2. 漏电断路器

漏电断路器又称漏电保护器或触电保护器。按工作原理分为电压动作型和电流动作型两种。目前常用的为电流动作型。电流动作型的漏电保护器主要由零序电流互感器、放大器和低压断路器（内含脱扣器）等部分组成。

从漏电故障发生到主开关切断电源，全过程约需 100ms 时间，可有效起到防止触电、保护人身的安全作用。

采用电流动作型漏电保护装置可以按不同对象分片、分级保护，故障跳闸只切断与故障有关的部分，正常线路不受影响。

四、等电位连接

等电位连接是指各个外露可导电部分及装置外导电部分的电位作实质相等的电气连接。接地就是一种以大地为参考电位的一种等电位连接方式，但它并不能最大限度地防范人身电击事故。

常用的等电位连接可按连接范围不同分为总等电位连接和局部等电位连接两种方式。

1. 总等电位连接

在建筑物电源线路进线处，将电气装置的 PE 线或 PEN 线与附近的所有金属管道干线，例如接地干线、水管、燃气管、采暖和空调管道，以及建筑物内的钢筋、金属构件等，在进入建筑物处接向总电位连接端子板（即接地端子板），称为总等电位连接。

总等电位连接靠均衡电位而降低人体的接触电压，同时可以有效减小从电源线路引入建筑物的危险电压。在 IEC 标准和一些先进国家的电气规范中都将总电位连接作为接地故障保护的基本条件。

2. 局部等电位连接

对于特别潮湿、触电危险大的场所，例如，游泳池、浴室、医院手术室等处。人体皮肤完全湿透，人体阻抗大大降低，通过金属管件传来的十几伏电压就可能引起伤亡事故。

因此，在此局部范围内，将 PE 线或 PEN 线与附近所有的上述金属管件等相互连接，称为局部等电位连接。这样不会出现电位差，将接触电压降低至安全电压以下，避免了电击事故的发生。

此外，《建筑物防雷设计规范》GB 50057—2016 也规定：装有防雷装置的建筑物，在防雷装置与其他设施和建筑物内人员无法隔离的情况下，也应采取等电位连接。

五、建筑工地的安全用电

建筑工地施工现场中施工用电需要经常变动，有些用电设施往往是临时设施，再加上现代施工机电设备数量大、品种多、露天工作条件较差等特点，更应该注意安全用电，防止各种事故发生。必须注意以下几点：

（1）架设用电设施、进行电气设备的安装、维修工作的人员必须为专业的电气技术人员和电工。工作时，必须认真执行安全操作规程；

（2）施工现场内一般不允许架设高压电线，特殊情况时，应按照有关规定，使高压电线与它所经过的建筑物、工作脚手架、起重机等大型机电设备保持必要的安全距离，或者在它的下边增设电线保护网；

（3）施工现场低压电网的架空线一般不允许使用裸导线，架空线和进户线必须选用橡皮绝缘电线；

（4）变电所的电源变压器应设置安全围栏，并在明显部位悬挂"高压危险"警告牌。

临时供电的开关箱，应距地面一定高度，并且必须上锁，由专人负责；

（5）使用中性点接地低压电网 380/220V 电源的施工机械电气设备，其外壳均采用保护接零的安全措施，禁止采用保护接地。

本 章 小 结

1. 由各种电压的电力线路将发电厂、变电所和电力用户联系起来的整体，叫做电力系统。各级电压的电力线路及其联系的变电所叫做电力网。

建筑和建筑工地的供电一般采用 380/220V 三相四线制低压配电系统。

2. 用电设备消耗的功率称为电力负荷。电力负荷计算的目的是为了合理选用供电系统的设备和导线器材。建筑和建筑工地的电力负荷一般采用需要系数法来确定计算负荷。

3. 建筑的低压配电系统可分为放射式和树干式等类型，根据负荷要求合理选择。对于要求可靠供电的一级负荷和高层建筑，应采用两路独立电源的供电方式。

4. 建筑供电系统中，必须正确选用导线、电缆的型号和导线截面，在建筑施工时，根据设计要求选择正确的敷设方法。

导线截面的选择是根据允许载流量、机械强度和电压损失三个方面来确定。

5. 建筑和建筑施工地都必须根据防雷等级的要求，采取不同的防雷措施。

6. 注意安全用电，电气设备应正确选用保护接零或保护接地的措施。

三相四线制的低压供电系统的中性点（中线）都用工作接地和重复接地来保证良好的接地。为了保证安全，建筑及建筑工地的电气设备大多采用保护接零的安全措施。

在三相三线制的供电系统中，电气设备大多采用保护接地的安全措施。

在一个系统上不准采用部分设备接零、部分设备接地的混合做法。

在现代建筑中，具有较多的单相用电设备，提倡采用保护接地线和中性线完全分开的三相五线制或单相三线制供电系统。

复习思考题与习题

1. 什么叫电力系统和电力网？它的作用是什么？

2. 什么叫变电所和配电所？它们的作用和区别是什么？

3. 某户住宅供电按交流 220V、20A 设计。夏天室内最高温度为 37℃，导线工作温度为 60℃，采用三根铜芯塑料导线穿过保护钢管敷设方式。试求该导线的截面。

4. 请用图 5-26 说明建筑的低压配电系统有哪几种形式？简述它们的特点和各适用什么场所？

5. 建筑物有哪些防雷等级？有哪些防雷措施？

6. 什么叫保护接零和保护接地？各适用什么场合？

7. 请用图 5-36 说明低压配电系统中，TN 系统的接地形式。

第六章 建筑电气照明

第一节 照明基本概念

电气照明是现代人们日常生活和工作的一项基本条件，当自然光线缺少（如夜晚）或不足时，它为人们提供了进行视觉工作的必需的环境。它是应用光学、电学、建筑学和生理卫生学等方面的综合科学技术。

光学是照明的基础。光是一种电磁波，可见光的波长一般为 380～780nm（1nm＝10^{-9}m）。不同波长的光给人的颜色感觉不同，例如波长 380～400nm 为紫色，波长 700～780nm 为红色等。按波长长短依次排列称为光源的光谱。下面主要介绍与照明质量有关的几个基本概念。

1. 光通量（luminous flux）

根据辐射对标准光度观察者的作用导出的光度量，单位为流明（lm）。

2. 发光强度 luminous intensity

发光体在给定方向上的发光强度是该发光体在该方向的立体角元 $d\Omega$ 内传输的光通量 $d\phi$ 除以该立体角元所得之商，即单位立体角的光通量，单位为坎德拉（cd）。

它表示光源的发光强弱程度。

3. 亮度（luminance）

由公式 $L = d^2\phi/(dA \cdot \cos\theta \cdot d\theta)$ 定义的量。单位为坎德拉每平方米（cd/m²）。

式中　$d\phi$——由给定点的光束元传输的并包含给定方向的立体角 $d\Omega$ 内传播的光通量（lm）；

　　　dA——包括给定点的射束截面积（m²）；

　　　θ——射束截面法线与射束方向间的夹角。

4. 照度（illuminance）

入射在包含该点的面元上的光通量 $d\phi$ 除以该面元面积所得之商。单位为勒克斯（lx）1 lx＝1 lm/m²。物体的照度不仅与它表面上光通量有关，而且与它本身表面积大小有关。

5. 光源的发光效能（luminous efficacy of a light source）

光源发出的光通量除以光源功率所得之商，简称光源的光效。单位为流明每瓦特（lm/W）。

6. 显色性（colour rendering）

与参考标准光源相比较，光源显现物体颜色的特性。显色指数为光源显色性的度量。以被测光源下物体颜色和参考标准光源下物体颜色的相符合程度来表示。

7. 色温（colour temperature）

当光源的色品与某一温度下黑体的色品相同时，该黑体的绝对温度为此光源的色温。亦称"色度"。单位为开（K）。

除了以上几个光学基本量以外，影响视觉的因素还有被照空间物体的表面反射系数。

当光通量照射到物体被照面后，一部分被反射，一部分被吸收，一部分透过被照面的介质。被物体反射的光通量与射向物体的光通量之比称为反射系数或反射率。物体的反射系数与被照面的颜色和光洁度有关。

第二节　照明电光源与灯具

照明电光源可以按工作原理、结构特点等进行分类。根据其由电能转换光能的工作原理不同，大致可分为两大类。

（1）热辐射光源。它是利用物体通电加热而辐射发光的原理制成的，如白炽灯、卤钨灯等。

（2）气体放电光源。它是利用气体放电时发光的原理制成的，如荧光灯、荧光高压汞灯、高压钠灯、霓虹灯、氙灯和金属卤化物灯等。

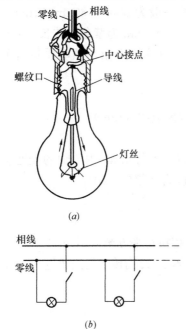

图 6-1　白炽灯
（a）白炽灯构造；（b）接线

一、白炽灯

白炽灯又称"电灯泡"，是目前应用最广泛的电光源之一。它的结构如图 6-1 所示。由灯头、灯丝和玻璃外壳组成。灯头有螺纹口和插口两种形式，可拧进灯座中。对于螺口灯泡的灯座，相线应接在灯座中心接点上，零线接到螺纹口端接点上。

灯丝由钨丝制成，当电流通过时加热钨丝，使其达到白炽状态而发光。一般 40W 以下的小功率灯泡内部抽成真空，60W 以上的大功率灯泡先抽真空，再充以氩气等惰性气体，以减少钨丝发热时的蒸发损耗，提高使用寿命。

白炽灯构造简单，价格便宜，使用方便。在交流电场合使用时白炽灯的光线波动不大，如能选配合适的灯具使用对保护眼睛较有利。除普通白炽灯泡外，玻璃外壳可以制成各种形状，玻壳可以透明、磨砂和涂白色、彩色涂料，以及镀一层反光铝膜的反射型照明灯泡。由于各种用途形式的现代灯具出现，白炽灯逐渐停止生产供应市场。它的主要缺点是发光效率很低，只有 2%～3%的电能转换为可见光，其余都以热辐射形式损失了。

二、荧光灯

荧光灯又称日光灯，是气体放电光源。它由灯管、镇流器和启辉器三部分组成。

灯管由灯头、灯丝和玻璃管壳组成，其结构如图 6-2 所示。灯管两端分别装有一组灯丝与灯脚相连。灯管内抽成真空，再充以少量惰性气体氩和微量的汞。玻璃管壳内壁涂有荧光物质，改变荧光粉成分可以获得不同的可见光光谱。目前荧光灯有日光色、冷白色、暖白色以及各种彩色等光色。灯管外形有直管形、U 形、圆形、平板形和紧凑型（双曲形、H 形、双 D 形和双 π 形）。

荧光灯工作原理如下：接通电源后，在电源电压的作用下，启辉器产生辉光放电，其动触片受热膨胀与静触点接触形成通路，电流通过并加热灯丝发射电子。但这时辉光放电停止，动触片冷却恢复原来形状，在使触点断开的瞬间，电路突然切断，镇流器产生较高

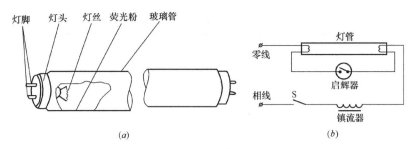

图 6-2 荧光灯

(a) 灯管结构;(b) 接线图

的自感电动势,当接线正确时,电动势与电源电压叠加,在灯管两端形成高电压。在高电压作用下,灯丝通电、加热和发射电子流,电子撞击汞原子,使其电离而放电。放电过程中发射出的紫外线又激发灯管内壁的荧光粉,从而发出可见光。

荧光灯发光效率高,寿命长(一般为 2000~3000h),因此广泛地用于室内照明。其额定电压为 220V,额定功率有 8、12、20、30 和 40W 等规格。但荧光灯不宜频繁启动,否则会缩短寿命。荧光灯工作受环境温度影响大,最适宜的温度为 18~25℃。荧光灯发光会随交流电源的变化而作周期性明暗闪动,称为频闪效应。因此不适合在具有转动机器设备的机械加工车间等场合照明。消除频闪效应可用双荧光灯照明,其中一个灯管的电路中接有移相电容器。或者使用三荧光灯照明,分别接入星形连接的三相电路中工作。

由于镇流器是电感元件,因此电路的功率因数较低($\cos\varphi=0.4\sim0.6$)。为了提高电路的功率因数,可以并接一个电容器。例如常用的 20W 荧光灯可以并接 $0.5\mu F$ 的电容器,40W 荧光灯可以并接 $4.75\mu F$ 的电容器。

近年来研制生产和推广使用的节能型荧光灯交流电子镇流器,能提高功率因数($\cos\varphi=0.95$ 以上)和延长配套荧光灯管的使用寿命。它还具有频率转换电路,将荧光灯管的工作频率由 50Hz 提高到 25kHz,消除了荧光灯频闪效应对视觉的影响。在高频状态下镇流器能在 160~250V 范围内正常启动荧光灯,这一优点对电压偏低地区尤为适用。它还具有过电压保护功能,当电源电压大于 300V 时,可自动断开电源。

三、常用电光源的特性与选用

由于电光源技术的迅速发展,新型电光源越来越多。它们光效高、光色好、功率大、寿命长或者适合某些特殊场所的需要等,各有特色。目前常用电光源的分类和主要特性见表 6-1 和表 6-2。

常 用 电 光 源 分 类　　　　　　　　表 6-1

热辐射光源			钨丝白炽灯(白炽灯)
			卤钨循环白炽灯(卤钨灯)
气体放电光源 (按发光物质分类)	金属	汞灯	低压汞灯(荧光灯)
			高压汞灯(荧光高压汞灯)
		钠灯	低压钠灯
			高压钠灯
	惰性气体		氙灯——管形氙灯、超高压球形氙灯
			汞氙灯——管形汞氙灯
			氖灯
			霓虹灯
	金属卤化物灯		钠铊铟灯、镝灯

光源名称	普通照明灯泡	卤钨灯	荧光灯	荧光高压汞灯	管形氙灯	高压钠灯	金属卤化物灯
额定功率范围（W）	10～1000	500～2000	6～125	50～1000	1500～100000	250、400	400～1000
光效（1m/W）	6.5～19	19.5～21	25～67	30～50	20～37	90～100	60～80
平均寿命（小时）	1000	1500	2000～3000	2500～5000	500～1000	3000	2000
一般显色指数 R_a	95～99	95～99	70～30	30～40	90～94	20～25	65～85
启动稳定时间	瞬时	瞬时	1～3s	4～8min	1～2s	4～8min	4～8min
再启动时间	瞬时	瞬时	瞬时	5～10s	瞬时	10～20min	10～15min
功率因数	1	1	0.33～0.7	0.44～0.67	0.4～0.9	0.44	0.4～0.61
频闪效应	不明显		明		显		
表面亮度	大	大	小	较大	大	较大	大
电压变化对光通量影响	大	大	较大	较大	较大	大	较大
环境温度对光通量影响	小	小	大	较小	小	较小	较小
耐震性能	较差	差	较好	好	好	较好	好
所需附件	无	无	镇流器、启辉器	镇流器	镇流器、触发器	镇流器	镇流器、触发器

注：1. 小功率管形氙灯需用镇流器，大功率可不用镇流器。

2. 1000W 钠铊铟灯目前须用触发器启动。

各种常用照明电光源的选用范围如下：

（1）白炽灯 应用在照度和光色要求不高、频繁开关的室内外照明。除普通照明灯泡外，还有 6～36 伏的低压灯泡，用作机电设备局部安全照明和携带式照明。

（2）卤钨灯 光效高、光色好，适合大面积、高空间场所照明。

（3）荧光灯 光效高、光色好，适用于需要照度高、区别色彩的室内场所，例如教室、办公室和轻工车间。但不适合有转动机械的场所照明。

（4）荧光高压汞灯 光色差，常用于街道、广场和施工工地大面积的照明。

（5）氙灯 发出强白光，光色好，又称"小太阳"，适合大面积、高大厂房、广场、运动场、港口和机场的照明。

（6）高压钠灯 光色较差，适合城市街道、广场的照明。

（7）低压钠灯 发出黄绿色光，穿透烟雾性能好，多用于城市道路、户外广场的照明。

（8）金属卤化物灯 光效高、光色好，室内外照明均适用。

（9）半导体发光二极管 随着半导体器件技术的迅速发展，发光二极管（LED）也是一种将电能直接转换为光能的固体元件，可以作为有效的辐射光源。除了红、黄、绿等单色光外，20 世纪 90 年代研制成功白色光 LED，其光效不断提高，2001 年已达到 40～50 lm/W，成为第四代电光源。

四、半导体照明技术

半导体照明技术也称固态照明，由电致固体发光一种半导体器件（发光二极管 LED）

作为照明光源，是第四代新型的照明光源，具有高效、节能、环保、寿命长、易维护等显著特点，是人类照明史上继白炽灯，荧光灯之后的又一场照明光源的革命。

1. LED光源

它的主要部件是发光二极管（LED），电能造成比热平衡时更多的电子和空穴，与此同时由于复合而减少电子和空穴，造成新的热平衡，在复合过程中，能量以光的形式发出。

2. LED光源的性能特点

（1）高效节能　LED的光效高，能耗小。目前白光功率型LED的光效已经达到161lm/W，市场商品也已达到100lm/W以上。预计到2020年，将达到或超过200lm/W。超过所有的传统光源的性能。

（2）寿命长　由于其发光不受气体放电管的电极消耗式的影响，寿命可达几万小时。远远超过其他类型的显示器件和照明器具，这样亦大大减少了换灯和维护的人工费用。

（3）结构牢固体积小质量轻　LED是一种全固态光源，结构中不含有玻璃、灯丝等易损坏的部件。其1W封装的LED外形尺寸最小只有0.7mm×0.7mm，有的高度不足2mm，尤其适合小型和超薄电子设备和装置中使用。工作温度范围为 $-40\sim85℃$ 。

（4）色温色彩可以调节　单色发光二极管已能发出红、黄、绿、蓝和白色等各种颜色的光，而且发光的效率很高，加上先进的驱动和控制技术可以实现五光十色、鲜艳、灵动的各种效果。

（5）启动速度快　LED的响应时间只有几十纳秒，能满足一些需要快速响应或高速运动的场合工作，而白炽灯和气体放电管都需要预热，白炽灯的响应时间为零点几秒，气体放电管需要几十秒至几分钟。

（6）环保　现在广泛使用的荧光灯、节能灯、汞灯以及金卤灯等电光源中，都有危害人体的汞，这些光源生产过程和废弃的灯管都为对环境造成污染。LED则没有这些问题。LED的可见光不含有紫外线及红外线，是一种"清洁"、"健康"的光源。正确使用合格的普通照明白光LED产品，对于人眼是安全的。此外，由于节能，可以减少二氧化碳、二氧化硫等有害气体的排放。

3. 半导体照明驱动和控制

（1）LED驱动电源　LED的技术已经日渐成熟，应用越来越广泛，LED驱动电源的品质直接影响到LED产品的质量和可靠性。LED是一种电流控制元件，只有保证LED正向工作电流的恒定和保护，才能保证LED的光度、色度和热学参量的基本稳定。从而产生了驱动电源的概念，LED不像普通的白炽灯泡，可以直接连接220V的交流电。它是2~3V的低电压驱动，必须要设计复杂的变换电路，不同功率、不同用途的LED灯具要配备不同的驱动电源。国际上对LED驱动电源的转换效率、有功功率、恒流精度、电源寿命、电磁兼容等性能都有严格的要求。驱动电源按驱动方式分为恒压驱动和恒流驱动两种方式。LED一般采用恒流驱动电源，输出恒定直流电源，输出的直流电压随负载阻值的不同而变化，负载阻值小，输出电压就低；负载阻值大，输出电压就高。恒流驱动电源不怕负载短路，但严禁完全开路。

（2）控制技术　对LED发光强度和颜色的控制通常称为调光、调色。

1）调光　由于LED的发光强度与它的工作电流 I_0 在一定电流范围内呈线性关系，即改变LED的工作电流 I_0 就可以改变它的发光强度，实现调光。

2）调色　由色度学原理可知，如果将红、绿、蓝三原色进行混合，在适当的三原色亮度比的组合下，理论上可以得到无数种色彩，通常采用红色、绿色、蓝色等多种颜色的LED灯，通过点亮和工作电流控制，就可以实现色彩的调控，即调色。

3）调色温　可采用两组高、低色温的LED灯，编制软件分别控制其光通量变化，实现高、低色温转换，以及逐步变化的调控。也可以采用一组高色温白光LED灯，加上一组低色温红色LED灯，进行混合配置，逐步提高后者的光通量输出，就能实现灯具从高色温向低色温的过渡。

4）智能照明　智能照明主要通过各种传感器（如光敏传感器、人体感应、声控等）来实现智能开关功能；采用微计算机、单片机，按需要编制程序软件来实现照明的调光、调色和调色温。智能照明主要应用在景观照明，舞台照明，娱乐等场所，也可进入互联网作为智能家居及智能城市的一部分，如多功能的智能路灯、旅游景区、城市广场的照明。

4. 半导体照明的应用

（1）室内照明　作为第四代照明光源，LED照明已成为各种建筑室内照明的首选，具有传统白炽灯、荧光灯照明所无可比拟的优点。在应用时将不同功率、颜色的LED灯进行组合，可以实现不同亮度，不同色彩，不同色温和不同模式的调光，使人们的生活更加丰富多彩。同时LED灯具的体积小，安装方便，有更好的隐蔽性，这样的LED灯具更能体现在建筑环境光照的和谐。

常见的LED灯具有：LED灯泡、LED筒灯、LED吸顶灯、LED射灯、LED日光灯、LED面板灯、LED吊灯、LED台灯、LED壁灯及LED灯带等。

除满足办公室，教室和居住室的一般照明要求外，还根据商场、宾馆、舞台和家居空间的特殊要求，提出了"情景照明"的概念，以环境需求来设计灯具。情景照明以场所为出发点旨在营造一种漂亮、绚丽的光照环境，去烘托场景效果，使人感到特定的氛围。

商场照明运用灯光营造灵动、丰富情感的空间，创造变幻的购物氛围。

舞台照明是众多舞台艺术形式的一部分，运用舞台灯光设备和技术手段，随着剧情发展，显示环境，渲染气氛，突出中心人物，创造舞台空间感、时间感，提供必要的灯光效果。

家居装修中，人们对住宅照明的要求已从单一的照明，逐渐提升到呼应情绪、营造健康光环境的高度，灯具时尚化已经成为潮流。选择不同色温的光源，营造不同的光环境，会给人们不同的心理感受。低色温给人一种温馨、舒适的感觉，比较适合感性的情景，如客厅、卧室、酒吧；中色温给人一种清爽、激情、时尚的感觉，适合办公室、阅览室、教室、实验室等；高色温给人是一种纯洁、清新、明快、严肃的感觉，比较适合理性和照明要求高的工作场所。光源色温特征及适用场所如表6-3所示。

光源色温特征及适用场所　　　　　　　　　　　　　　表6-3

色温（K）	色温特征	适　用　场　所
＜3300	暖	客房，卧室，病房，酒吧
3300～5300	中间	办公室，教室，阅览室，商场，诊室、检验室，实验室、控制室、机加工车间、仪表装配
＞5300	冷	热加工车间、高照度场所

（2）户外照明

户外照明泛指户外使用的各种照明产品，一般分为两大类：

1）功能性照明 投光灯、路灯、隧道灯、加油站灯、特种照明灯等；

2）装饰性照明 庭院灯、草坪灯、户外壁灯、埋地灯、水底灯等。

投光照明一般包括泛光照明和重点照明，使室外的建筑目标或场地比周边环境更加明亮，多彩多姿的 LED 户外照明灯构成城市景观的重要元素，是建筑物夜晚的盛装，它可使广告牌夜间更醒目。

路灯适用于高速公路、大型广场、城市道路、小区人行道等户外场所。现在各地新建项目普遍采用 LED 照明灯，同时也成为替换现已敷设传统光源的路灯的首选。特别是 LED 太阳能路灯，由于不用电源，正成为城市道路标志灯和乡村公路灯的首选。我国大功率 LED 户外照明灯亦正在得到系统开发。

五、灯具

照明电光源（灯泡或灯管）、固定安装用的灯座、控制光通量分布的灯罩及调节装置等构成了完整的电气照明器具，通常称为灯具。灯具的结构应满足制造、安装及维修方便、外形美观和使用工作场所的照明要求。

1. 分类

根据使用的工作场所不同，可以分工业生产和民用建筑照明用灯具。工业用的灯具要求安全可靠，有时还要求防爆、防潮等特殊要求，灯具结构有开启型、封闭型、密闭型和防爆型等。灯座、灯罩材料常用金属、工程塑料。民用的灯具根据建筑空间的不同要求，如宾馆、住宅、办公室、教室、剧场、广场等的灯具也有不同的要求，有时以经济实用为主，有时以装饰美观为主。

如果按总光通量在空间的上半球和下半球的分配比例来进行分类，灯具可分为直接型、半直接型、漫射型、半间接型和间接型，见表 6-4。

按总光通量在上、下半球空间比例分类 表 6-4

类 型		直接型	半直接型	漫射型	半间接型	间接型
光通量分布特性（占照明器总光通量的比例）	上半球	0%～10%	10%～40%	40%～60%	60%～90%	90%～100%
	下半球	100%～90%	90%～60%	60%～40%	40%～10%	10%～0%
特 点		光线集中，工作面上可获得充分照度	光线能集中在工作面上，空间也能得到适当照度。比直接型眩光小	空间各个方向光强基本一致，可达到无眩光	增加了反射光的作用，使光线比较均匀柔和	扩散性好，光线柔和均匀。避免了眩光，但光的利用率低
示意图						

189

2. 配光作用

一个电光源配上一定的灯罩后，其光通量就要重新分配，这称为灯具的配光作用。灯具发光强度在空间的分布曲线称为配光曲线，通常在平面极坐标系中表示。几种灯具的配光曲线，如图 6-3 所示。各曲线表示灯具配光灯型为：

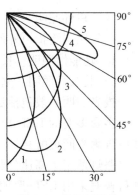

图 6-3 几种灯具的配光曲线

(1) 特深照配光型。光通量和最大发光强度值集中在 $0°\sim15°$ 的狭小立体角内。

(2) 深照配光型。光通量和最大发光强度值集中在 $0°\sim30°$ 的狭小立体角内。

(3) 配照配光型。又称余弦配光型。发光强度 I_θ 与角度 θ 的关系符合余弦规律

$$I_\theta = I_0 \cos\theta$$

式中　I_0——灯具正下方 $\theta = 0°$ 时的发光强度最大值。

(4) 漫射配光型。又称均匀配光型。光线在各个方向上发光强度基本相同。

(5) 广照配光型。光线的最大发光强度分布在较大角度上，可在较广的面积上形成均匀的照度。

3. 眩光的限制

当照明电光源的亮度过大或与人眼的距离过近时，刺目的光线使人眼难以忍受，使人发生晕眩及危害视力的现象称为眩光。它可能使人看不见其他东西，失去了照明的作用；也可能对可见度并无影响，但人感到很不舒服。因此，在建筑电气照明设计时，必须注意限制眩光。通常采用如下措施：

(1) 为限制直接眩光的作用，室内照明器的悬挂高度应符合表 6-5 规定。

表 6-4 中的保护角是指灯罩开口边缘至灯丝（发光体）最边缘的连线与水平线之间的夹角，如图 6-4 所示。灯罩提供的保护角，是为了保护视力不受或少受眩光的影响，因为眩光的强弱与视角存在着一定的关系，如图 6-5 所示。

照明器距地面最低高度的规定　　　　　　　　　　表 6-5

光源种类	照明器形式	保护角 α	灯泡功率 (W)	最低悬挂高度 (m)
白炽灯	有反射罩	$0°\sim30°$	≤60	2
			100～150	2.5
			200～300	3.5
			≥500	4
	有乳白玻璃漫反射罩	—	≤100	2
			150～200	2.5
			300～500	3
卤钨灯	有反射罩	$30°\sim60°$	≤500	6
			1000～2000	7

光源种类	照明器形式	保护角 α	灯泡功率 （W）	最低悬挂高度 （m）
低压荧光灯	有反射罩	0°～10°	＜40 ＞40	2 3
	无反射罩	—	≥40	2
高压荧光灯	有反射罩	10°～30°	≤125 250 ≥400	3.5 5 6
金属卤化物灯	搪瓷反射罩 铝抛光反射罩	10°～30°	400 1000	6 14
高压钠灯	搪瓷反射罩 铝抛光反射罩		250 400	6 7

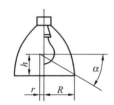 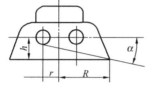 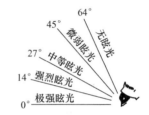

图 6-4　灯罩的保护角　　　　　　　图 6-5　眩光与视角的关系

（2）局部照明的光源应具有不透明材料或漫反射材料制成的反射罩。光源的位置高于人眼的水平视线时，其保护角应大于 30°，若低于眼睛的水平视线时，不应小于 10°。

（3）当工作面或识别物体表面呈现镜面反射时，应采取防止反射至眼内的措施，例如加大保护角，采用漫射型或带磨砂玻璃灯泡的照明器。

4. 灯具的布置

灯具的布置应能满足工作面上最低照度要求、照度均匀、光线射向适当、无眩光、无阴影，检修维护方便与安全。并且总体布置应该整齐、美观以及与建筑协调。

建筑物室内灯具布置除了保证照度均匀，还经常需要满足局部照明的要求。室内灯具的布置方式可分为均匀布置和选择性布置。一般照明应采用均匀布置，在平面布置上通常采用正方形、矩形和菱形的布置方式。

灯具竖向布置（即悬挂高度），还需要考虑限制直接眩光的作用，室内灯具悬挂高度应满足表 6-4 中所规定的最低高度的要求。灯具的合理布置应该正确选择灯具的间距 L 与灯具悬挂高度 H 的比值。当选用反射光或漫射光灯具布置时，还需注意灯具与顶棚的距离，通常这个距离为顶棚至工作面距离的 1/5～1/4 较为合适。

灯具的布置还应与建筑形式相结合。例如高大厂房内的灯具经常采用顶灯和壁灯相结合的形式；宾馆大厅、商场等场所不能简单地采用均匀布置灯具，而应采用多种形式的光源和灯具作不均匀布置，突出富丽堂皇、琳琅满目的装饰艺术和环境美观、豪华的视觉效果。

一般灯具的安装和固定装置施工方法如图 6-6 和图 6-7 所示。

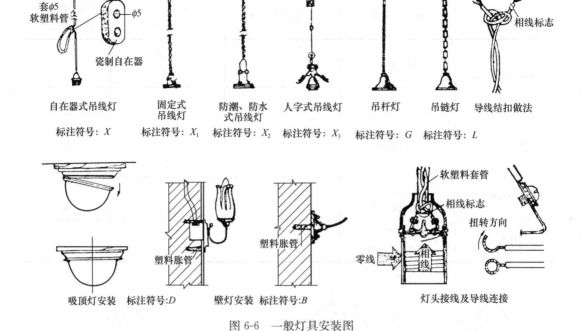

自在器式吊线灯　　固定式　　防潮、防水　　人字式吊线灯　　吊杆灯　　吊链灯　　导线结扣做法
　　　　　　　　　吊线灯　　式吊线灯
标注符号: X　标注符号: X_1　标注符号: X_2　标注符号: X_3　标注符号: G　标注符号: L

吸顶灯安装　标注符号:D　壁灯安装　标注符号:B　　灯头接线及导线连接

图 6-6　一般灯具安装图

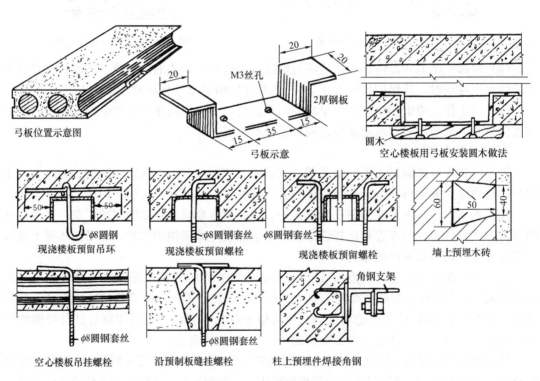

弓板位置示意图　　弓板示意　　空心楼板用弓板安装圆木做法

现浇楼板预留吊环　现浇楼板预留螺栓　现浇楼板预留螺栓　墙上预埋木砖

空心楼板吊挂螺栓　沿预制板缝挂螺栓　柱上预埋件焊接角钢

图 6-7　固定装置施工方法

第三节　照　明　计　算

一、照明的分类

1. 按照明范围分类

按照明范围大小来区别，照明方式可分为：

（1）一般照明　为照亮整个场所而设置的均匀照明。整个场所或某个特定区域照度基本均匀。对于工作位置密度很大而对光照方向无特殊要求，或受条件限制不适宜装设局部照明装置的场所，可以只采用一般照明。例如办公室、体育馆和教室等。

（2）分区一般照明　为照亮工作场所中某一特定区域，而设置的均匀照明。

（3）局部照明　特定视觉工作用的，为照亮某个局部而设计的照明。只局限于工作部位的特殊需要而设置的固定或移动的照明，这些部位对照度和照射方向有一定要求。

（4）混合照明　由一般照明与局部照明组成的照明。对于照度要求较高，工作位置密度不大，或对照射方向有特殊要求的场所，宜采用混合照明。例如金属机械加工机床、精密电子电工器件加工安装工作台和办公室的办公桌等。

（5）重点照明　为提高指定区域或目标的照度，使其比周围区域突出的照明。

2. 按照明功能分类

按照明的功能特点来区别，照明分类为：

（1）正常照明　在正常情况下使用的照明。它一般可以单独使用，也可与应急照明同时使用，但控制线路必须分开。

（2）应急照明　因正常照明的电源失效而启用的照明。应急照明包括疏散照明、安全照明、备用照明。

1）疏散照明　用于确保疏散通道被有效地辨认和使用的应急照明。

2）安全照明　用于确保处于潜在危险之中的人员安全的应急照明。

3）备用照明　用于确保正常活动继续或暂时继续进行的应急照明。

（3）值班照明　在非工作时间，为值班所设置的照明。在非三班制生产的重要车间、仓库、商场等场所，通常设置值班照明。值班照明可利用正常照明中能够单独控制的一部分。

（4）警卫照明　用于警戒而安装的照明。警卫照明应尽量与区域照明合用。

（5）障碍照明　在可能危及航行安全的建筑物或构筑物上安装的标识照明。为了保证夜航的安全，在飞机场周围较高的建筑物上，在船舶航行的航道两侧的建筑物上，应按民航和交通部门的有关规定装设障碍照明。障碍标志灯一般为红色，有条件时宜采用闪烁照明，并且接入应急电源回路。

航空障碍标志灯的有关规定：

1）障碍标志灯的水平、垂直距离不宜大于 45m。

2）障碍标志灯应装设在建筑物或构筑物的最高部位等制高点。平面面积较大或为建筑群时，除在最高端装设障碍标志灯外，还应在其外侧转角的顶端分别设置。

3）在烟囱顶上设置障碍标志灯时，宜将其安装在低于烟囱口 1.5～3m 的部位，并成三角形水平排列。

4）航空障碍标志灯的技术参数见表 6-6。

标志灯类型	低光强	中光强	高光强
灯光颜色	航空红色	航空红色	航空白色
控光方式	恒定光或闪光 （60～90 次/min）	闪光 （20～60 次/min）	闪光 （20～60 次/min）
有效光强（cd）	>10	>2000	>7500
可视范围	光源中心垂线 15° 以上全方位	光源中心垂线 15° 以上全方位	光源中心垂线 15° 以上全方位
适用高度	高出地面 60m 时	高出地面 90m 时	高出地面 150m 时

航空障碍标志灯技术参数   表 6-6

5）航空障碍标志灯应采用自动控制，并便于更换光源。

6）航空障碍标志灯应按主体建筑中最高负荷等级要求供电。

（6）景观照明 为在夜间观赏建筑物的外观和庭园小景而设置的照明。一般分为建筑物立面照明、街区与植被灯光和喷泉灯光照明等。

（7）室外道路照明 一般有杆柱照明、高杆照明、悬索照明和栏杆照明等。

二、照明计算

电气照明计算包括照度计算和照明负荷计算，它们的计算方法比较简单，但是要用大量的表格、系数，故在此只作简要的介绍。如果需要计算时请查阅有关手册和标准。

1. 照度标准

按照我国国家标准《建筑照明设计标准》GB 50034—2013，照度标准值应按 0.5、1、2、3、5、10、15、20、30、50、75、100、150、200、300、500、750、1000、1500、2000、3000、5000 lx 分级。各类建筑的照度标准值和照明功率密度值见表 6-9。

此外，应急照明的照度标准值宜符合下列规定：

（1）备用照明的照度值除另有规定外，不低于该场所一般照明照度值的 10%；

（2）安全照明的照度值不低于该场所一般照明照度值的 10% 且不应低于 15lx；

（3）疏散通道的疏散照明的照度值不低于 1lx。

2. 照度计算

照度计算的任务可以是根据所需的照度值和建筑平面进行布灯设计；或者是根据确定的布灯方案来计算某点、面的照度值。前者要求确定布灯方案、照明方式、灯具类型和功率等。后者反之。

照度计算的基本方法，通常有利用系数法、单位容量法和逐点计算法三种。

（1）利用系数法 适用于灯具均匀布置的一般照明及利用周围墙、天花板作为反射面的场所。当采用反射式照明灯具时，也采用此法计算。投射到被照面上的光通量与房间内全部灯具总光通量的比值，叫做"利用系数"。此外还有与房间尺寸、面积有关的"室形指数"，墙壁、天花板及地面有关的反射系数，照度补偿系数等。

根据灯具功率和数量计算出总光通量，考虑上述各种系数的影响后求出被照面的光通量，再除以被照面积即可求得被照面的平均照度。

（2）单位容量法 适用于均匀的一般照明计算。一般民用建筑和环境反射条件较好的小型车间，可利用此法计算。

根据已知的房间面积 S 及该建筑房间类型查表 6-7 得出的照明功率密度值（W/m^2），即可计算出房间内电光源总的安装功率 P。

$$P = W \cdot S$$

然后，再根据布置灯具方案、灯具数量可以确定每个灯具的功率。

（3）逐点计算法　根据电光源向各被照点发射的光通量的直射分量来计算被照点的照度。逐点计算法适用于水平面、垂直面和倾斜面上的照度计算。此方法计算的结果比较准确，故可计算车间的一般照明、局部照明和外部照明等，但不适用于计算周围反射性能很高的场所的照度。

3. 照明负荷计算

照明负荷计算就是确定供电量。在根据照度计算确定布灯设计、算出电气照明电光源所需的功率以后，进行照明负荷计算和设计，选择配电导线、控制设备与配电箱的型号、数量及位置等。这与第五章介绍的负荷计算方法相同，不再重述。

三、照明质量与节能

1. 照明质量

照明质量主要包括合适的照度、照度均匀性、眩光限制、光源显色性和照度稳定性等。

（1）合适的照度　这是人类能正常进行视觉活动的基本保证。当建筑等级和功能要求高、作业精度要求较高及对操作安全有重要影响等情况时，可按照照度标准值分级提高一级。合适的照度，有利于保护视力，有利于生产、工作、学习、生活和身心健康。

（2）照度均匀度　是指规定表面上的最小照度与平均照度之比。在工作房间和作业区域内的一般照度均匀度不应小于 0.7，而作业面邻近周围的照度均匀度不应小于 0.5，房间或场所内的通道和其他非作业区域的一般照明的照度值不宜低于作业区域一般照明照度值的 1/3。工作环境的照度极不均匀时，容易导致视觉疲劳。

（3）眩光限制　眩光是指由于视野中的亮度分布或亮度范围的不适宜，或存在极端的对比，以致引起不舒适感觉或降低观察细部或目标的能力的视觉现象。

采用具有漫反射和格栅的灯具，限制照明器表面的亮度，避免将灯具安装在干扰区内等措施，可以有效限制眩光。直接眩光限制的质量等级见表 6-7。

直接眩光限制的质量等级　　　　　　　　　　　　表 6-7

眩光限制质量等级	眩光程度	视觉要求和适用场所举例
Ⅰ	无眩光感	有特殊要求的高质量照明房间，如手术室、计算机房、绘图室等
Ⅱ	有轻微眩光感	照明质量要求一般的房间，如普通办公室、教室、候车室等
Ⅲ	有眩光感	照明质量要求不高的房间，如仓库、室内走道等

（4）光源显色性　是指照明光源对物体色表的影响，该影响是由于观察者有意识或无意识地将它与参比光源下的色表相比较而产生的。对颜色识别有要求的工作场所，应采用显色指数高的光源。照明光源的显色分组及其适用场所见表 6-8。

照明光源的显色分组及其适用场所 表 6-8

显色分组	一般显色指数	适用场所举例
I	$Ra \geqslant 80$	美术展厅、化妆室、餐厅、宴会厅、多功能厅、酒吧、高级商店营业厅、手术室
II	$80 > Ra \geqslant 60$	办公室、休息厅、普通餐厅、厨房、普通报告厅、教室、阅览室、自选商店、候车室、室外比赛场地
III	$60 > Ra \geqslant 40$	行李房、库房、室外门廊
IV	$40 > Ra \geqslant 20$	辨色要求不高的库房、室外道路

各类建筑的照度标准值和照明功率密度值 表 6-9

建筑类型	房间或场所	参考平面及其高度	照度标准值（lx）	照明功率密度（W/m²）	
				现行值	目标值
居住建筑	起居室（一般活动区）	0.75m 水平面	100	7	6
	卧室（一般活动区）	0.75m 水平面	75		
	餐厅	0.75m 餐桌面	150		
	厨房、卫生间	0.75m 水平面	100		
办公建筑	普通办公室、会议室	0.75m 水平面	300	11	9
	高档办公室	0.75m 水平面	500	18	15
	设计室	实际工作面	500	18	15
	营业厅	0.75m 水平面	300	13	11
	资料、档案室	0.75m 水平面	200	8	7
商业建筑	一般商店营业厅	0.75m 水平面	300	12	10
	高档商店营业厅	0.75m 水平面	500	19	16
	一般超市营业厅	0.75m 水平面	300	13	11
	高档超市营业厅	0.75m 水平面	500	20	17
旅馆建筑	客房（写字台）	台面	300	15	13
	中餐厅	0.75m 水平面	200	13	11
	多功能厅	0.75m 水平面	300	18	15
	客房层走廊	地面	50	5	4
	门厅、总服务台	地面	300	15	13
医院建筑	治疗室、诊室、护士站	0.75m 水平面	300	11	9
	化验室	0.75m 水平面	500	18	15
	手术室	0.75m 水平面	750	30	25
	候诊室、挂号厅	0.75m 水平面	200	8	7
	药房	0.75m 水平面	500	20	17
	病房	地面	100	6	5
	重症监护室	0.75m 水平面	300	11	9

建筑类型	房间或场所	参考平面及其高度	照度标准值（lx）	照明功率密度（W/m²）	
				现行值	目标值
学校建筑	教室、阅览室、实验室	桌面	300	11	9
	美术教室	桌面	500	18	15
	多媒体教室	0.75m 水平面	300	11	9
工业建筑（通用房间或场所）	试验室　一般	0.75m 水平面	300	11	9
	精细	0.75m 水平面	500	18	15
	计量室、测量室	0.75m 水平面	500	18	15
	变、配电站　配电装置室	0.75m 水平面	200	8	7
	变压器室	地面	100	5	4
	控制室　一般控制室	0.75m 水平面	300	11	9
	主控制室	0.75m 水平面	500	18	15
	电话站、计算机网络中心	0.75m 水平面	500	18	15
	动力站				
	风机、空调机房、泵房	地面	100	5	4
	冷冻站、压缩空气站	地面	150	8	7
	锅炉房、燃气站操作层	地面	100	6	5

（5）照度稳定性　由于光源光通量的变化，引起照度忽明忽暗的变化，会分散人们的注意力，导致视觉疲劳。应要求照明电光源的电源电压稳定，如视觉要求较高的场所电压偏差允许值为 $+5\% \sim -2.5\%$；一般工作场所为 $\pm 5\%$。此外，还要求照明器牢固安装，以免晃动。采用高频电子镇流器或相邻灯具分接在不同相序的分支线上等措施，尽量减小气体放电灯的频闪效应对视觉作业的影响。

2. 照明节能

在现代建筑物中，照明用电量很大，往往仅次于空调的用电量。在保证照明质量的前提下，节省照明能耗是一个很重要的课题。

（1）合理选取照度水平，有效地控制单位面积的照明功率密度值。表 6-9 列出了各类建筑的房间或场所规定照明功率密度的现行值和实现节能的目标值。

（2）正确选择照明方案，优先采用分区照明方式。

（3）一般照明应优先选用技术先进的新型高效电光源。如 T8、T5 直管荧光灯、金卤灯，特别是被称为节能灯的稀土三基色紧凑型荧光灯。与同样光能输出的白炽灯比较，它的用电量只有 $1/5 \sim 1/4$，从而可以大大节省照明电能和费用。

随着半导体发光二极管（LED）技术的不断提高，作为高效节能和长寿命的第四代照明电光源，已在景观照明、应急照明和建筑物通用照明等场所得到广泛的选用。

（4）合理选用照明控制方式。根据使用特点，分区和分时段进行照明控制。

（5）充分利用天然光和太阳能等绿色能源，实现绿色照明。绿色照明是指节约能源、保护环境，有益于提高人们生产、工作、学习效率和生活质量，保护身心健康的照明。如采用合理的房间采光系数或采光窗面积，有条件时，宜随室外天然光的变化自动调节人工照明照度等措施。

第四节 照 明 线 路

一、照明线路的要求

对于照明配电线路一般应满足照明负载的工作电压、功率大小和安全可靠的要求。

(1) 一般照明灯的额定工作电压为单相交流 220V。在负载电流较小时，采用单相交流 220V 的两线制供电。而在负载电流较大时，例如超过 30A 时，可采用 380/220V 中性点接地的三相四线制系统分相供电。

(2) 生产车间可采取动力和照明合一的供电，但照明电源应接在动力总开关之前，以保证一旦动力总开关跳闸时，车间仍有照明电源。

(3) 应急照明电路应有独立的供电电源，并与工作照明电源分开，或者应急照明电路接在工作照明电路上，一旦发生故障，借助自动换接开关，接入独立于正常照明电源线路的备用应急照明电源线路、应急发电机组、蓄电池组，包括灯内自带蓄电池、集中设置或分区集中设置的蓄电池装置。

(4) 某些机械设备局部照明的工作灯和移动式照明的手提行灯等照明电压为交流 36V；在特别潮湿或危险、狭窄的工作场所照明应采用电压为交流 24V 或 12V。为了保证安全用电，应由 380(220)/36～12V 的干式变压器降压供电，不允许用自耦变压器降压。

(5) 照明线路架设必须做到供电安全，不能拖在地面上。照明器的安装高度不能低于 2.2m，否则应有防护设施（如采用带玻璃罩和金属保护网的安全灯具）或采用 36V 以下的交流电压供电。

二、照明线路的布置

1. 照明配电系统

照明配电系统一般由进户线、配电箱、干线、支线及开关、插座、灯具等部分组成。建筑物内照明线路的布置，应在满足功能要求的条件下，尽量做到线路最短、安装方便、美观大方。

照明配电系统的进户线、配电箱和干线的布置方法，与第五章建筑供电介绍的方法是相同的。这里只作简单介绍。

从总配电箱到分配电箱的配电线路称为干线，干线的布置方式有放射式、树干式和混合式三种。从分配电箱到灯具的配电线路称为支线。布置支线前，应先进行负荷分组，将灯具、插座和其他用电设备等负荷尽可能均匀地分成几组，每一组由一条支线供电。然后再将各个支线分别接入三相电的 A、B、C 三个相线线路中，分组时应尽量使各相的负荷平衡。每一条支线都是独立的，当发生过负荷、短路等故障时，应不影响其他支线的工作。例如六层民用住宅的某一个单元，其 1、2 层接入 A 相线路供电，3、4 层接入 B 相线路供电，5、6 层则接入 C 相线路供电。这样负荷相对比较平衡。

三相配电干线的各相负荷分配平衡后，最大相负荷不宜超过三相负荷平均值的 115%，最小相负荷不宜小于三相负荷平均值的 85%。

照明配电箱宜设置在靠近照明负荷中心便于操作维护的位置。

插座不宜和照明灯接在同一分支回路。对于室内装设的电源插座较多时，或者用电设备负荷较大（如空调器等），应单独设分支线供电，以保证照明可靠供电。

每一照明单相分支回路的电流不宜超过 16A，所接光源数或发光二极管灯具数不宜超过 25 个。连接建筑组合灯具时，回路电流不宜超过 25A，光源数不宜超过 60 个。连接高强度气体放电灯的单相分支回路的电流不应超过 25A。

2. 导体选择

照明配电线路应按负荷计算电流和灯端允许电压值，选择导体型号和截面积。

照明配电干线和分支线，应采用铜芯绝缘电线或电缆，分支线截面不应小于 1.5mm²。主要供给气体放电灯的三相配电线路，其中性线截面积应满足不平衡电流及谐波电流的要求，并且不应小于相线截面积。

3. 照明控制

公共建筑和工业建筑的走廊、楼梯间、门厅等公共场所的照明，宜采用集中控制，并按建筑使用条件和天然采光状况采取分区、分组控制措施。大中型建筑，按具体条件采用集中或集散的、多功能或单一功能的自动控制系统。

为了方便、有效地节约电能，可以采取下列措施：

(1) 旅馆的每间（套）客房应设置节能控制型总开关。

(2) 居住建筑有天然采光的楼梯间、走道的照明，除应急照明外，宜采用节能自熄开关（如延时开关、声控开关等）。

(3) 天然采光良好的场所，按该场所的照度自动开关灯或调光。

(4) 个人使用的办公室，采用人体感应或动感应等方式自动开关灯。

(5) 旅馆的门厅、电梯大堂和客房层走廊等场所，采用夜间定时降低照度的自动调光装置。

(6) 每个照明开关所控光源数不宜太多。每个房间灯的开关数不宜少于 2 个（只设置 1 只光源除外）。

照明器接在配电线路上工作，需要用开关对照明器进行控制。通常控制的方式见表 6-10。应该注意，为了保证安全用电，不论哪种控制方式，开关都应该接在相线上。

三、照明线路的敷设

室内照明线路的敷设方式通常采用明线敷设和暗线敷设两种方式。

1. 明线敷设

明线敷设就是把导线敷设在建筑物的墙面、顶棚表面及桁架、立柱的外表面。这种敷设方式的优点是工程造价低，施工维修方便；缺点是导线暴露在外面，易受腐蚀、机械损伤，也不美观。一般造价较低的建筑物、工厂车间等常采用这种敷设方式。

明线敷设常用瓷夹板、瓷珠（柱）、槽板、铝皮线卡及穿管明敷等敷设方法。详细介绍可参阅第五章建筑供电导线敷设的有关内容。

2. 暗线敷设

暗线敷设就是先将钢管、塑料管或瓷管等配线管，按照电气照明施工图的要求，预先埋入墙内、楼板内或顶棚内，待主体工程完工后，将导线穿入管中。这种敷设方式的优点是表面看不见导线，美观、防腐蚀损伤，导线使用寿命长；缺点是安装费用大，维修不方便。另外穿导线总面积不超过管孔截面积的 40%，以利于管内导线的散热。

四、照明施工图

电气照明施工图是建筑电气施工图中的一种图纸，通常由电气照明平面图和照明系统图组成。

电气照明平面图上，以细实线描绘出建筑物的平面轮廓，而以粗实线绘制线路图。平面图中应标明配电箱、灯具、开关、插座、线路等的位置，标注线路走向、安装距离地面的高度，标注线路、灯具、配电设备的容量及型号等。多层建筑可只绘制标准层平面图。此外，还可以列出设备材料表和简短的工程说明。

照明系统图也叫配电系统图。系统图中以虚线框成的范围为一个配电箱或配电盘，并且应该标明其编号和开关、熔断器等电器规格。配电干线和支线均应标明导线型号、根数、截面尺寸和穿管的管材、管径，有时还应标明敷设方式等。

照明器开关的控制方式 表 6-10

线路名称和用途	接线图	说明
一只单联开关控制一盏灯	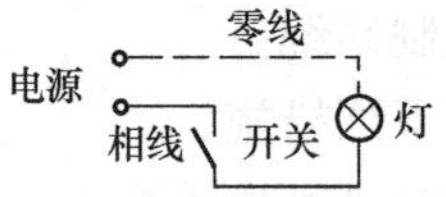	开关应装在火线上，修理较安全，下同
一只单联开关控制一盏灯并与插座连接	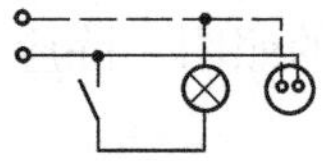	电线用量较少，但有中间接头，日久易松动、增加电阻而产生高热，不太安全
	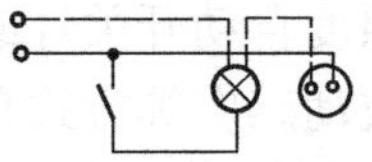	电路中无接头，较安全，照明电路大多采用此种方式
一只单联开关控制两盏（或两盏以上）灯	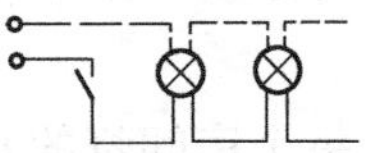	在连接多盏灯时，应注意开关的容量是否足够
两只双联开关在两个地方控制一盏灯	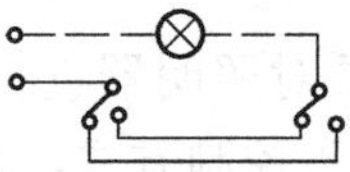	适用于楼上楼下同时控制一盏灯，或在走廊两端同时控制中间的一盏灯
两只双联开关和一只三联开关在三个地方控制一盏灯	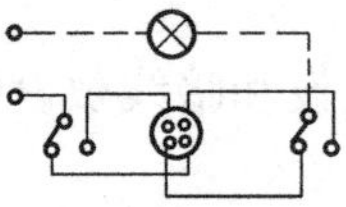	情况基本同上，多一处控制开关
两只110V相同功率灯泡串联	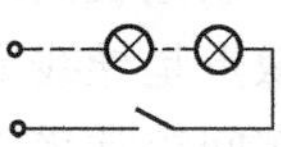	注意两灯泡的功率必须一样，否则小功率灯泡势必烧坏

五、照明设计举例

某学校教学楼三层照明设计平面图如图6-8所示。教室和教师办公室是教师和学生长时间教学和工作的活动场所，应选择冷白色和日光色的荧光灯或 LED 半导体照明灯具，具有明亮略带温暖的气氛。教室和办公室照明一般采取分区的2~3灯一控方式，教室的照明控制按平行采光窗方式分组，黑板照明应单独设置控制开关。采用暗装搬把式单极开关时，可集中在教室或办公室门口处装设。楼梯和走廊的照明灯有采用单控或双控开关两种形式。教室和办公室内墙壁都暗装有带保护接地插孔的单相插座以备教学、生活电器使用。

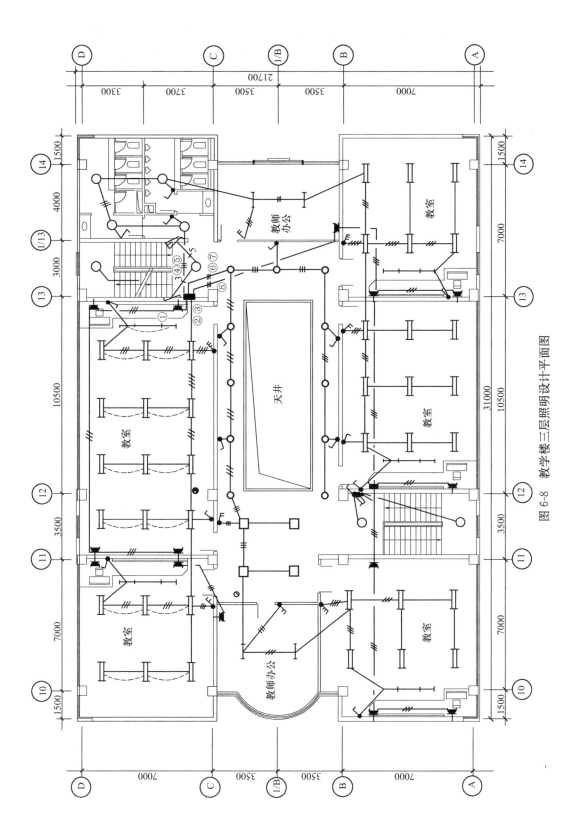

图 6-8 教学楼三层照明设计平面图

在教室黑板前方都设有两只单管荧光灯或 LED 半导体照明灯具，专用照明灯具向黑板方向斜照，使学生可以更清楚地看到黑板上的字和图。教室照明灯具数量和布置，应按教室大小和课桌的排列方向而定，一般灯具的长轴方向与学生视线（纵向）平行布置，这样照度均匀并且可减少直射眩光。

本 章 小 结

1. 常用照明电光源有白炽灯、碘钨灯、荧光灯、荧光高压汞灯、氙灯和钠灯等。它们具有不同的特性，在不同的场合中使用。

2. 照明灯具有不同的结构类型，选用时应满足照明照度、外形美观和安装维修方便等方面的要求。

3. 电气照明计算包括照度计算和照明负荷计算。

4. 照明线路一般采用交流 220V 单相两线制或 380/220V 三相四线制电源供电。照明线路的敷设采用明线敷设或暗线敷设。

5. 电气照明施工图包括电气照明平面图和照明系统图。应该熟悉常用的图形符号、文字符号，以及掌握电气施工图的阅读方法。

复习思考题与习题

1. 常用照明电光源有哪几种？主要适用范围是什么？

2. 什么叫灯具？其主要作用是什么？

3. 电气照明计算包括哪些方面？简单扼要说明。

4. 照明线路明线敷设和暗线敷设方式各有什么优缺点？分别适用什么场所？

5. 图 6-8 为某教学楼照明设计平面图，试画出并说明东南角的一个教室中，各电气图形符号的意义，并简单扼要说明该教室照明、供电的工作情况。

第七章 现代建筑电气技术

现代建筑具有特色鲜明、大型化、高度高、功能多、设备复杂、装饰豪华、消防保安和经营管理自动化等特点。现代建筑除了传统、基本的供电、照明系统外，对建筑电气技术、设备现代化的要求大大提高。

本章主要介绍有关电梯、空气调节系统、电视与通信系统、火灾自动报警与联动控制系统、安全防范系统和大楼微机管理系统等基本知识。

第一节 电 梯

一、概述

电梯是高层建筑不可缺少的垂直运输工具。高层办公楼、宾馆、住宅、医院以及大型商场等建筑物必须装备足够的电梯或自动扶梯。电梯交通系统的设计是否合理，还将直接影响建筑物的使用安全和经营服务的质量。没有电梯技术的发展，高层建筑是难以推广兴建和使用的。

电梯设备种类繁多，通常分类的方法为：

1. 按用途分类

可分为客梯、货梯、客货两用梯、观光梯、病床梯、车辆用电梯和自动扶梯等。

2. 按速度分类

可分为低速电梯、中速电梯和高速电梯。目前尚无严格的规定，一般可按下面的速度区分：

(1) 低速电梯 速度在 1m/s 以下；

(2) 中速电梯 速度在 1~2m/s 以内；

(3) 高速电梯 速度在 2m/s 以上。

3. 按拖动方式分类

(1) 交流电梯 电梯的曳引电动机是交流电动机。根据电动机类型和控制装置不同特点又可分为交流单速电梯、交流双速电梯和交流调速电梯（其中包括调压调速和交流调频调压调速两种电梯）。

(2) 直流电梯 电梯的曳引电动机是直流电动机，一般用于高速电梯。

(3) 交流永磁同步无齿轮曳引电梯 这是近年来电梯行业的重大技术进步，它没有传统齿轮曳引机方式的减速箱和联轴器，质量轻，大大提高了传动效率，并且选用交流永磁电动机驱动。交流永磁电动机与普通交流异步电动机最大的区别是用永磁体取代电动机转子上的绕组，运行时没有感应电流，同时采用变频变压调速系统（VVVF）驱动，传动效率提高到 90%，功率因数高达 0.914，总节约能源约为 40%。由于电动机低速旋转，亦大大地降低了电动机的噪声和振动。因此电梯运行更加平稳、顺畅，使乘坐更加舒适、安静。并且机房空间小，无齿轮结构不需要润滑，杜绝了油污污染，更加清洁环保，使用寿命长。

4. 按有无减速器分类

可分为有齿轮减速器电梯和无齿轮减速器电梯。后者由电动机直接带动曳引轮，一般为高速电梯采用。

5. 按操作方式分类

(1) 有司机电梯　由专门司机操纵的电梯。一般客梯在轿厢内操纵，货梯在轿厢外操纵。

(2) 无司机电梯　由乘客自己操纵的电梯。具有集选功能。

(3) 有/无司机电梯　可以两种方式工作。平时由乘客操纵；客流量大时或必要时，由司机操纵电梯。

二、电梯的结构与工作原理

1. 电梯的基本结构

电梯是机电一体化的大型复杂机电设备。电梯的基本结构如图 7-1 所示，通常是由机房、井道、厅门、轿厢和轿厢操纵箱等五个部分组成，每一个部分都包含了机械装置和电气系统的协同工作的内容。为了叙述方便，我们在基本结构中，主要介绍电气机械部件、装置的组成和作用，其中电气系统的工作原理另外专门介绍。

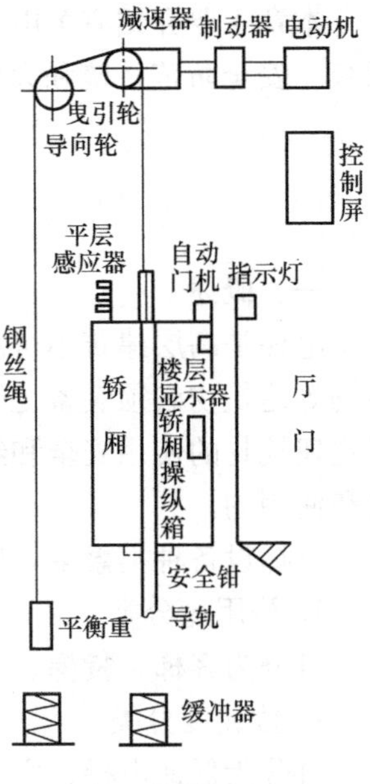

(1) 机房　安装一台或多台曳引机及附属设备的专用房间。通常在机房内安装曳引电动机、电磁制动器、减速器、曳引轮、导向轮、限速器、电源配电板和控制柜等设备。它们的主要作用是控制输出动力与传递动力，使电梯进行工作。

(2) 井道　轿厢和平衡重等装置运动的空间。通常在井道内设置导轨、曳引钢丝绳、限速器钢丝绳、平衡重、平衡钢丝绳、缓冲器和限位开关等装置。

图 7-1　电梯的基本结构

导轨的作用是为轿厢和平衡重在垂直方向运动时提供导向，限制轿厢和平衡重在水平方向的移动；当安全钳动作时，导轨作为被夹持的支承件支承轿厢或平衡重，防止由于轿厢的偏载而产生的倾斜。导轨要求有良好的抗弯性能及可加工性能，并且具有足够的强度和韧性，故广泛采用优质碳素钢材料制成"T"形截面的"T"形导轨。

曳引钢丝绳一般是圆形股状结构，它承受着电梯的全部悬挂质量，在电梯运行中，绕着曳引轮、导向轮作反复的弯曲运动，并且频繁地承受电梯启动、制动时的冲击。

平衡重又称为对重，主要用以平衡轿厢的自重和一部分升降载荷的质量。这样可以降低曳引机构所需的提升质量，减轻载荷，减少电动机的功率损耗，从而使所配用电动机的选择功率相应地减小。平衡重由平衡重架、平衡重块、导靴、缓冲器撞头等组成。在高层电梯中，平衡重下面连接平衡钢丝绳，可以补偿轿厢处于不同高度时，轿厢与平衡重侧曳引绳长度变化对电梯平衡的影响。

缓冲器装于井道底坑，位于行程端部，用来吸收轿厢或平衡重动能的一种缓冲安全装置。当由于电梯超载、钢丝绳打滑或制动器失灵等原因，轿厢未能在规定的距离内制动，发生失控后下冲撞底，这时底坑内的轿厢缓冲器就与轿厢接触，减小轿厢质量对底坑的冲击，并使其制停。当发生电梯轿厢行驶到顶部端站时，由于顶部极限开关失灵，形成冲顶。这时，平衡重落到底坑内的平衡重缓冲器上，平衡重缓冲器即起到缓冲作用，避免轿厢冲击楼板。此外，当电梯轿厢上的悬挂曳引钢丝绳断裂，轿厢失控下降，而限速器与安全钳又未能起作用，轿厢下坠撞底，这时由缓冲器减缓冲击能量而使轿厢制停。一般低速电梯选用弹簧缓冲器，高速电梯选用液压缓冲器。

限位开关是一种行程开关，由装在井道顶端的上限位开关和装在底部的下限位开关组成。当电梯失控后，轿厢越出顶层或底层位置约 50mm 后，上限位开关或下限位开关自动切断电源和迫使电梯被曳引机上的电磁制动器所制动。

（3）厅门 又称层门，设在建筑物的各个楼层站进入轿厢的井道开口处。它由门扇、门锁、楼层及运动方向显示器和呼梯按钮等组成。只有当电梯轿厢停在该层站位置上时，厅门才允许开启，轿厢门是主动门，而厅门是被动门。厅门还装有机电连锁安全装置，厅门关闭机械门锁后，才能接通控制电路，允许电梯启动。

（4）轿厢 由轿厢架、轿厢体、导靴、轿厢操纵箱、轿内楼层显示器、自动门机、平层感应器和安全钳等组成。轿厢的作用是运送乘客和货物。由于电梯的用途不同，在外形及部分结构上有所不同。如观光电梯轿厢的外形制成棱形或圆形，观光面的轿壁使用强化玻璃；超高速电梯的轿厢外形制成流线形，以减小空气阻力及运行噪声。

轿厢架由立柱、底梁、上梁和拉杆组成，是轿厢的主要承载构件。轿厢体由轿厢底、轿厢壁、轿厢顶等构成，应有足够的机械强度，以承受电梯正常运行、安全钳装置动作或轿厢碰撞缓冲器的作用力。在现代先进的乘客电梯中，采用全新材料及色彩装潢、设计，产生令人愉悦的全新感受。

导靴是引导轿厢和平衡重，服从于导轨的部件，为了防止它们运行过程中偏斜或摆动而设置的。轿厢导靴有四个，分别安装在轿厢上梁和轿底安全钳座下面。

自动门机是安装在轿厢顶上，它在带动轿厢门启闭时，还需通过机械联动机构带动厅门与轿厢门同步启闭。自动门机的动力源是直流或交流电动机，通过曲柄、链轮、钢丝绳等机械联动机构间接驱动。在新型的变压变频技术（VVVF）门机中，传动机构取消了传统的曲柄连杆装置，门机由变频电动机驱动，精确地保证了门扇的运动速度，使门启闭更加平稳。

（5）轿厢操纵箱 由按钮、开关和各种显示器、信号灯组成。实现电梯运行的操纵控制。

轿厢操纵箱上对应每一层楼设一个带灯的按钮，也称指令按钮。乘客入轿厢后，按下要去目的层站按钮，按钮灯便亮，即轿内指令登记，运行达到目的层站后，该指令被消除，按钮灯熄灭。

轿厢内楼层显示器显示电梯运行方向和轿厢当时所在的楼层位置。现在很多电梯到达目的层站时采用声光预报，如电梯将要到达时，报站钟发出声音、方向灯闪动，有的还采用用轿厢语言报站，提醒乘客。

2. 电力拖动系统

电梯的电力拖动系统的作用是提供电梯轿厢运动的动力和运行的方向、速度、位置等控制。电力拖动系统通常由曳引电动机、传动机构、供电电源和控制系统组成，如图 7-2 所示。

（1）曳引电动机 电动机的作用是将电能转换为机械动力。通常采用交流电动机或直流电动机两种类型。曳引电动机应具有较高的启动转矩、较小的启动电流、较硬的机械特性、良好的调速性能、适合频繁的启动、正向反向运转和工作可靠、不需要经常的维护工作等特点。

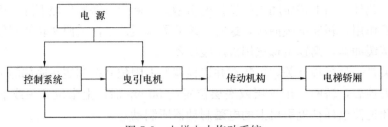

图 7-2　电梯电力拖动系统

近年来,在一些客梯中采用永磁同步电动机驱动,电动机低速旋转不再需要传统的齿轮减速箱,无油污污染,这样大大提高了运行效率,降低了噪声和振动,保证了曳引机的高性能、长寿命和良好的环保清洁。

(2) 供电电源　为电梯的曳引电动机、控制系统等各部分提供所需的电源。一般均采用三相交流电源。

(3) 电梯电力拖动系统　目前用于电梯的电力拖动系统主要有:

1) 交流变极调速系统　为了使电梯轿厢能准确地停在层站楼面平层,要求电梯在停车前的速度较低。通过改变电动机定子绕组的极对数,使交流异步电动机具有两种或三种转速。正常稳速运行时采用高的转速,而启动或制动停车时采用低的转速。这种系统线路简单、价格低,但乘坐舒适感差,一般只应用于额定速度不大于 1m/s 的低速电梯。

2) 交流变压调速系统　这种系统采用晶闸管闭环调速,其制动减速可采用涡流制动、能耗制动和反接制动等方式,使乘坐舒适感,平层精确度有所提高,一般用于中速电梯。

3) 变压变频调速系统　20 世纪 90 年代,大功率晶体管 (GTR) 和微处理器技术的发展,在电梯中推出了交流电动机变压变频调速拖动系统 (简称 VVVF 系统或 VF 系统)。我们在第四章第一节知道

$$n=60f\ (1-s)\ /p$$

交流电动机可以通过改变供电电源频率 f 的方法来进行调速。为了维持电动机输出端的最大输出转矩不变,必须保持磁通量 Φ 不变。而为了保持磁通量 Φ 的不变就必须同时改变电动机输入电压,并且使 U/f 之比保持为一常数。此时转矩 M 仅和定子电流 i 有关,而与频率和电压的改变无关。这些就是 VVVF 系统控制的基本原理。

它适用于使用交流曳引电动机的拖动系统中,速度为 0.45~12.5m/s 的电梯,振动小、噪声低、舒适感好和节省电能。

由于采用计算机和大规模集成电路、晶闸管和大功率晶体管模块等,不需要传统的接触器、继电器等电器元件和一些分立电子元器件,变有触点控制为无触点控制,使其系统可靠性明显提高,系统的体积大大下降。该系统已经成为目前新型电梯普遍采用的电力拖动系统。

3. 电梯的电气控制系统

不同用途的电梯可以有不同的载荷、不同的速度及不同的驱动与控制方式。但电梯不论使用何种控制方式,总是按轿厢内指令、层站召唤信号要求,向上或向下启动、运行、减速、制动、停站等。

因此,电梯的控制主要是指对电梯曳引电动机及开门机的启动、减速、停止、运行方向的控制,以及对层站显示、层站召唤、轿厢内指令、安全保护等指令信号进行管理。操作是实行每个控制环节的方式和手段。

为了实现电梯电气的控制，过去大多是采用继电器逻辑控制线路进行，其原理简单、直观，但是通用性差、接线复杂及故障率高。目前都采用可靠性高、通用性强的可编程控制器及微处理器进行控制。

电梯的电气控制系统通常由操纵装置、位置显示装置、控制柜、平层装置和选层装置等部分组成。

操纵装置包括轿厢内操纵箱和厅门旁的召唤按钮箱。司机或乘客可在轿厢内选择要去楼层数，现代化的电梯能自动关门、平稳启动轿厢，到达要去的楼层时，能自动减速，平稳地停在该楼层后，自动开门等。呼梯按钮供乘客用来召唤电梯轿厢。

位置显示装置包括轿厢内和厅门楼层显示器，它以灯光显示电梯轿厢所在位置和运行方向，轿厢内的显示器还可以表示召唤乘客的楼层数。平层装置由装在轿厢顶部的磁感应器和装在井道中每一楼层规定位置的隔磁板组成。当电梯上下运行，轿厢到达平层区域时，磁感应器伸入隔磁板的隔磁作用发出平层信号，如图 7-3 所示，其中的磁感应器由 U 形磁钢 1 和舌簧管 3 组成。

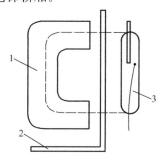

图 7-3　平层装置
1—U 形磁钢；2—隔磁板；
3—舌簧管

控制柜安装在机房中，装有控制电梯运行的全部电气控制电器。使电梯启动、停止、正转、反转、快速、慢速等，并能按设计要求进行自动控制和保证安全运行。选层装置也设在机房中，它主要用来识别和记忆内选外呼及轿厢的位置，确定运行方向、速度、停层、指示轿厢位置和消去应答完毕的呼梯信号等。

现代电梯控制系统中应用微电脑控制技术，使电梯控制系统进入了一个新的发展时期，电梯运行服务质量大大提高。

4. 安全保护系统

电梯设备不断地反复启动、升降和停车。为了保证电梯安全使用，防止人身安全事故的发生，电梯各部分的机械、电气装置、零部件都必须非常可靠和耐用。此外，还装有可靠的安全保护系统。

（1）限速系统　由限速器和安全钳组成。装在机房中的限速器，在轿厢运行速度超过允许值时，发出电信号及产生机械动作，切断电源，使电磁制动器动作或使安全钳动作夹住导轨将轿厢强行制动。

（2）端站保护　是一组防止电梯超越上、下端站的限位开关。能在轿厢或平衡重碰到缓冲器前，切断电源，使电梯被曳引机上电磁制动器所制动。

（3）光电保护　由装在轿门边缘的光电保护装置形成光幕保护安全网。在关门时，若有乘客出入，挡住光线时，轿厢门便反向重新打开，以防止碰撞乘客身体。

安全保护系统的主要动作如图 7-4 所示。

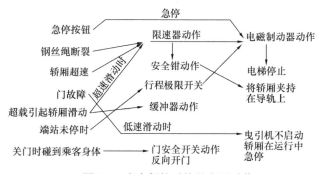

图 7-4　安全保护系统的主要动作

5. 无机房电梯

20世纪后期，住宅电梯得到越来越广泛的应用，建筑市场对电梯提出了小机房或无机房的要求。无机房电梯是指将主机、控制柜及限速器等设备设置在井道内，或镶嵌在层站井道壁处，从而去掉了机房，并且采用永磁同步无齿轮曳引技术。无机房电梯与有机房普通电梯相比，节省了建筑空间、降低建筑成本、避免建筑结构复杂化，使建筑物整体造型更加美观。21世纪初，欧洲无机房电梯占有比已经超过有机房的电梯。对于高度在20m以下的民用建筑，去掉机房有很大的意义。

三、自动扶梯和自动人行道

1. 自动扶梯

自动扶梯是带有循环运动梯路向上或向下倾斜（30°～35°）输送乘客的固定电力驱动设备。它是一种连续运行的运输设备，能大量输送一定方向上连续流动的乘客，如双人自动扶梯，每小时能输送8000人，因此在大型商场、车站、码头、机场得到广泛采用。

自动扶梯的结构如图7-5所示。主要有梯级、曳引链、驱动装置、导轨、金属骨架、扶手装置、梳板前沿、电气设备等部件。

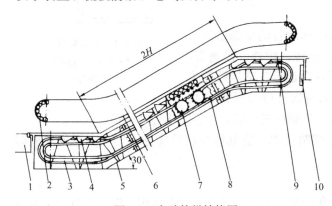

图7-5 自动扶梯结构图

1—建筑基础；2—转向滑轮群；3—曳引导轨；4—梯级；
5—金属骨架；6—扶手装置；7—驱动装置；8—曳引链；
9—梳板前沿板；10—电器设备

自动扶梯的驱动装置由交流电动机、齿轮减速机、驱动链、断链控制机构和摩擦制动器等组成。主机驱动装置通过驱动轮带动曳引链曳引梯级运行，同时通过驱动从动链轮的轴端曳引链带动扶手驱动装置，使扶手带运行。

2. 自动人行道

自动人行道是带有循环运动走道（例如板式或带式）水平或倾斜（≤12°）输送乘客的固定电力驱动设备。它的功能，基本工作原理和结构，都与自动扶梯相似。只是将循环梯级改为循环走道（传输链带），大大方便输送携带购物车或行李车的乘客。因此在人流大量集中的公共场所，如大型购物超市、车站和机场等处，得到广泛采用。

四、电梯智能控制系统

1. 电梯群控系统

随着高层建筑的出现和建筑面积的扩大，特别是大型办公楼、大型商场需要设置多台电梯才能满足大量客流的需要。电梯智能群控系统主要是将多台电梯集中排列分组，共用厅外召唤按钮，根据楼内交通量的变化，利用计算机控制，实行最优输送的工作系统。它根据轿厢的人数、上下方向的停站数、层站及轿厢内呼梯，以及轿厢所在的位置等因素，来实时分析客流变化情况，自动选择最宜于客流情况的输送方式，并且装有自动监控系统。

（1）从服务功能上，电梯群控系统可分3种：全自动群控运行方式；全自动群控运行方式兼带高峰负荷服务；全自动群控运行方式兼带信息的存储。

（2）从电梯服务方式上，电梯群控系统可分为：单程快行、单程区间快行、各层服务、往返区间快行、单程高层服务及单程低层服务。

（3）从运行状态上，电梯群控系统一般可分为：客闲状态、平常状态、上行高峰状态、分区上行高峰、下行高峰状态、分区下行高峰状态、午间交通状态、特殊运行状态和乘客服务状态等。

从 20 世纪 70 年代中期，计算机开始用于电梯群控系统，提高预测电梯运行状态的准确性。计算机控制能直接完成控制算法参数的在线变化，通过新程序输入计算机能很快实现控制算法的完全改变，也为人工智能等高新技术在电梯群控系统的应用提供了基础，提高了电梯交通系统的整体服务性能。通常电梯群控系统设计成适用于楼宇自动化系统 BAS，允许 BAS 监视和控制电梯的运行。

2. 电梯远程监控系统

电梯远程监控系统是在电梯控制系统和服务器上分别安装数模转换器（Modem），然后通过互联网进行数据传输。服务器通常安装在电梯厂家总部或分支机构内，由电梯专业人员进行 24 小时的监控、故障报警和故障检测等。

电梯远程监控系统根据计算机技术、互联网技术、视频图像和听觉压缩技术，对电梯群控系统进行监控，对电梯发生的故障可自动报警、传输监控数据、自动记录故障数据。通过一条电话线传输现场轿厢场景图像、音频数据和被困乘客取得联系并加安抚。

近年来已采用无线网络（GPRS）电梯远程监控系统，主要组成为：

（1）监控中心计算机管理/监控系统；

（2）前端机信息采集/处理系统；

（3）前端机主控系统；

（4）远程通信模块。

第二节 空 气 调 节 系 统

一、概述

空气调节系统是对室内空气进行调节处理，使空气的温度、湿度、流动速度及新鲜清洁度等指标满足使用要求的系统。空气调节系统通常由空气处理设备、空气输送设备、空气分配设备和控制装置等设备组成。在现代化的高级宾馆、商场、办公楼中一般都装有空气调节系统。随着人们生活水平的提高，在家庭居室和办公室中选用小型的窗式、分体式空调器。

按空气调节的作用可分为：

（1）保健空调 其作用是为了人员的生活环境更加舒适，如宾馆客房、商场和居室等。

（2）产业空调 其作用是为了满足生产、贮藏和工作环境的需要，如精密电子、机械加工装配车间、食品生产车间、科研实验室和电子计算机房等。

按空气调节的方式可分为：

（1）集中式空气调节系统 其所有空气调节处理设备（加热器、冷却器、过滤器、加湿器等）以及通风机都集中在空调机房内。

（2）半集中式空气调节系统　该系统除了集中在空调机房的空气处理设备可以处理一部分空气外，还有分散在被调房间内的空气处理设备，它们可对室内空气进行就地或补充处理。

（3）分散式空气调节系统　又可称为局部空调系统，它将空气处理设备全部分散在被调的房间内（或附近）。

一般来说，空气调节的任务为：

（1）温度调节　从有益于人体健康因素考虑，一般要求居住、工作环境和外界的温度相差不宜过大，通常为5℃左右。因此，夏季室内温度保持在24～28℃左右，冬季室内温度保持在17～24℃左右。但是在某些精密生产车间，为了保证产品精度往往要求保持某一定室内温度不变。

（2）湿度调节　空气过于潮湿或过于干燥都将使人感到不舒适。一般在夏季相对湿度为50%～60%，在冬季相对湿度为40%～50%，人体的感觉比较良好。

（3）气流速度调节　人体处在适当低速流动的空气中比处在静止空气中会感觉凉爽些，而处在变速的气流中则比处在恒速的气流中更感觉舒适。

（4）空气净度调节　对空气进行过滤，除去容易携带各种病菌的灰尘和适当补充新鲜空气。

二、空气调节器原理

空气调节系统中的空气处理设备又称空气调节器（空气调节机），简称空调器（空调机）。在现代化的高级宾馆、大型商场中一般采用集中式的空调方式。而小型商店、办公室和住宅中多数采用分散式空调方式。在不同的空调方式中选用了不同的空调设备。

1. 集中式空调设备

集中式空调的设备如图7-6所示。该空调设备为全空气单风道定风量的方式工作，对某大型商场进行空气调节。其空调设备主要由下列部分组成：

（1）空气冷却装置　由制冷机、冷水泵、冷水管、冷却盘管、冷却塔和冷却水管等组成。工作时制冷机制冷的冷水在空调机冷却盘管内流动时，对通过冷却盘管外表面的被调节空气进行冷却。而制冷机又以冷却水冷却，冷却水通过冷却水泵、冷却水管到冷却塔散热。

（2）空气加热装置　在空调系统中使用的空气加热装置有两种形式，一种形式是通过蒸汽或热水做热媒的加热器(图7-6)，锅炉加热的蒸汽管或热水在空调机加热盘管内流动时，对通过加热盘管外表面的被调节空气进行加热。在我国气温比较寒冷的北方地区大多采用这种形式进行加热。而另一种形式是电加热器对通过的被调节空气进行加热。它加热均匀，热量稳定，寿命长，便于自动控制。

（3）空调机　在不同季节时，被调节的空气在空调机内通过冷却盘管或加热盘管进行表面交换热量

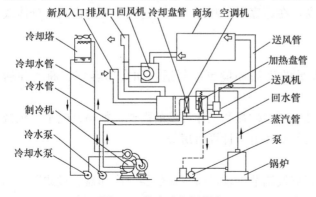

图7-6　集中式空调设备

210

得到冷却或加热。通过空气过滤器对送进室内的空气进行滤清净化。有些场合还要求装有空气加湿器和空气除湿器，以满足被调节空气的湿度要求。

（4）空气输送和分配装置　包括送风机、排（回）风机、送风管和送风口。为了补充一定新鲜空气，还设有新风入口及新风管。

（5）控制装置　在要求不高的场合，通常由操纵人员手动操纵开关进行设定和调节。但是在空调精度要求较高、室内负荷变化较大时，可由专用的测量仪表和调节装置进行自动控制调节参数（如室温、相对湿度等），使其保持在规定的范围内工作。它可以提高运行质量、降低能耗、减少运行人员和劳动强度。空调设备的自动化程度高低，反映了该设备性能的先进水平。

2. 半集中式空调设备

近年来，随着空调机组的发展，开始使用各层空调机组方式工作，即半集中式空调系统。譬如大型商场建筑中，在各楼层设置几台大型柜式空调机组进行空气调节，如图 7-7 所示。一般冬季加热热源仍集中设置在地下室。这种方式的优点是设备费较便宜，可以满足某些工作部门、场所要求进行空气调节，而另一些不工作的部门、场所不需进行空气调节的灵活工作方式，大量节省能源。

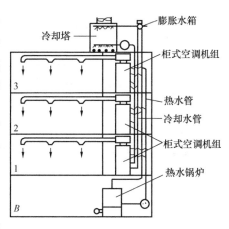

图 7-7　半集中式空调设备

3. 分散式空调设备

分散式空调又称局部空调，它将空调设备分别各自安装在需要空气调节的房间，因此这类空调设备亦称为房间空调器。在家庭居室、办公室、实验室和小型商店、饭店得到广泛选用。

（1）分类与型号表示法　房间空调器按结构形式可以分为整体式空调器（如窗式空调器）和分体式空调器（如壁挂式和落地式空调器）等两种类型。

按空调器的主要功能分类，窗式空调器可分为单冷却型、冷热两用热泵型、冷热两用电热和热泵辅助电热型。而分体式空调器可分为单冷却型和冷热两用热泵型。

空调器的型号表示方法如下：

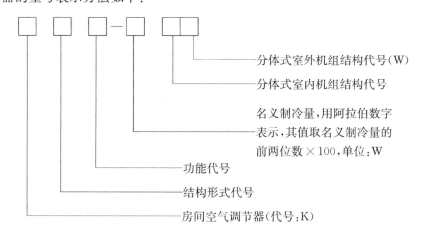

说明：

1）结构形式代号：整体式（窗式、穿墙式）其代号为 C；分体式其代号为 F。

2）功能代号：单冷却型其代号省略；热泵型其代号为 R；电热型其代号为 D；热泵辅助电热型其代号为 R_d。

3）分体式室内机组结构代号：吊顶式其代号为 D；壁挂式其代号为 G；落地式其代号为 L；嵌入式其代号为 Q；台式其代号为 T。

型号示例：

例：KC-20

表示窗式单冷却型房间空调器，其制冷量为 2000W（1750kcal/h）。

例：KFR-35

表示分体壁挂式热泵型房间空调器，冷热两用，制冷量和制热量均为 3500W（3009kcal/h）。

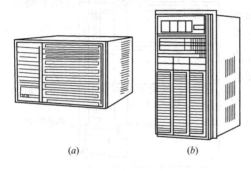

图 7-8　窗式空调器
(a) 标准型（卧式）；(b) 竖式

（2）窗式空调器　窗式空调器外形有标准形（卧式）和竖式两种，其外形如图 7-8 所示。其送风方式有上部送风、下部送风等多种方式。窗式空调器体积小，安装使用方便灵活，因而广泛用于旅馆、住宅、办公室以及实验室等。

窗式空调器具有多种型号规格，其制冷量为 1395W（1200kcal/h）～7560W（6500kcal/h），应按照房间大小选用。一般可使房间温度控制在 18～28℃，最大偏差为±2℃。

窗式空调器按结构与用途的不同可分为单冷型、冷热两用热泵型和冷热两用电热型等三种类型，下面分别介绍。

1）单冷型（冷风型）单冷型空调器只能制冷，主要用于夏季室内降温。通常由全封闭式的压缩机（往复式或旋转式）、热交换器（包括蒸发器和冷凝器，主要由紫铜管和铝制散热片组成）、轴流式的室外风扇、低噪声多叶离心式的室内风扇、风扇电动机和空气过滤网（一般由无纺布或化纤凹凸网做滤材，并与塑料骨架注塑为一体）等部件组成。

单冷式窗式空调器的工作原理如图 7-9 (a) 所示。当接通电源后压缩机及风扇投入运转。系统内的制冷剂的低压气体通过低压管被吸入压缩机气缸内，然后被压缩成高温高压气体，高温高压气体由高压阀排出，进入冷凝器。轴流风扇将室外空气由机体两侧吸入，经冷凝器排出，将冷凝器内的高压蒸汽的热量带走，使制冷剂由气态冷凝为液态。制冷剂变为液态后，经毛细管节流，降压而进入蒸发器，在相应低压下，制冷剂吸取外界热量而蒸发，经过蒸发器外部的空气得到冷却而降温，冷却后的空气再经离心式风扇排出。这样空气不断循环，室内空气温度得到逐渐降低，并且维持在一定温度范围内，而形成舒适的环境。

在制冷循环中，蒸发器的管壁和铝制翅片的温度通常都低于被冷却空气的零点温度，流经蒸发器的空气在降温冷却的同时，还有部分空气中的水蒸气凝结成水，沿着管壁和铝制翅片集中在底盘，再经排水管道排出空调器，使室内空气的相对湿度有所降低。

在窗式空调器中还设有新风风口或排风口，室外新风最多时为总循环风量的 15%。使用时，可短时间打开换气风门，进行通风或排气，保持室内空气的清新。

一般的单冷型窗式空调器都具有自动调节室内空气的温度和湿度的功能。送风温度、送风风速、风向等可自动或手动调节。在空调器的前面板上有选择器、温度调节控制旋钮、通风开关以及风向开关等。

选择器又称主控开关，是接通风机、压缩机的电源开关。可对送风温度以及风速进行选择。常设有强风、弱风、强冷、弱冷档。

温度控制器是对房间的温度波动范围进行控制的电子开关装置，它能调节并自动控制室内温度，可在 18~28℃ 范围内调节和选择自动恒温。

通风开关在"开"位置时，可引入新鲜空气或排出室内污浊空气。每次换气不超过 15min，换气完毕应关闭风口，以保持房间里适宜的温度。

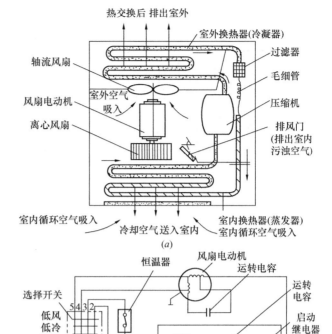

图 7-9　单冷型窗式空调器
(a) 工作原理；(b) 控制电路

手动调节活动送风百叶可以改变送风方向，有的窗式空调还设有摇风风扇，由风向开关控制开停，专用的微型电动机带动送风百叶摆动，送风气流方向也随之改变。风向可在 70°~100° 的范围内，水平吹出冷风，使整个室内送风均匀凉爽。

单冷型窗式空调器的控制电路如图 7-9 (b) 所示。压缩机的电动机及风扇电动机都是单相电动机分别并接电容器，以帮助启动，提高功率因数、降低工作电流和提高电动机效率。电路中过流继电器是为了在过载时保护压缩机电动机，当电流过大或压缩机内温升过高时，热双金属片弯曲变形使电路断开，压缩机停止转动。

为了给空调房间提供舒适而清新的空气，有的窗式空调器中装有负氧离子发生器，它能发出大量有益于人体的负氧离子，具有使人精力充沛、健康长寿的效果。

2) 冷热两用热泵型　冷热两用热泵型热泵是将热量由低温移向高温的装置。热泵式空调器是带有能控制制冷剂流动方向的电磁四通换向阀，夏天能制冷向房间送冷风，冬天能制热向房间送热风，一机两用的空调器。其工作原理和控制电路如图 7-10 所示。

夏季制冷循环为：1→2→3→4→5→6→2→1。这一循环过程与前面所讲的单冷型窗式空调器的制冷循环相同。室内的换热器成为制冷剂的蒸发器，制冷剂由室内吸热，空调器

213

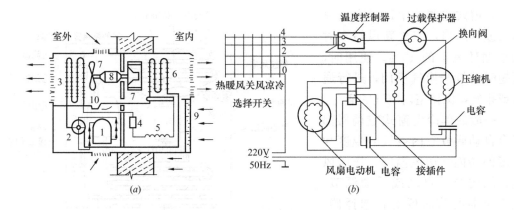

图 7-10 热泵型窗式空调器

(a) 工作原理；(b) 控制电路

1—压缩机；2—电磁四通阀；3—室外侧换热器；4—过滤器；5—毛细管；

6—室内侧换热器；7—风扇；8—风扇电动机；9—空气过滤器；10—接水盘

向室内送冷风。而室外侧的换热器此时成为制冷剂的冷凝器，向室外散热。

在冬季制热循环时，电磁四通换向阀进行冷热切换，此时制冷剂蒸汽流动方向改变，其制热循环为：1→2→6→5→4→3→2→1。此时室内侧的换热器成为制冷剂的冷凝器向室内散热，而室外侧换热器成为蒸发器由室外吸热。这样，电磁四通换向阀与压缩机相配合，在冬季将室外的热量"搬入"室内，而使室内温度升高。

热泵型窗式空调器的制热量一般接近于该机的制冷量，它在制热时的工作电流、消耗功率也比制冷工作要小。但是，冬季用热泵型空调器作为唯一的热源，其供热受室外的气温限制，有局限性。如冬季室外温度低于 0℃ 时，蒸发器不能从外界空气中吸收热量来使系统内的制冷剂完全蒸发汽化。这样，不但热泵的制热效果明显下降，而且进入蒸发器的液态制冷剂未能全部汽化就被压缩机吸入，因而容易导致压缩机的温冲程，即产生液压，热泵型空调器所提供的热量往往不能保证室内取暖的需要，而容易发生故障。所以热泵型窗式空调器只适合室外温度在 5℃ 以上的条件使用。带有除霜装置的热泵型和热泵辅助电热型空调器允许使用的条件是室外最低温度为 −5℃。

冷热两用热泵型空调器的控制电路如图 7-10 (b) 所示。热泵型窗式空调器的控制电路与单冷型窗式空调器控制电路相似，只是多了一个电磁四通换向阀。在电路中设有选择开关，可根据需要进行冷风和热风的切换。

3）冷热两用电热型　电热型窗式空调器装有一个电加热器来给室内升温，它升温快，并且不受室外温度的限制，避免了热泵型窗式空调器的缺点。

电热型空调器制冷运行情况与单冷型空调器相同。但在制热时，压缩机不工作，仅是由风机将电加热器发出的热量送至室内，给室内供暖。电热型窗式空调器通风开关、风向开关、温度调节以及选择开关的形式与操作方法和热泵型窗式空调器基本相同。

4）热泵辅助电热型　有的热泵型窗式空调器为克服室外低温时使用的局限性，在热泵型空调器上增设一个电阻式加热器，来补偿热泵型空调器冬季供热不足的缺陷。这就是热泵辅助电热型空调器。

（3）分体式空调器　分体式空调器的工作原理与窗式空调器大同小异，但多为冷热两用热泵型。分体式空调器的结构分为室内机组和室外机组两大部分。为了减少室内噪声，节省空间，满足室内多种的需要，将噪声大、质量大的压缩机、冷凝器等放于室外，而将蒸发器和控制部分置于室内。室内机组有自动控制或遥控器件，外形精巧美观，安装地点灵活方便。

根据不同的需要，分体式空调器主要有壁挂式、落地式、吸顶式和吊顶式等多种形式。

1）壁挂式　壁挂式空调器因其室内机组挂在墙上而得其名。其结构如图 7-11 所示。

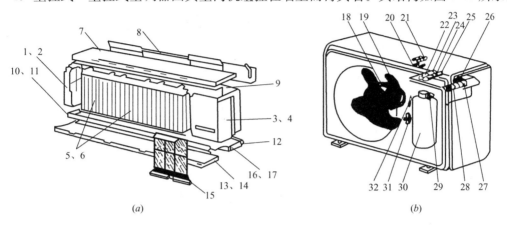

图 7-11　壁挂式空调器

（a）室内机组结构；（b）室外机组结构

1、2、3、4—侧面板；5、6—进气格栅；7—顶框；8—内壁夹板；9—卷形板；10、11—保护板；12、13、14—底板；15—过滤器；16、17—标牌；18—风扇电动机；19—风扇；20—保险丝；21—支架；22—电动机保护器；23、24—继电器；25—运转电容器；26—压缩机保护器；27、28—端子座；29—电动机保护器；30—压缩机；31—运转电容器；32—簧片热控开关

壁挂式空调器室内机组的换热器在夏季制冷时为蒸发器，冬季制热时为冷凝器。冷热两用热泵型壁挂式空调器与热泵型窗式空调器的工作原理相同，也由电磁四通阀进行制冷与制热的转换。单冷式空调器只能在夏季制冷降温用。

室外机组也呈扁平形，空调器的压缩机、冷凝器和冷却风扇等都设在其中。压缩机的吸气管通过连接管道与室内蒸发器相连，排气管与室外侧冷凝器相连，冷凝管的出液管通过连接管道与室内侧的蒸发排管相连。在室外机组的制冷剂管道连接处均有阀门进行控制，其压缩机的工作分为定速控制和变频控制二种方式。

壁挂式空调器的名义制冷量一般为 1860～5000W（1600～4300kcal/h），它的除湿量一般为 1.0～2.5L/h。均使用单相 220V 交流电源。

2）落地式　落地式分体空调器的室内外机组外形如图 7-12 所示。室内机组有卧式、立柜式、立柱式等，最常见的是立柜式。室外机组有顶排风和侧排风式两种，最常见的是侧排风式的室外机组。

落地式分体空调器的室内机组是空气调节送风的主要部件，其结构紧凑，外形美观，占用空间小。一般卧式机组适用于家庭、旅馆、办公室等，通常安装于窗台边。立柜式适用于商店、餐厅、实验室等，可以安装在房间的转角或通道内。

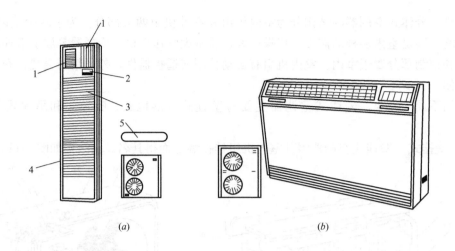

图 7-12　落地式分体空调器

(a) 立柜式；(b) 卧式

1—百叶；2—控制板；3—空气过滤器；4—回风格栅；5—室外机组

落地式分体空调器多为冷热两用热泵型。机组在冬季室外温度较低时采用电加热器辅助加热，从而可在室外温度为-9℃的条件下，仍然能进行稳定的运行。空调器的风量、冷暖切换、冷量或热量的控制可以采用自动控制。有的还设有自动开机和自动关机控制。

此外还有吸顶式分体空调器，它的室内机组安装在房间吊顶内，故又称天花板嵌入式，室内机组呈扁平形，安装在房间顶部紧贴天花板。其特点是节省空间，具有装饰作用。它们的室外机组结构以及工作原理与其他分体式空调器相同。

三、空调系统

1. 空调自动控制系统

在现代建筑物及智能建筑中，各种建筑设备均采用不同程度的自动控制系统进行监测、控制和管理工作。该系统称为建筑设备自动化系统（BAS）。建筑中央空调设备的自动控制系统采用直接数字控制系统（简称 DDC 系统），它是建筑设备自动化系统中最主要的组成内容。

直接数字式控制器（DDC）的内容是："控制器"系指完成被控设备特征参数与过程参数的测量，并达到控制目标的控制装置；"数字式"是指该控制器利用数字式电子计算机实现其功能要求；"直接"是表示装置在被控设备的附近，无需再通过其他装置即可实现上述全部测控功能。

在智能建筑中，建筑中央空调监控系统是以计算机为核心的智能型监控系统。通常分散在建筑物各处的暖通、空调设备由安装在设备附近的直接数字控制器分散控制，各控制器之间由现场总线进行连接后接受中央管理计算机的管理，并与 BAS 其他监控子系统的中央管理计算机通过通信网络连接。

空调系统的自动控制系统（DDC 系统），主要功能为：

（1）监测功能

1）设备状态：冷水机组、水泵、风机、空调机、冷却塔等设备的运行、停止状态监测；

2）各种参数：温度、湿度、风道静压、水路压力及压差等参数的监测；

3）冷热量及耗电量的瞬时值及累计值的记录及显示。

（2）控制功能

1）设备启动、停止控制；

2）各种参数的控制；

3）各种执行器的控制，如各种电动或气动的水阀、风阀、蒸汽阀、加湿器等控制。

（3）保护功能

例如防冻保护功能。在冬季，当某种原因使热水温度降低或热水停供时，应停止风机工作，并关闭新风阀门，以防止机组内温度过低冻裂空气—水换热器。

（4）集中管理功能

建筑中常设有若干台新风机组。位于各机组附近的 DDC 控制装置通过现场总线与相应的中央管理机相连，可以对各机组实现如下管理功能：

1）显示各机组启/停状态，送风温度、湿度、各阀门状态值；

2）发出任一机组的启/停控制信号，修改送风参数设定值；

3）任一新风机组工作出现异常时，发出报警信号。

2. 变风量空调系统

变风量空调系统（VAV）是一种新型的空调方式，近年来在高级办公楼、宾馆及智能建筑中，得到广泛采用。

（1）工作原理

建筑物房间的室内温度、湿度主要受两方面的影响：一是室外的环境空气、太阳光辐射等的影响，称为室外冷负荷；二是室内人体、灯光、电器设备等的发热影响，称为室内冷负荷。

在负荷变化情况下，保证室内温度、湿度符合相对稳定的要求，可以通过改变中央空调送风的两种方法来实现。

1）送风量不变，改变送风参数温度、湿度，称为质调节；

2）送风参数不变，改变送风量，称为量调节。变风量系统是在每个房间的送风入口处，安装一个 VAV 末端装置，自动控制风阀，来增大或减小送入室内的风量，从而实现各个房间温度的单独控制。对于使用同一个中央空气调节系统，各个房间负荷情况不同或各房间温度设定值不同时，都能满足要求。

（2）变风量空调系统末端装置

它由室内末端装置、调节器、控制器、室温控制器和电源变压器等组成。室内末端装置内设有气流测量控制的塑料毕托管（即压差传感器）和调节风门。调节器按控制器的指令控制执行电动机，调节风门控制器根据气流控制线和温度控制线，按 PI（比例直线性）调节方式控制调节器的工作。室温控制器内设有室温测量传感器和室温值设定器。电源变压器将单相 220V 交流电变为 24V 安全工作电压交流电，容量为 20VA。

（3）总风量控制方式的变风量系统

建筑中央空调变风量系统，过去一般采用静压控制法，根据静压力参数，控制风阀来调节总风量。大量使用压力控制，系统就会存在不稳定的因素。而且风阀及风阀执行器价格较高，机械连接部件过多，故障率较高。

我国自行研制的新型总风量控制方式的变风量系统，是采集所有控温区的当前风量，控制机组变频器的工作频率，从而控制机组风机当前转速及送风量，使机组送风量与各末端所需风量匹配。

根据采集湿度传感器的信号，与设定湿度值进行比较，控制加湿器的加湿量，实现湿度控制。

在送风管路中设置送风温度传感器，根据送风温度与给定值之差，比例调节冷水盘管的调节阀，使送风温度恒定。当某末端达到最大或最小设定风量时，可降低或提高送风温度设定值。

此时，室内温度仍由温控器通过改变终端箱风机转速进行控制，以维持在设定值，房间舒适度不会受到影响。

变风量空调系统在综合节能上优于其他系统，全年可以节能 20%，对于定风量改造为变风量系统的投资，一般 2 年左右就可以收回。

第三节　电视与通信系统

一、电视系统

1. 概述

电视是现代生活中传播信息的有力工具，为人们提供政治、经济、交通、科教等信息和丰富多彩的文艺节目。收看电视已成为人们生活中的一项重要内容。

电视信号以电磁波的形式传播，由于山峦、森林、建筑物的吸收和阻挡，环境空间的气流和各种射线的影响，将使接收点的信号强度大大降低。因此，远离电视台的郊区和农村，由于信号弱，无法收看到满意的广播电视节目。

电视频道的频率范围为 48～958MHz，由于频率高，波长短，遇到障碍物将发生明显的反射，直射波和反射波的相位差将造成电视接收机的重影。在城市，高层建筑越来越多，影响了电视信号的传播。由于"高楼重影"现象，无法收看高质量的电视图像。

为了解决上述问题，用户可以各自将天线竖立在建筑的制高点上，并选用各种高性能的前端设备和接收天线。但是，由于各种条件的限制，并不一定能够得到良好的效果。而且建筑物上天线林立，引下电缆纵横交错，严重影响建筑外表的美观。

目前，在电视机集中使用的宾馆、住宅和楼群，选用一套共用的天线。将高质量、高性能的天线安装在最佳位置，通过传输和分配网络送至各个电视机用户。距离电视发射台较远、信号较弱的地区还可增加放大器等构成共用系统，大大改善收视效果。这样的系统称为共用天线电视系统（Community Antenna Television）简称 CATV 系统。

近几年来，我国共用天线电视系统正在迅速地发展，规模越来越大，内容越来越丰富。除了按建筑楼群的几百个用户共用天线系统工程外，已经发展为几万户、几十万户规模的市、省有线电视台及大规模的有线电视系统。节目内容除了电视频道节目外，还通过录像机、摄像机、调制器播放自办节目；通过卫星接收天线、放大器、调制器等转播卫星电视节目。

我国电视广播使用波段为 VHF 波段（甚高频）和 UHF（特高频）。VHF 波段的频率范围是 48.5～223MHz，划分为 12 个电视频道；UHF 波段的频率范围为 470～

958MHz，划分为 56 个电视频道。为了保证图像细节的清晰度和色彩的层次性，电视频带的宽度一般选为 8MHz。通过 UHF，天线可以构成全频道电视系统，还可以接收调频广播（FM）信号，我国调频广播频段为 88～108MHz。

随着双向传输技术的发展，在大厦入口、银行营业处、大商场货架和工厂车间、交通路口等上方，设置摄像机、变换器等设备通过闭路电视系统进行防盗、防火、报警和监视等多方面的工作。

2. 共用天线电视系统

共用天线电视系统由信号源设备、前端设备和传输分配系统等部分组成，该系统组成框图如图 7-13 所示。

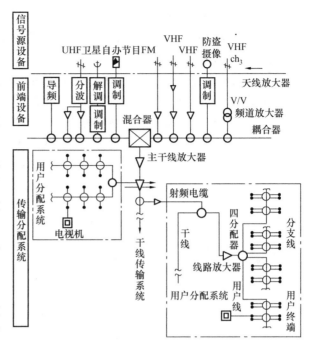

图 7-13　共用天线电视系统

（1）信号源设备包括单频道型、分频段型或全频道型接收天线，卫星电视接收天线，调频广播 FM 接收天线，自办节目用的录像机以及摄像机、话筒、编辑机等。信号源设备的作用是接收并输出图像及伴音信号。不同频道天线形式如图 7-14 所示。

（2）前端设备的作用是处理要传输分配的信号。一般包括天线放大器、频道放大器、频率变换器、混合器、调制器、分波器和导频信号发生器等部分组成。

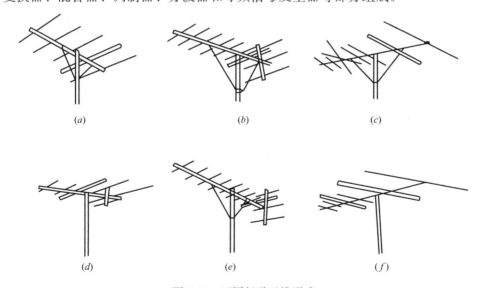

图 7-14　不同频道天线形式

（a）五单元单频道；（b）八单元单频道；（c）七单元单频道；
（d）五单元多频道；（e）十单元多频道；（f）六单元 UHF 全频道

（3）传输分配系统包括干线传输系统和用户分配系统。干线传输系统由主干线放大器、干线桥接收放大器、分配器和主干射频电缆构成。干线传输系统只有在大型共用天线电视系统中采用，起传输作用。

用户分配系统的用途是将干线的信号能量尽可能均匀地分配给每台用户电视机并保证其信号质量。一般由分配器、分支器、用户终端、馈线和线路放大器等部分组成。

通常在一幢建筑楼或一个楼群采用的小型共用天线系统，它的区域小，规模也较小和传送距离较短，只需采用用户分配系统，而不需干线传输系统。

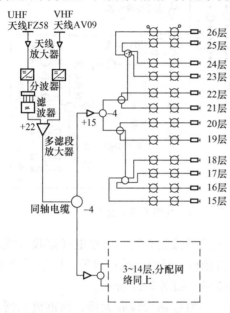

图 7-15 某大厦共用天线电视系统

某大厦共用天线电视系统如图 7-15 所示。大厦高为 26 层，1~2 层为商场，3~26 层为住宅，每层 8 户，在每户的客厅里设一只电视机终端插座，为了使用户电平趋于均匀，干线自前端下至负荷中心层（15 层）后再向上下分配，在 8 层和 20 层的弱电竖井内安装宽频带线路放大器。

3. 有线电视系统

有线电视系统是用射频电缆、光缆、多路微波或它们的组合来传输、分配和交换声音、图像及数据信号的电视系统。

它经过半个多世纪的发展，给广播电视的发展带来了"划时代意义的变革"，其传播的信息量更大、业务内容更丰富、服务方式更灵活、传播效果更好，已经成为广播电视发展的新领域。

（1）组成

有线电视从建筑物公用天线电视系统开始，到闭路电视（在前端增加录像、节目播放功能），目前已发展成大容量的广播电视节目，城市规模覆盖传输的网络结构，称为有线电视城域网。它由下列三部分组成：

1）前端　是指有线电视系统中，单向广播信号的接收、汇集、处理、控制及发送设备系统。在双向有线电视中，它还是双向数据交互信道的调度、控制中心。在较大规模的城市网中，往往设置总前端和多个分前端。

2）干线　是指有线电视信号长距离传输的物理通道。目前在人口密集地区的城市网，大多采用光缆作为传输干线。而人口非密集的城乡网，往往采用多路微波分配系统，既可以大面积覆盖传输（一次覆盖半径约 60km，大于 60km 时可用中继系统），又可直接分配入户。

3）分配系统　是指将前端发送的广播电视节目信号，经过干线传输后，用安装在建筑物内树枝形结构的射频同轴电缆，分配入户的接入系统。

在多路微波分配系统传输的方式中，它们的接收天线安装在各个建筑物的楼顶。分配系统接入用户是以楼为单位（一般少于 200 户），再分配送入各室、各户。

（2）发展趋势

进入 21 世纪以来，有线电视的传输体制正由模拟向数字体制过渡，传输方式正由单向传输向双向交互方式改变。

根据实际的国情，我国政府制定了《我国有线电视向数字化过渡时间表》，按照东部、中部、西部三个区域，从 2005 年至 2015 年，分四个阶段，分层次逐步推进，最终全面实现有线电视数字化。

与此同时，双向交互有线电视系统（交互式 CATV 系统），也正在逐步发展，通过数字电视机顶盒或互动式电视机顶盒（STB），向用户提供高清晰度数字电视、自助视频点播和多元化网络信息浏览等交互式多媒体信息服务。

有线电视基本业务中的专业频道，按内容分类有：电影、电视剧、新闻、文娱、体育、音乐、科技、教育、妇女、儿童（卡通）、财经、政法、旅游、购物和气象 15 类，每类都设置不同特点、不同地方的多个专业频道。

此外，还有按频道付月租费、按场次付费和按事件付费的服务方式。按场次和按事件付费的服务方式就是随点随看，自由操控的自助视频点播方式，属于简单的交互功能的扩展业务。

二、有线通信系统

现代建筑的有线通信系统包括电话、电话传真和广播音响等。

1. 电话

随着数据通信技术的发展，现代电话通信都逐步采用数字式传输技术，选用数字程控电话。一般住宅、办公楼等都在建筑施工时预先设置电话电缆线的接口。高层建筑专门设置弱电竖井，作为安装共用天线电视系统和有线通信系统的电缆。通过数字程控电话机可以方便接通市内或直拨国内、国际长途电话。通过数字程控电话系统和计算机互联网络，借助用户的电脑终端机进行电子邮件、远程登录和文件传输等，成为人类信息交流的重要途径。

对于大型商用建筑（如商场、贸易大厦、宾馆等）和工厂企业、机关、学校、事业单位，为了便于经营管理和工作联系，一般各自设置电话总机。近年来已经采用程控数字用户交换机，拨号后能自动进行内部电话交换和接入公共电话网使用，自动进行外线电话计费等。

电话传真是使用电话传真收发机，利用普通电话网络传送纸张文件上的图像和文字信号的一种手段。

电话传真机和话机共用一对线路，可以适用于公共电话交换网络和双向专用线路。高速传真收发机还可以通过可编程序实现自动拨号，文件内容可存入存储器并自动发送至可编程序自动拨号器所指定的地址。机中设有自动文件输送器，每次可存放几十页，并具有文件缩放功能。收发时可分别记录年、月、日、开始时间、张数及情况报告。

2. 广播音响

广播音响系统包括一般广播、紧急广播和音乐广播等部分。现代宾馆、饭店的广播音响包括公众广播、客房音响、宴会厅的独立音响和舞厅音响等。

公众广播音响的对象为公共场所，在走廊电梯门厅、电梯轿厢、入口大厅、商场、餐厅酒吧间、宴会厅、天台花园等处装设组合式声柱或分散式扬声器箱。平时播放背景音乐（自动回带循环），发生火灾时，则兼作事故广播，用它来指挥疏散。故公众广播音响的设计应与消防报警系统相配合，实行分区控制，分区的划分与消防的分区相同。

客房音响的设置，是为了向客人提供高级音乐欣赏，建立舒适的休息环境。为了适应人们的不同爱好,在设计客房的广播音响系统时,床头控制柜上一般装设能选听 2~3 种广播节目的接收设备。

3. 网络传输

通过建筑物内敷设的电缆、光缆进行网络传输电子邮件、远程登录、文件传输、查询服务、信息服务、超级浏览和电视传播等。

第四节　火灾自动报警与联动控制系统

一、火灾的产生及过程

1. 火灾的产生

建筑物产生火灾的原因很多,大约有以下几种原因:

(1) 人员用火不慎。如乱丢烟头、火柴,电焊、气焊火花溅落等引起可燃气、油料和木材、化纤等物体燃烧产生火灾。

(2) 电气起火。如用户随意接插用电、线路超载、配电线路受潮、老化、漏电甚至短路、变配电设备和用电设备安放位置不当,电气事故后迅速引燃周围物质等。

(3) 建筑物遭受雷电击中。

(4) 人为的破坏。

其中最主要的原因是前面两种原因。

2. 火灾形成过程

除了特殊起火原因(如汽油等爆燃)外,一般火灾有一定的燃烧发展过程,即从燃烧开始到形成火灾都需要一定时间。这一特点对建筑物的防火有很重要的意义。整个火灾过程大概可为四个阶段:

(1) 初期阶段。这阶段属阴燃性质。可燃物受各种起火因素作用而受热,产生热分解形成无焰燃烧。其特点是无明火,但有一定量的烟及焦煳味。

(2) 早期阶段。这阶段属熏燃性质。由于热分解积蓄热量,可燃物延烧面积扩大,从无焰向有焰燃烧发展。其特点是焦煳味增浓,烟量增大,开始出现明火,火灾刚开始。

(3) 中期阶段。属旺燃蔓延阶段。特点是旺火迅速增长,伴随着高温、浓烟、大量可燃物被烧,火势迅猛发展到全面燃烧,火灾形成并迅速扩大。

(4) 晚期阶段。属熄灭阶段。可燃物烧尽,火灾逐渐熄灭。

一般在前两个阶段时,火灾现场燃烧面积小,温度分布不平衡,除局部燃烧点外,其他各处温度均较低。第三阶段可燃物延烧速度大增,温度迅速上升。第四阶段温度仍然很高,仍有引起附近建筑物燃烧的危险。

二、系统组成与建筑物保护等级

1. 系统组成

现代建筑的防火,首先在建筑物工程设计时就必须考虑防火设施,例如防火结构、防火分区、非燃性及阻燃性材质、疏散途径和避难区等固定设施。其作用在于尽量减小起火因素,防止烟、热气流及火的蔓延,确保人身安全。此外,还必须按照国家有关建筑设计防火规范的规定选用相应的火灾自动报警与联动控制系统。

现代建筑的火灾自动报警与联动控制系统,一般由以下部分组成:

（1）火灾探测报警系统。它包括全部火灾探测器和报警设备。

（2）减灾系统。具有防止灾害扩大，及时引导人员疏散的两大功能，它包括确认判断、通报疏散、防排烟系统及设备。

（3）灭火系统。具有控火及灭火功能。它包括人工灭火（消火栓）、自动喷水灭火（湿式喷淋设备）、专用自动干式灭火（二氧化碳、卤代烷灭火剂等气体灭火设备）等。

（4）其他系统。包括系统电源、消防专用电话和应急广播系统等。具有微机控制的自动防火系统还设有火灾档案自动管理、自动屏幕显示、打印记录和存贮存档等功能。

2. 建筑物保护等级

民用建筑保护等级划分见表 7-1。一般情况下，一级保护对象宜采用控制中心报警系统。并设有专用消防控制室。二级保护对象宜采用集中报警系统，消防控制室可兼用。三级保护对象宜用区域报警系统，可设消防值班室。在具体工程设计时可根据工程实际需要进行综合考虑，并取得当地公安消防部门的认可。

民用建筑保护等级划分表　　　　　　　　　　　　　　表 7-1

建筑物名称 级别	层次	高　层	多层及单层
	一　级	一类建筑的可燃性物品库，空调机房，变配电室，电话机房，自备发电机房； 高级旅馆的客房和公共活动用房（包括公共走道），电信楼，广播楼，省级邮政楼的主要机房； 重要的图书、资料、档案库； 大、中型电子计算机房； 高层医院火灾危险性较大的房间和物品库； 贵重设备间	国家级重点文物保护单位的木结构建筑； 国家和省级重点图书、档案、博物、资料馆；大中型电子计算机房； 设有卤代烷，二氧化碳等固定灭火装置的房间
	二　级	火灾危险性较大的实验室； 百货楼，财贸金融楼的营业厅，展览楼的展览厅； 重要的办公楼，科研楼火灾危险性较大的房间和物品库	火灾危险性大的重要实验室； 广播、电信楼的重要机房； 图书文物珍藏库，每座藏书超过 100 万册的书库； 重要的档案库，资料库，超过 4000 座的体育馆观众厅。 有可燃品的吊顶内及其电信设备室；每层建筑面积超过 300m² 的百货楼，展览楼，高级旅馆等；多层建筑内的底层停车库； Ⅰ、Ⅱ、Ⅲ类地下停车库；地下工程中的影院（礼堂）、商店等
	三　级	其他需要设火灾自动报警系统的场所	其他需要设火灾自动报警系统的场所

三、火灾探测器

在火灾初起阶段，总会产生烟雾、高温、火光及可燃性气体。利用各种不同敏感元件探测到上述四种火灾参数，并转变成电信号的传感器称为火灾探测器。按其被探测参数和工作原理区别，火灾探测器可分为多种类型，见表 7-2。

序号	名 称 及 类 型		
1	感烟探测器	光电感烟型	点型：散射型、遮光型 线型：红外束型、激光型
		离子感烟型	
2	感温探测器	点型（差温、定温）	双金属型、易熔金属型 膜盒型、半导体型
		线型（差温、定温）	管型、电缆型、半导体型
3	感光火灾探测器	紫外光型	
		红外光型	
4	可燃性气体探测器	催化型	
		半导体型	

1. 感烟探测器

火灾发生时，对烟参数响应的火灾探测器称为感烟探测器。按其工作原理又有多种形式。这里仅以散射型光电感烟探测器和遮光型光电感烟探测器为例，说明它们的工作原理。

（1）散射型光电感烟探测器 它是利用烟雾粒子对光线产生散射的原理制成的感烟探测器。其结构和工作原理如图 7-16 所示。

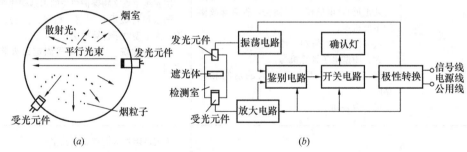

图 7-16 散射型光电感烟探测器
(a) 结构示意图；(b) 工作原理图

图中所示的烟室为一个迷宫式的暗箱，能阻止外部光线的射入，但烟雾粒子则可自由进入烟室。烟室内有一组发光及受光元件，分别设置在特定位置上。无烟时受光元件不能直接接受发光元件射来的光束，无信号发出。当有烟并且达到一定浓度时，光束受到烟粒子的反射或散射而到达受光元件，产生光敏电流经放大鉴别后，使开关电路动作，发出报警信号。

国产 JTY-GD 型光电感烟火灾探测器的工作技术参数为：工作电压 DC24V、监视态电流≤100μA、报警电流≤20mA、使用环境温度－20～＋50℃、环境湿度≤95％（温度40℃）、外形尺寸 ϕ105×60、在安装高度 4～8m 时保护面积为 15m^2；在安装高度＜4m 时保护面积为 30m^2。它具有高可靠性，抗干扰能力强等特点，所以受到广泛采用。

（2）遮光型光电感烟火灾探测器 它有点型及线型两种形式。定点型（简称点型），即探测器设定在特定位置上进行整个警区空间的探测；线型（又称分布型），即其所监视的区域为一条直线。上面介绍的散射型光电火灾探测器就是属于点型探测器。下面介绍点型遮光火灾探测器的工作原理。

遮光型火灾探测器的结构及工作原理如图 7-17 所示。它的主要部件也是一对发光及受光元件组成。发光元件发出光并且射到受光元件上，产生光敏电流，维持正常监视状态。当烟粒子进入烟室后，光被烟粒子遮挡，到达受光元件的光通量减小，一旦减小到规定的动作阀值时，经放大电路输出报警信号。

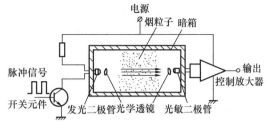

图 7-17　遮光型火灾探测器

2. 感温探测器

在发生火灾时，对空气温度参数响应的火灾探测器称感温探测器。按其动作原理可分为：定温式探测器（温度达到或超过预定值时响应的火灾探测器）、差温式探测器（当升温速率超过预定值响应的火灾探测器）和差定温式探测器（兼有定温及差温两种功能的感温火灾探测器）；按感温元件来分又有机械式及电子式两种。

机械定温式火灾探测器有双金属片定温探测器（双金属片受热膨胀弯曲能使点闭合）和易熔合金型定温探测器（低熔点合金的熔点为 $70 \sim 90℃$，超过此预定温度值时，低熔点合金脱落，弹性接触片与固定触点接通而发出报警信号）；机械差温式火灾探测器一般利用膜盒为温度敏感元件，当温度上升迅速时，气室内空气受热膨胀来不及外泄，致使室内气压增高，波纹片鼓起与触点接通发出报警信号。

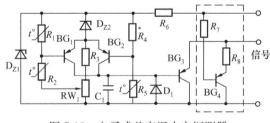

图 7-18　电子式差定温火灾探测器

电子式差定温火灾探测器的工作原理如图 7-18 所示。它共有三只热敏电阻（R_1、R_2 和 R_5），其阻值随着温度上升而下降。R_1 及 R_2 为差温部分的感温元件，两者阻值相同，特性相似，但位置不同。R_2 布置于铜外壳上，对环境温度变化较敏感；R_1 位于特制金属内，对环境温度变化不敏感。当环境温度变化缓慢时，R_1 与 R_2 阻值相近，三极管 BG_1 截止。当发生火灾时，R_2 直接受热，电阻值迅速变小，而 R_1 响应迟缓，电阻值下降较小致使 A 点电位降低，当低到预定值时 BG_1 导通，随之 BG_3 导通输出低电平，发出报警信号。

定温部分由 R_5 和 BG_2 组成。当温度上升到预定值时，R_5 阻值降到动作阈值，使 BG_2 导通而报警。

图中虚线部分为断线自动监控部分。正常时 BG_4 处于导通状态。如探测器的三根外引线中任一根断线，BG_4 即截止，向报警器发出断线故障信号。此断线监控部分仅在终端探测器上设置即可，其他并联探测器均可不设。这样其他并联探测器仍处于正常监控状态及火灾报警信号处于优先地位。

国产 JTW-ZCD 型电子差定温火灾探测器的工作技术参数为：工作电压 DC24V、监视态电流 $\leqslant 1.2mA$、报警电流 $\leqslant 20mA$、使用环境温度 $-20 \sim +50℃$、环境湿度 $\leqslant 95\%$（$40℃$）、外形尺寸 $\phi 115 \times 52$。在安装高度 $4 \sim 8m$ 时保护面积为 $15m^2$，在安装高度 $<4m$

时保护面积为 30m²。该探测器有差温和定温复合功能，对非正常升温和预定高温值能及时发出火警报警信号，并且有可靠性高、抗干扰能力强等特点。

3. 感光火灾探测器

在警戒区内发生火灾时，对光参数响应的火灾探测器称为感光火灾探测器。

可燃物燃烧时火焰的辐射光谱一般在红外及紫外光谱内。因此感光火灾探测器分为红外及紫外两种形式。红外光敏元件以硫化铅作材料，为了扩大视角范围，可用三只红外光敏元件并联组成 120°的布置。紫外光敏管以两根高纯度的钨丝或钼丝作电极，当电极受到紫外光辐射后立即发出电子，并在两电极间的电场被加速发生连锁反应后输出报警信号。

4. 可燃性气体探测器

在可能产生可燃性气体或蒸汽爆炸混合物的场所，应采用可燃性气体探测器进行监测。当浓度达到危险值时立即发出报警信号。

可燃性气体探测器有催化型及半导体型两种形式。前者利用铂丝加热后的电阻变化来测定可燃性气体浓度。后者利用半导体气敏元件对氢、一氧化碳、甲烷、乙醇、天然气等可燃性气体很灵敏，随着可燃性气体浓度的增加，其电阻值相应减小的特性，进行监测和报警。

火灾探测器各种类型的选用应根据火灾形成发展规律、设置场所性质、房间高度和室内环境条件等因素综合考虑，合理选用。

由于大多数情况下，火灾初期发生阴燃，有大量烟雾产生，感烟探测器的灵敏度也比较高，因此大部分场所都可选用感烟探测器。但是在经常有烟雾滞留或有大量尘埃、粉尘和水蒸气的场所，不应选用感烟探测器而可考虑选用感温探测器为宜。

5. 复合式火灾探测器

这是近年来新兴的一种探测器，它主要解决单一参数检测时，在某些环境下不太可靠的问题。通过多种探测器的组合配置来代替单一参数的火灾探测器。目前主要的复合式探测器有感烟感温式、感烟感光式和感温感光式等几种类型。

6. 空气采样烟雾探测器

空气采样烟雾探测器是一种利用激光探测技术和微处理器控制技术的烟雾检测装置，具有许多其他烟雾检测器所不具备的特性。它是在火灾初期（过热、闷烧或低热辐射以及无可见烟雾生成阶段）的探测与报警，可以在火灾生成初期消除火灾隐患，使火灾的损失降低到最小。

空气采样探测器的工作原理是通过一个内置的吸气泵及分布在被保护区域内的 PVC 采样管网，24h 不间断地主动采集空气样品，经过一个特殊装置滤掉灰尘后送至一个特制的激光控制器，空气样品在探测器进行分析，将空气中燃烧产生的微粒加以测定，由此给出准确的烟雾浓度值，并根据使用者事先确定的报警浓度值发出火灾警报。

该探测器采用主动采样探测方式，具有极高的灵敏度，探测结构和响应时间不受气流影响，适合在各种复杂多变的建筑结构和高大开放的空间，安装空调系统的环境使用。

此外，火灾探测器按使用环境分类，还可以分为普通型、防爆型、船用型和耐酸、耐碱型等。

安装使用在有易燃、易爆性气体或粉尘的场合应注意选用防爆型火灾探测器。对于环境温度高于50℃，湿度大于85％的高温、高湿度的舰船中，可选用船用型火灾探测器。对于周围环境中存在酸、碱腐蚀性气体的场所，如民用建筑中的蓄电池间及其他有关工业场所，可选用耐酸、耐碱型火灾探测器，而环境温度在－10～50℃，相对湿度在85％以下的场合，以及未注明环境特殊要求的场合均可选用普通火灾探测器。

四、火灾自动报警系统

1. 基本组成与功能

火灾自动报警系统一般由触发器件、火灾报警控制器、火灾报警显示装置和电源等部分组成。

（1）触发器件　在系统中，自动或手动产生火灾报警信号的器件。主要包括火灾探测器和手动火灾报警按钮。

（2）火灾报警控制器　用来接收、显示和传输火灾报警信号，经过数据处理、分析后，对火灾进行判断确定，输出相关指令信号。并且还具有系统的监测、供电、火灾报警、控制消防设备的功能。

（3）火灾报警显示装置　用来发出区别于环境声、光的故障或火灾报警信号的装置，如故障灯、故障蜂鸣器、火灾事故光字牌及火灾警铃等。

（4）电源　火灾自动报警系统的主要电源应当采用消防电源，备用电源采用专用或集中设置的蓄电池。

火灾自动报警系统的基本功能是为火灾探测器供电，接受、显示及传递火灾报警信号，火灾报警控制器和系统本身的故障自检，并能输出控制指令的自动报警装置。它可单独作火灾自动报警用，也可以与自动减灾及灭火系统联动，组成自动报警联动控制系统。

2. 基本形式

按报警控制器的作用性质可以分为区域报警控制器、集中报警控制器及通用报警控制器三种。区域报警控制器是直接接受火灾探测器（或中继器）发来报警信号的多路火灾报警控制器。集中报警控制器是接受区域报警控制器（或相当于区域报警控制器的其他装置）发来的报警信号的多路火灾报警控制器，其工作框图如图7-19所示。通用报警控制器是既可作区域报警控制器也可作集中报警控制器的多路火灾报警控制器。

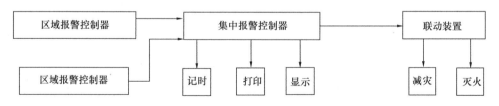

图 7-19　集中报警控制器工作框图

3. 工作原理

某报警设备厂生产的全总线制火灾报警联动控制系统的组成框图如图7-20所示。其主要组成工作原理如下：

（1）火灾报警控制系统　火灾报警控制器用以完成火灾事故报警及消防设备联动。报警系统采用模块化设计，其容量为：报警1024点，远程控制128点，信号返回128点，重复显示屏最多可带32台。

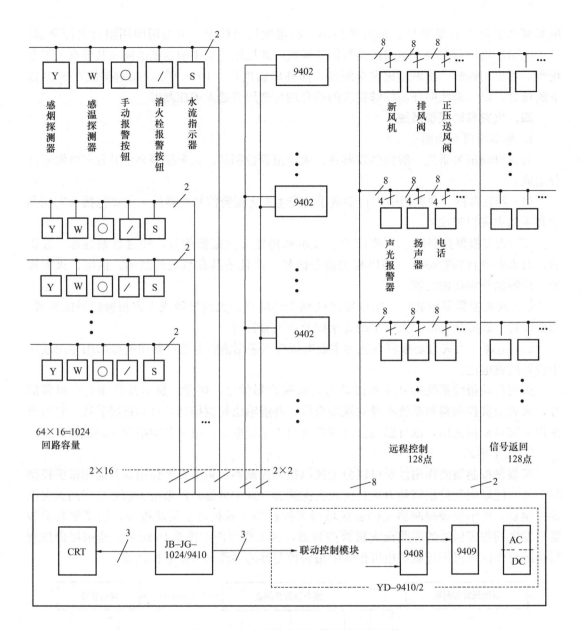

图 7-20 全总线制火灾报警联动控制系统

在建筑物现场安装的火灾探测器（感烟探测器、感温探测器等）、手动报警按钮、消火栓报警按钮和水流指示器等，根据现场位置设置地址编码。输入、输出信号全部通过总线进行处理、传输、联动。工作时，单片微型计算机进入主程序，初始化各外围电路，连续巡回检测各处的探测器、报警按钮等输入信号，并且不断地分析处理采集的信息，当发现火灾信息或探测器自检故障信息时，立即转入相应处理程序，控制相应的报警及音响动作，并将报警信息存贮。在采集到火警信息后，可自动多次单点巡检，经过多次数据采集复核后，才给出报警信号以防止误报。

报警方式采用声、光、打印三重报警方式。且火警、故障报警信号相互独立、有区别，并且按照火警优先的原则，火警覆盖故障。检测到火警信号时，火警红色指示灯灯亮，同时发出消防车鸣叫声。重复显示屏（9402）中的 LED 数码显示器可以显示火警或探测器故障的部位。CRT 彩色图像显示屏可以在建筑物剖面图上显示火灾部位及各种设备的状态显示。这样可以清楚地掌握火情的发展趋势及消防设备的开动情况，便于现场消防指挥。此外，还配有打印机，可以汉字打印事故类别、时间（年、月、日、时、分）、区位、部位。其中事故类别包括：火警、通信故障、探测器短路、断路。

（2）消防中心联动控制系统　消防中心联动控制柜（YD-9401/2）可以控制以下设备：

1）防排烟系统。正压送风阀、排烟阀、新风机、排烟风机、防火门、卷帘门等；

2）消火栓灭火系统。通过编码消火栓按钮将其报警信号通过总线送入控制器，作为火灾确认信号，以便进行图形显示和联动；

3）自动喷淋灭火系统和气体灭火系统；

4）消防电梯的控制（紧急归底）；

5）火灾应急广播系统。

（3）电源系统　包括集中供电系统（9417）和铅蓄电池组。

（4）其他配套器件　还有短路保护器和现场编程器等。

五、消防联动控制系统

消防联动控制系统是火灾自动报警系统的执行部件，火灾报警控制器和消防控制室接收火警信息后应能自动或手动启动相应消防联动设备。在消防控制室以外的消防联动控制设备的动作状态信号均应在消防控制室显示。

1. 消防联动控制设备的组成

消防联动控制设备应由下列部分或全部控制装置组成。

（1）火灾报警控制器；

（2）自动灭火系统的控制装置；

（3）室内消火栓系统的控制装置；

（4）防烟、排烟系统及空调通风系统的控制装置；

（5）常开防火门、防火卷帘的控制装置；

（6）电梯回降控制装置；

（7）火灾应急广播的控制装置；

（8）火灾警报装置的控制装置；

（9）消防通信设备；

（10）火灾应急照明和疏散指示标志灯的控制装置。

2. 系统工作原理

消防联动控制系统的控制工作内容包括：消防水泵控制、喷淋水泵控制、气体自动灭火控制、防火门及防火卷帘的控制、排烟控制、正压送风控制、疏散广播及警铃控制、电梯控制和消防通信等消防装置的控制。

当火灾探测器或手动火灾报警按钮报警，并确认为火灾事故后，消防联动控制系统进行以下控制工作：发出火灾应急广播通知；按空调系统的分区，停止与报警区域有关的空调机、送风机及关闭管道上的防火阀；启动与报警区域有关的排烟阀及排烟风机；关闭有关区域电动防火门、防火卷帘门；按防火分区和疏散顺序切断非消防用电源；接通火灾应急照明灯及疏散指示标志灯；强使全部电梯下行停在底层，除消防电梯处于待命状态外，其余电梯停止使用等控制工作。

3. 自动灭火系统

火灾初期，消防队未能赶到时，依靠建筑物内部的设施来扑灭火势称为初期灭火。除了人员操作各种灭火器和利用室内消火栓灭火外，还在要求较高的场所设置自动喷淋灭火系统、二氧化碳灭火系统或卤代烷自动灭火系统进行自动灭火。自动喷淋灭火系统如图7-21所示。当接到控制器的灭火指令信号后，自动启动灭火系统，由自动灭火装置喷洒灭火介质扑灭火灾。

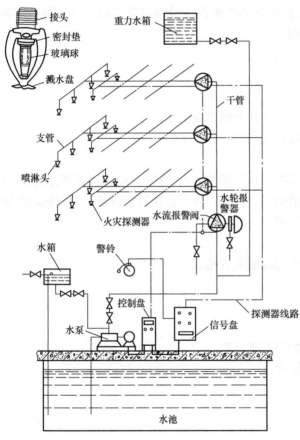

灭火介质（灭火剂）可分为两大类：

（1）基于物理机理的灭火介质有冷却燃烧体（如水等），隔断空气（如泡沫灭火剂等）。

（2）基于化学机理的灭火介质主要有二氧化碳和卤素灭火剂。

目前高层民用建筑的舞台、餐厅、厨房和商场营业厅等公共活动场所大多装置了自动喷水灭火设备。但是水和泡沫都会造成设备污染，因此在电子计算机房、有贵重仪器和设备的实验室、有电气设备、车间和油类仓库等场所的电气火灾和油类火灾，应采用二氧化碳和卤代烷灭火剂。它们灭火能力强，灭火后不留任何污迹，对机电设备无腐蚀破坏作用。

4. 防排烟系统

由于火灾的燃烧过程中产生大量的烟气，其主要组成为一氧化碳，对人体具有强烈的窒息作用，引起人员死亡。浓烈的烟气还引起能见度降低，使人们疏散时难以辨别方向。因

图7-21　自动喷淋灭火系统示意图

此，防排烟系统的作用主要在于关闭空调系统防烟阀门、防火门、防火卷帘门、开启安全出口和开启排烟口阀门、排烟风机。防烟设备的作用是防止烟气侵入防烟楼梯、电梯等疏散通道，而排烟设备的作用是消除烟气大量积累，并且防止烟气扩散到疏散通道。防排烟系统的组成框图如图7-22所示。

5. 诱导疏散系统

在建筑电气设计时，还应该考虑一旦发生火灾事故时人员的诱导疏散系统。通过火灾应急广播设备，向火灾区域发出指示，诱导人员迅速撤离火灾区域的方法和方向，避免混乱产生意外伤亡。在主电源被切除后，应立即切换成备用电源供电，以保证火灾应急照明

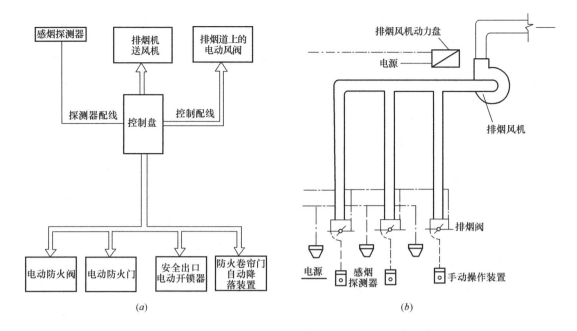

图 7-22　防排烟系统

（a）排烟设施组成方框图；（b）排烟系统示意图

和火灾疏散等标志照明灯的工作。所有火灾应急及疏散照明灯具，均应设玻璃或其他非燃性材料制作的保护罩。当采用自带蓄电池的应急照明灯时，平时应使电池处于充电状态。一旦发生火灾，消防电梯应自动迫降到底层，便于消防人员使用，并保证连续供电，其供电线路为耐火配线。

六、系统供电

火灾自动报警系统的供电原则是：火灾自动报警系统应设有主电源和直流备用电源。

1. 主电源

火灾自动报警系统的主电源应采用消防电源，主电源的保护开关不应设漏电保护。

现行的国家电力设计规范规定：

一类建筑的消防设备用电按一级负荷要求供电，即由不同高压母线的不同电网供电，形成一主一备电源供电方式；

二类建筑的消防设备用电按二级负荷要求供电，即由同一电网双回路的方式供电。

消防用电的自备应急发电设备（柴油发电机），应设有自动启动装置，并能在 15s 时间内供电。

2. 直流备用电源

直流备用电源宜采用火灾报警控制的专用电池或集中设置的蓄电池组。并应保证在消防系统处于最大负载状态下不影响火灾报警控制器的正常工作。

火灾自动报警系统中的微机、CRT 显示器及消防通信等设备的电源，宜由 UPS 装置供电。

为保证建筑的火灾自动报警与联动控制系统在发生火灾后能有效地运行，达到减灾、灭火目的，消防用电设备采用双路电源或双回路供电线路，在末端配电箱处切换。配电箱到各消防用电设备，应采用放射式供电，每一用电设备应有单独的保护设备。凡属电源回路及重要探测回路的线路应用耐火配线方式；而指示灯、报警和控制回路应用耐热配线。电气消防专用的各种配电箱采用耐火配电箱。

耐热配线可用常用的绝缘导线或电缆穿钢管保护暗敷。耐火配线可用常用绝缘导线或电缆钢管暗敷于非燃烧体结构内，其保护厚度不应小于3cm；明敷必须在金属管上采取防火保护措施（加防火涂料）或用耐火电缆。

在高层建筑中电缆井、管道井、排烟道、排气道、垃圾道等竖向管井应分别独立设置，其井壁应为耐火极限不低于1h的非燃烧体。井壁上的检查道应采用金属防火门。

此外，应该特别重视的问题是随着我国经济建设及现代科学技术的迅速发展，高层建筑和智能建筑越来越多，建筑物中电气设备的种类及数量多，并且内部设施与装修材料大多是易燃物品，造成火灾发生的危险性增加。高层建筑物一旦发生火灾，火势猛、蔓延快，内部管道竖井如同烟囱，拔火力很强，使火势迅速扩散，以致处于高层的人员及物资难以及时疏散。并且发生火灾时内部通道往往被切断，从外面扑火远不如低层建筑物外部扑火那么有效，只能首先依靠建筑物内部的消防设备来灭火。

因此，在建筑物的设计、建造时，必须严格按照《建筑设计防火规范》、《火灾自动报警系统设计规范》等规范，贯彻"预防为主、防消结合"方针，选用安全适用、技术先进、经济合理的"火灾自动报警与联动控制系统"。

第五节　安全防范系统

一、概述

随着科学技术的发展和人民生活水平的提高，人们对于防止意外不安全因素，保障生命财产及信息资源安全的要求愈来愈高。现代高层大型建筑，如办公大楼、酒店宾馆、商业大厦、银行及车站、机场、体育场馆等公共场所设施都要求有严密的保安措施。

安全防范系统是以维护社会安全为目的，运用安全防范产品和其他相关产品所构成的入侵报警系统、视频安防监控系统、出入口控制系统、防爆安全检查系统等，或由这些系统为子系统组合或集成的电子系统或网络。

安全防范的基本手段有：

1. 人力防范　对于保护建筑物目标来说，有保安站岗、人员巡更、有线和无线内部通信等安全防范手段。

2. 实体防范　建筑物设置周界栅栏、围墙、入口门栏等方法。

3. 技术防范　应用各种电子信息设备组成系统或网络、功能的安全防范手段。它是以各种现代科学技术，通过运用技防产品、实施技防工程手段，构成安全保证的屏障。例如建筑物设置入侵报警系统、视频安防监控系统、出入口控制系统、停车库（场）管理系统等。

在要求更高的现代建筑物，特别是智能建筑中，对于各种安全防范的子系统，进行组合或集成，通过安全管理系统实现对各子系统的有效联动、管理或监控。

二、基本组成

建筑安全防范系统根据不同的防范类型和防护风险需要形成不同的系统组成，各个系统的基本组成亦不完全相同。

1. 入侵报警系统　利用传感器技术和电子信息技术探测并指示非法进入或试图非法进入设防区域的行为，处理报警信息、发出报警信息。

2. 视频安防监控系统　利用视频技术探测、监视设防区域并实时显示、记录现场图像。

3. 出入口控制系统　利用识别技术对出入口目标进行识别，并且控制出入口执行机构的开闭。

4. 电子巡查系统　对保安巡查人员的巡查路线、方式及过程进行控制管理。

5. 停车库（场）管理系统　对进、出停车库（场）的车辆进行自动登录、监控和管理。

6. 防爆安全检查系统　检查有关人员、行李、货物是否携带爆炸物、武器或其他违禁物品。

三、常用的电气安全防范装置

1. 对讲机—电锁门安防系统

现代多层、高层住宅常采用对讲机—电锁门安防系统。在住宅大楼的入口常设有电锁门，上面设有电磁门锁，平时门总是关闭的。在入口的门边外墙上嵌有大门对讲总按钮盘。来访客人须依照探访对象的层次和单元号按动盘上相应按钮，此时被访户主家中的对讲机铃响，主人通过对讲机与门外访客对话，大门外的总按钮箱内也装有一部对讲机。当主人问明来意，同意探访时，即可按动附设在话筒上的按钮，此时入口电锁门的电磁铁通电将门打开，来客即可推门进入。反之，如果对来访的人素不相识或有疑虑，可以不按电锁按钮，拒之门外。

2. 可视—对讲—电锁门安防系统

如果住户要求除了能与来访者直接对话之外，还希望能够看到来访者的面貌及当时入口的现场动态，则可以在入口门外墙的适当部位安装电视摄像机，摄像机的视频输出经同轴电缆接入调制器。由调制器输出的射频电视信号通过混合器进入大楼的共用天线电视系统。调制器的输出电视频道应调制在 CATV 系统的空闲频道上，并将调定的频道通知住户。在住户通过对讲系统与来访者通话的同时，可开启电视机的相应频道观看来访者和入口处的情况。某大厦的可视—对讲—电锁门保安系统如图 7-23 所示。

3. 视频安防监控系统

对于要求较高的办公大厦、宾

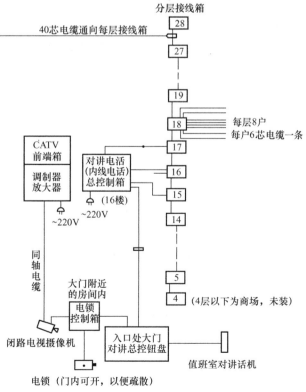

图 7-23　某大厦的可视—对讲—电锁门安防系统图

馆酒店、超级商场、银行或金融交易所等场所,常设有安防中心。通过闭路监视电视随时观察入口、重要通道和重点安防场所的动态。

视频安防监控系统由摄像、控制、传输和显示部分组成。当有监听功能的需求时,应增设伴音部分,该系统如图 7-24 所示。只需在一处连续监视一个固定目标时,可选单机电视监视系统,也可在一处集中监视多个目标;在进行监视的同时,可以根据需要定时启动录像机、伴音系统和时标装置,记录监视目标的图像、数据、时标,以便存档分析处理。

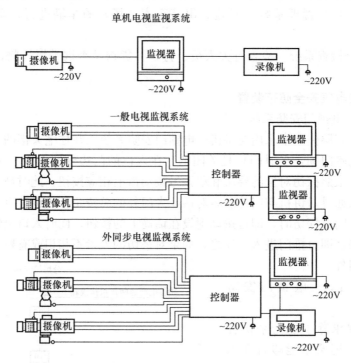

图 7-24　视频安防监控系统

4. 入侵报警系统

入侵报警系统是利用安装现场的各种检测器件提供的信号,进行综合分析,一旦发现有非法侵入、盗窃等情况时立即产生报警输出的系统。

常用的检测器件有门窗电磁开关,检测破坏玻璃或者墙外力撞击的振动传感器,检测人体散发热量的红外线传感器,检测人体和物体运动变化的光电、超声波和微波传感器等。常用的报警输出为报警发声器、警号、警灯和可集中或分散打开的灯光。

对于要求更高的重要场合,专门设置功能齐全的安防中心和电子安防警卫系统。该系统由微型计算机、录像机、闭路电视和检测系统等组成。安防中心应设专人值班。

另外要注意的是,对于任何安全防范系统都必须注意安全保密。检测传感器和报警器都应该隐蔽安装,线路采用暗敷方式,系统具有自动防止故障的特性。使用交流电源供电时,还应配备备用电源。

5. 一卡通系统

伴随非接触智能卡技术的发展,越来越多的应用系统中利用非接触智能卡(IC

卡）作为媒介实现高效与安全管理的统一。在建筑领域中，"一卡通系统"主要应用为：

（1）门禁管理子系统　通过相应出入口进行控制，防止闲杂人员进入，同时对出入人员信息进行记录统计；

（2）巡更管理子系统　采用在线式巡更方式，结合管理软件，可管理小区或楼宇的保安人员基本活动信息，实时掌握巡更情况；

（3）考勤管理子系统　根据实际情况设置考勤点，进行集中考勤，实现考勤信息统计；

（4）停车场管理子系统　实现内部人员刷卡进出停车场，外部车辆的计时计费，并可以加装摄像机，图像对比系统，增强车辆管理的安全性；

（5）电梯控制子系统　在电梯厅出入口或电梯轿厢内安装，非授权人不能通过电梯进入，更增加内部的安全性。通常电梯控制中，应用较多的为"呼梯"（即在电梯厅安装读卡器，刷卡后电梯按键亮，授权人可以进入轿厢）和"控层"（即在电梯轿厢内安装读卡器，刷卡后授权的相应层电梯按键亮，只能进入指定的楼层）。

6. 生物识别特性技术

生物识别特性技术是指通过计算机利用人体所固有的生理特征或行为特征来进行个人身份鉴定技术，通常用于安全性要求比较高的场所。

人体所固有的生理特征包括手形、指纹、脸形、虹膜、视网膜等；行为特征包括走路姿势、签字、声音等。这些生理特征一般具有唯一性，与他人不同。

生物识别特性技术完成的阶段：

（1）登记　个人特征的相关信息采集与存储；

（2）建立模板　成为日后输入的个人特征信息比对的基础；

（3）比对　验证接受的标准，以读取的生物特征产生一个算法来决定比较的准确性。

我国的生物识别技术发展开始于20世纪90年代，主要是指纹识别技术。近年来由于人体面部识别技术的精确度高、快速、简便、非侵扰和不需要被识别的人被动配合，只要从摄像机前面走过，人的面貌特征就已经迅速地采集和检验。同时因为人体面部识别只需要通用的计算机硬件及相关的软件就可以完成，所以它还具有良好的防伪性、直观方便、性价比高、经济性及可扩展性好等优点。现在被广泛用于智能建筑、高档住宅、金融系统、公安部门、政府机构、电子商务认识以及出入境身份认识等对于安全系统要求比较高的领域，进行出入口管理、安全验证与搜寻罪犯等。

第六节　微机管理系统

一、概述

随着现代建筑的高层化、大型化和多功能化，服务项目不断增加，机电设备种类繁多，技术性能复杂，管理工作已逐渐由微型计算机管理系统来担任。

现代建筑的微机管理基本上分为业务管理和设备管理等两个独立系统，但也有用一套大型微机系统进行综合管理的。

业务管理主要为高级旅馆、饭店、办公楼的微机管理系统。例如旅馆管理系统一般分为前台管理和后台管理两大部分。前台管理主要负责接待、登记、预约订房、查询、订票及房间状态的显示，免除旅客消费随时支付现金的麻烦。后台管理主要负责夜间核算，进行各种数据统计、成本核算分析、编制日收支报表、财务账目表、工资管理、合同管理和税务管理等，使经济核算和会计业务自动化。该系统示意图如图7-25、图7-26所示。

设备管理主要对整座建筑物的空调、供热、给水排水、变配电、照明、电梯、消防、闭路电视、广播音响设备、通信、防盗、巡更等进行监察、信息处理和控制管理。通常称为大楼自动管理系统（Building Automation System），简称 BAS。

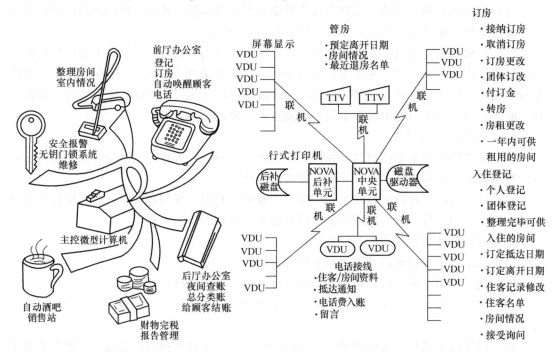

图 7-25　旅馆微机管理系统示意图　　　　图 7-26　旅馆微机管理方框图

二、大楼设备自动管理系统

大楼设备自动管理系统一般由设在中央控制室的微型计算机的中央处理机 CPU、输入输出接口、外部设备和设在现场的检测器件、数据收集箱 DGP、控制执行机构等部分组成，它们通过传输通道联接。系统的组成框图如图 7-27 所示。

1. 检测器件和执行元件

装设在被监控设备末端的检测器件包括温度传感器、压力传感器、相对湿度传感器、蒸气流量传感器、水流量传感器、电流转换器、电压转换器、液位检测器和压差器等。控制执行元件有水流开关掣、开关继电器和调节器等。

检测器件不断地为设备管理系统的微机中央处理机提供各种数据，包括模拟量和数字量。模拟量包括温度、压力、湿度、流量、电流、电压、功率等参数，通过模/数转换器输入微机总线。数字量包括状态信号和故障报警信号。设备微机管理中心发出的各种操作指令，将通过继电器、调节器等执行元件，对设备进行遥控。

236

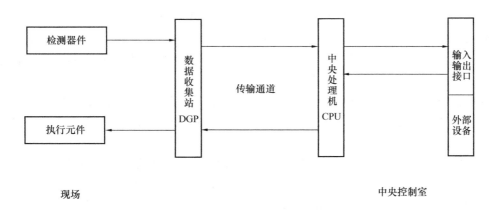

图 7-27 大楼设备自动管理系统框图

2. 数据收集箱 DGP

数据收集箱亦称数据收集站，本身装有微处理机和存贮器。它的任务是将设备末端检测器件送来的数字量和模拟量，进行加工处理后存入存贮器，以便等待微机主机查询，并且将主机发出的各种操作指令传送给执行机构。DGP 分散地配置在被监控设备附近，起着数据、指令传输的中间桥梁作用。

3. 传输通道

它是一种高速的传输系统，采用脉冲数字传输，直流电流 55mA 时代表"0"，电流为零时代表"1"，传输字长用 16 位。传输线可用塑料对绞线、同轴电缆或光缆。

传输方式采用串行方式，这样可以使线路简化，比较经济。信号传输采用核对方式进行，即微机主机连续发出二次传输信号，进行核对。传输系统的设计，均有自检功能，线路网络发生故障时，会自动报警，并将故障点打印出来，以便及时进行检修。

4. 微机管理中心

微机管理中心由中央处理机及外围设备组成。外围设备包括：彩色显示屏、操作键盘、磁盘机、磁带机、记录打印机、报警打印机、报警显示器、曲线记录仪、对讲机。它是通过设备输入输出接口与中央处理机连接。

中央处理机一般采用微型计算机，较复杂的系统则采用小型计算机。凡与消防系统合用的微机管理系统，为保证其工作的绝对可靠性，应有备用的微处理机 CPU，使其经常处于热备用状态。

微机管理中心以 1～5min 的时间周期对整座大楼的被监控设备进行连续不断的巡回，检测各设备的即时状态，收集各设备的运转参数，进行分析比较，然后按照规定的程式发出指令进行遥控。所有设备的运转参数和遥控的动作指令，均能在彩色显示屏显示出来，并自动进行打印记录。发现故障时，除进行即时报警外，还可将故障点自动打印出来。

三、智能建筑

1. 概述

近年来，以计算机和网络为核心的信息技术向建筑行业的应用与渗透，形成了完美体现建筑艺术与信息技术结合的智能型建筑。这些建筑物不仅有高度完善的自动化系统，并且通过建筑物或建筑群的综合布线系统及网络系统进行信息传输，由中央管理计算机实行优化控制和集中管理。

智能建筑的概念，首先在美国提出。1984 年，世界第一幢智能大厦在美国哈特福特市建成。随后，在欧、美、日及世界各地蓬勃发展。我国于 20 世纪 90 年代开始起步，但是发展迅速，在北京、上海及广州等大城市，相继建起了许多具有高水平的智能建筑。

现在智能建筑已经从单幢大楼发展到连片建筑群体，如办公大楼、高级宾馆、大型体育中心、商场、医院、学校、机场和车站等；从集中布局楼宇发展到地理分散的居民住宅小区等。

为了适应智能建筑工程建设发展的需要，有效地规范工程设计和提高设计质量。2000 年，我国正式发布实施《智能建筑设计标准》GB/T 50314—2000 等国家标准。2006 年和 2015 年，又先后发布了新的《智能建筑设计标准》该标准具有适时、适用和可操作性的特点，对智能建筑设计工作具有显著的指导意义。

2. 组成

我国新颁布的国家标准《智能建筑设计标准》GB/T 50314—2015 中指出，智能建筑（intelligent building）的定义为：

以建筑物为平台，基于对各类智能化信息的综合应用，集架构、系统、应用、管理及优化组合为一体，具有感知、传输、记忆、推理、判断和决策的综合智慧能力，形成以人、建筑、环境互为协调的整合体，为人们提供安全、高效、便利及可持续发展功能环境的建筑。

智能建筑的主要系统有工程架构、信息化应用系统、智能化集成系统、建筑设备管理系统、公共安全系统、应急响应系统及机房工程等。

（1）工程架构（engineering architecture）

以建筑物的应用需求为依据，通过对智能化系统工程的设施、业务及管理等应用功能做层次化结构规划，从而构成由若干智能化设施组合而成的架构形式。

智能化系统工程设施架构图如图 7-28 所示。

（2）信息化应用系统（information application system）

信息设施系统和建筑设备管理系统等智能化系统为基础，为满足建筑物的各类专业化业务、规范化运营及管理的需要，由多种类信息设施、操作程序和相关应用设备等组合而成的系统。

信息化应用系统应成为满足智能化系统工程应用需求及工程建设的主导目标。

基于目前信息化应用系统的状况，《智能建筑设计标准》中介绍了较普及并具有通用意义的若干信息化应用系统，随着信息科技的不断发展和信息化应用的持续挖掘的深入，将会研发和涌现出更多且日益完善的信息化新功能应用系统，并被人们认识和采用，为人们开创出智能化系统工程更为优良的功能前景。

1）采用生物识别技术，是满足智能卡应用系统不同安全等级应用模式的主要技术方式之一，生物识别技术主要类型为指纹识别、掌纹识别、人脸识别、手指静脉识别等，均由于其特有的高防伪特性已被高安全等级应用采纳。

2）为满足对建筑信息设施的规范化高效管理，信息设施运行管理系统应包括信息基础设施层、系统运行服务层、应用管理层及系统整体标准规范体系和安全保障体系等。该系统是支撑各类信息设施应用的有效保障，随着信息化应用功能的不断为信息设施运行管

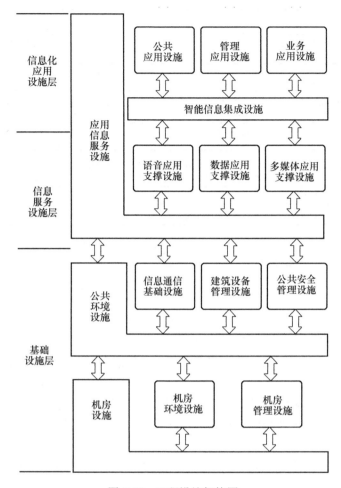

图 7-28　工程设施架构图

理系统架构图如图 7-29 所示。

3）在智能建筑的信息系统建设过程中，需按国家现行标准同步建设符合等级要求的信息安全设施。

4）通用业务系统是以符合该类建筑主体业务通用运行功能的应用系统，它运行在信息网络上，实现各类基本业务处理办公方式的信息化，具有存储信息、交换信息、加工信息及形成基于信息的科学决策条件等基本功能，并显现该类建筑物普遍具备基础运行条件的功能特征，它通常是以满足该类建筑物整体通用性业务条件状况功能的基本业务办公系统。

5）专业业务系统以该类建筑通用业务应用系统为基础（基本业务办公系统），实现该建筑物的专业业务的运营、服务和符合相关业务管理规定的设计标准等级，叠加配置若干支撑专业业务功能的应用系统。它通常是以各种类信息设备、操作程序和相关应用设施等组合具有特定功能的应用系统。其系统配置应符合相关的规范、管理的规定或满足相关应用的需要。

（3）智能化集成系统（intelligent integration system）

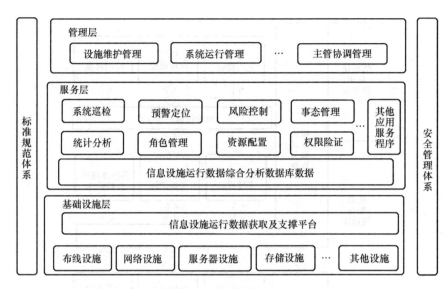

图 7-29 信息设施运行管理系统架构

为实现建筑物的运营及管理目标，基于统一的信息平台，以多种类智能化信息集成方式，形成的具有信息汇聚、资源共享、协同运行、优化管理等综合应用功能的系统。智能化集成系统应成为建筑智能化系统工程展现智能化信息合成应用和具有优化综合功效的支撑设施。

智能化集成系统功能的要求应以绿色建筑目标及建筑物自身使用功能为依据，满足建筑业务需求与实现智能化综合服务平台应用功效，确保信息资源共享和优化管理及实施综合管理功能等。

智能化集成系统架构要求采用合理的系统架构形式和配置相应的平台应用程序及应用软件模块，实现智能化系统信息集成平台和信息化应用程序运行的建设目标，智能化集成系统架构从以下展开：

1）集成系统平台，包括设施层、通信层、支撑层；

2）集成信息应用系统，包括应用层、用户层；

3）系统整体标准规范和服务保障体系，包括标准规范体系、安全管理体系。

智能化集成系统架构图如图 7-30 所示。在工程设计中宜根据项目实际状况采用合理的架构形式和配置相应的应用程序及应用软件模块。

智能化集成系统通信互联的要求确保纳入集成的多种类智能化系统按集成确定的内容和接口类型提供标准化和准确的数据通信接口，实现智能化系统信息集成平台和信息化应用的整体建设目标。

（4）信息设施系统（information facility system）

为满足建筑物的应用与管理对信息通信的需求，将各类具有接收、交换、传输、处理、存储和显示等功能的信息系统整合，形成建筑物公共通信服务综合基础条件的系统。

信息设施系统应为建筑智能化系统工程提供信息资源整合，并应具有综合服务功能的基础支撑设施。并以智能化系统工程设计标准、架构规划、系统配置为依据，分别从信息

240

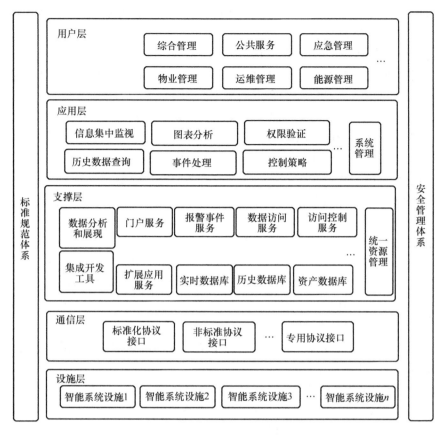

图 7-30　智能化集成系统架构图

通信基础设施（信息接入系统、布线系统、移动通信室内信号覆盖系统、卫星通信系统）、语音应用支撑设施（用户电话交换系统、无线对讲系统）、数据应用支撑设施（信息网络系统）、多媒体应用支撑设施（有线电视及卫星电视接收系统、公共广播系统、会议系统、信息导引及发布系统、时钟系统）等，对各系统提出满足建筑智能化系统工程设计所需的要求。各系统应适应数字技术发展及网络化传输的必然趋向，推行以信息网络融合及资源集聚共享的方式作全局性统一性规划和系统建设。

信息接入系统应满足建筑物内各类用户对信息通信的需求，并应将各类公共信息网和专用信息网引入建筑物内；应支持建筑物内各类用户所需的信息通信业务；宜建立以该建筑为基础的物理单元载体，并应具有对接智慧城市的技术条件；信息接入机房应统筹规划配置，并应具有多种类信息业务经营者平等接入的条件。

布线系统应满足建筑物内语音、数据、图像和多媒体等信息传输的需求；应根据建筑物的业务性质、使用功能、管理维护、环境安全条件和使用需求等，进行系统布局、设备配置和缆线设计；应遵循集约化建设的原则，并应统一规划、兼顾差异、路由便捷、维护方便；应适应智能化系统的数字化技术发展和网络化融合趋向，并应成为建筑内整合各智能化系统信息传递的通道；应根据缆线敷设方式和安全保密的要求，选择满足相应安全等级的信息缆线；应根据缆线敷设方式和防火的要求，选择相应阻燃及耐火等级的缆线；应配置相应的信息安全管理保障技术措施；应具有灵活性、适应性、可扩展性和可管理性系统设计应符合现行国家标准《综合布线系统工程设计规范》GB 50311—2016 的有关规定。

（5）建筑设备管理系统（building management system）

建筑设备管理系统是对建筑设备监控系统和公共安全系统等实施综合管理的系统。

1）建筑设备管理系统功能应符合下列规定：

① 应具有建筑设备运行监控信息互为关联和共享的功能；

② 宜具有建筑设备能耗监测的功能；

③ 应实现对节约资源、优化环境质量管理的功能；

④ 宜与公共安全系统等其他关联构建建筑设备综合管理模式。

2）建筑设备管理系统宜包括建筑设备监控系统、建筑能效监管系统，以及需纳入管理的其他业务设施系统等。

① 建筑设备监控系统应符合下列规定：

A. 监控的设备范围宜包括冷热源、供暖通风和空气调节、给水排水、供配电、照明、电梯等，并宜包括以自成控制体系方式纳入管理的专项设备监控系统等；

B. 采集的信息宜包括温度、湿度、流量、压力、压差、液位、照度、气体浓度、电量、冷热量等建筑设备运行基础状态信息；

C. 监控模式应与建筑设备的运行工艺相适应，并应满足对实时状况监控、管理方式及管理策略等进行优化的要求；

D. 应适应相关的管理需求与公共安全系统信息关联；

E. 宜具有向建筑内相关集成系统提供建筑设备运行、维护管理状态等信息的条件。

② 建筑能效监管系统应符合下列规定：

A. 能耗监测的范围宜包括冷热源、供暖通风和空气调节、给水排水、供配电、照明、电梯等建筑设备，且计量数据应准确，并应符合国家现行有关标准的规定；

B. 能耗计量的分项及类别宜包括电量、水量、燃气量、集中供热耗热量、集中供冷耗冷量等使用状态信息；

C. 根据建筑物业管理的要求及基于对建筑设备运行能耗信息化监管的需求，应能对建筑的用能环节进行相应适度调控及供能配置适时调整；

D. 应通过对纳入能效监管系统的分项计量及监测数据统计分析和处理，提升建筑设备协调运行和优化建筑综合性能。

3）建筑设备管理系统对支撑绿色建筑功效应符合下列规定：

① 基于建筑设备监控系统，对可再生能源实施有效利用和管理；

② 以建筑能效监管系统为基础，确保在建筑全生命期内对建筑设备运行具有辅助支撑的功能。

4）建筑设备管理系统应满足建筑物整体管理需求，系统宜纳入智能化集成系统。应适应数字化、网络化、平台化的发展，建立结构化架构及网络化体系。

5）系统设计应符合国家现行标准《建筑设备监控系统工程技术规范》JGJ/T 334—2014 和《绿色建筑评价标准》GB/T 50378—2014 的有关规范标准。

6）系统设计应符合现行国家标准《安全防范工程技术规范》GB 50348—2018、《入侵报警系统工程设计规范》GB 50394—2007、《视频安防监控系统工程设计规范》GB

50395—2007 和《出入口控制系统工程设计规范》GB 50396—2007 的有关规定。应拓展和优化公共安全管理的应用功能，应作为应急响应系统的基础系统之一。

（6）公共安全系统（public security system）

为维护公共安全，运用现代科学技术，具有以应对危害社会安全的各类突发事件而构建的综合技术防范或安全保障体系综合功能的系统。

1）公共安全系统应符合下列规定：

① 应有效地应对建筑内火灾、非法侵入、自然灾害、重大安全事故等危害人们生命和财产安全的各种突发事件，并应建立应急及长效的技术防范保障体系；

② 应以人为本、主动防范、应急响应、严实可靠。

2）公共安全系统宜包括火灾自动报警系统、安全技术防范系统和应急响应系统等。

① 火灾自动报警系统应符合下列规定：

A. 应安全适用、运行可靠、维护便利；

B. 应具有与建筑设备管理系统互联的信息通信接口；

C. 宜与安全技术防范系统实现互联；

D. 应作为应急响应系统的基础系统之一；

E. 宜纳入智能化集成系统；

F. 系统设计应符合现行国家标准《火灾自动报警系统设计规范》GB 50116—2013 和《建筑设计防火规范》GB 50016—2014（2018 版）的有关规定。

② 安全技术防范系统应符合下列规定：

A. 应根据防护对象的防护等级、安全防范管理等要求，以建筑物自身物理防护为基础，运用电子信息技术、信息网络技术和安全防范技术等进行构建；

B. 宜包括安全防范综合管理（平台）和入侵报警、视频安防监控、出入口控制、电子巡查、访客对讲、停车库（场）管理系统等；

C. 应适应数字化、网络化、平台化的发展，建立结构化架构及网络化体系；

D. 应拓展和优化公共安全管理的应用功能；

E. 应作为应急响应系统的基础系统之一；

F. 宜纳入智能化集成系统；

G. 系统设计应符合现行国家标准《安全防范工程技术规范》GB 50348—2018、《入侵报警系统工程设计规范》GB 50394—2007、《视频安防监控系统工程设计规范》GB 50395—2007 和《出入口控制系统工程设计规范》GB 50396—2007 的有关规定。

③ 应急响应系统（emergency response system）

为应对各类突发公共安全事件，提高应急响应速度和决策指挥能力，有效预防、控制和消除突发公共安全事件的危害，具有应急技术体系和响应处置功能的应急响应保障机制或履行协调指挥职能的系统。应急响应系统应符合下列规定：

A. 应以火灾自动报警系统、安全技术防范系统为基础。

B. 应具有下列功能：对各类危及公共安全的事件进行就地实时报警；采取多种通信方式对自然灾害、重大安全事故、公共卫生事件和社会安全事件实现就地报警和异地报警；管辖范围内的应急指挥调度；紧急疏散与逃生紧急呼叫和导引；事故现场应急处置等。

C. 应纳入建筑物所在区域的应急管理体系。

D. 总建筑面积大于 20000m² 的公共建筑或建筑高度超过 100m 的建筑所设置的应急响应系统，必须配置与上一级应急响应系统信息互联的通信接口。

（7）机房工程 engineering of electronic equipment plant

为提供机房内各智能化系统设备及装置的安置和运行条件，以确保各智能化系统安全、可靠和高效地运行与便于维护的建筑功能环境而实施的综合工程。

智能化系统机房宜包括信息接入机房、有线电视前端机房、信息设施系统总配线机房、智能化总控室、信息网络机房、用户电话交换机房、消防控制室、安防监控中心、应急响应中心和智能化设备间（弱电间、电信间）等，并可根据工程具体情况独立配置或组合配置。

总之，智能建筑系统工程设计，应根据建筑物的功能类别、管理需求及建设投资等实际情况，选择上述相关的系统。应贯彻国家关于节能、环保等方针政策，做到技术先进、经济合理、实用可靠。

（8）住宅建筑

下面我们以住宅建筑为例说明建筑智能化系统组成的配置。

住宅建筑智能化系统工程应符合下列规定：

1）应适应生态、环保、健康的绿色居住需求；

2）应营造以人为本，安全、便利的家居环境；

3）应满足住宅建筑物业的规范化运营管理要求。

住宅建筑智能化系统的配置见表 7-3。

住宅建筑智能化系统配置   表 7-3

	智能化系统	非超高层住宅建筑	超高层住宅建筑
信息化应用系统	公共服务系统	⊙	⊙
	智能卡应用系统	⊙	⊙
	物业管理系统	⊙	●
智能化集成系统	智能化信息集成（平台）系统	⊙	⊙
	集成信息应用系统	⊙	⊙
信息设施系统	信息接入系统	●	●
	布线系统	●	●
	移动通信室内信号覆盖系统	●	●
	无线对讲系统	⊙	⊙
	信息网络系统	●	●
	有线电视系统	●	●
	公共广播系统	⊙	⊙
	信息导引及发布系统	⊙	⊙
建筑设备管理系统	建筑设备监控系统	⊙	⊙
	建筑能效监管系统	○	○

244

续表

智能化系数			非超高层住宅建筑	超高层住宅建筑
公共安全系统		火灾自动报警系统	按国家现行有关标准进行配置	
	安全技术防范系统	入侵报警系统		
		视频安防监控系统		
		出入口控制系统		
		电子巡查系统		
		访客对讲系统		
		停车库（场）管理系统	⊙	⊙
机房工程		信息接入机房	●	●
		有线电视前端机房	●	●
		信息设施系统总配线机房	●	●
		智能化总控室	●	●
		消防控制室	⊙	●
		安防监控中心	●	●
		智能化设备间（弱电间）	●	●

注：1. 超高层住宅建筑：建筑高度为 100m 或 35 层及以上的住宅建筑。

2. ●—应配置；⊙—宜配置；○—可配置。

3. 智能建筑的优点

智能建筑是适应新时代经济发展、科技进步和生活水平提高的产物。主要优点有：

（1）提供安全、高效、便捷的工作环境　智能建筑的公共安全系统可以确保人身和财产安全，能对灾害和突发事件具有快速反应和防范保障的能力。先进的信息设施和信息化应用系统提供了现代化的通信手段与办公条件。用户可以及时获得最新的金融、商业和科技等信息，通过工作业务应用系统进行统计分析，及时发布信息，进行有效的业务活动，创造更大的经济效益。

（2）节能环保　现代建筑物空调和照明的能耗约占其总能耗的70%左右。通过智能化设备管理系统的控制、管理，充分利用自然光和大气冷热量来调节室内环境，区分"工作"与"非工作"时间，对室内环境实施不同标准的控制模式，可以最大限度降低能耗，"节能减排"减少环境污染。

（3）提供健康、舒适的建筑环境　智能建筑对建筑物的物理环境、光环境、电磁环境和空气质量，即整体建筑环境都有一定的要求。建筑设备智能化控制、管理，能根据用户的不同需求，提供室内适宜的温度、湿度、照明和良好的空气质量，创造了健康、舒适的工作、学习和生活环境。

4. 综合布线

在智能建筑和其他建筑与建筑群中，各种信息系统广泛地采用不同要求的布线系统，为了规范建筑与建筑群的语音、数据、图像及多媒体业务综合网络建设，我国制定颁布了《综合布线系统工程设计规范》GB 50311—2016。该规范适用于新建、扩建、改建建筑与建筑群综合布线系统工程设计。

（1）基本构成

布线是指能够支持电子信息设备相连的各种缆线、跳线、接插软线和连接器件组成的系统。综合布线系统应为开放式网络拓扑结构，应能支持语音、数据、图像、多媒体等业务信息传递的应用。

综合布线系统的基本构成应包括建筑群子系统、干线子系统和配线子系统（图7-31）。配线子系统中可以设置集合点（CP）。

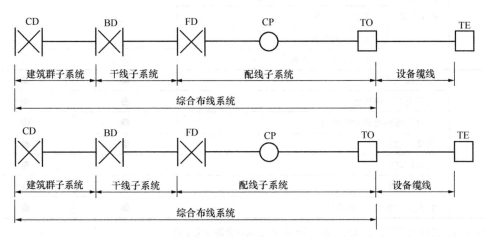

图7-31 综合布线系统基本构成

CD——建筑群配线设备（campus distributor）终接建筑群主干缆线的配线设备。

BD——建筑物配线设备（building distributor）为建筑物主干缆线或建筑群主干缆线终接的配线设备。

CP——集合点（consolidation point）楼层配线设备与工作区信息点之间水平缆线路由中的连接点。

FD——楼层配线设备(floor distributor)终接水平缆线和其他布线子系统缆线的配线设备。

TO——信息点（telecommunications outlet）缆线终接的信息插座模块。

TE——终端设备。

（2）综合布线系统工程设计一般规定

1）一个独立的需要设置终端设备（TE）的区域宜划分为一个工作区。工作区应包括信息插座模块（TO）、终端设备处的连接缆线及适配器。

2）配线子系统应由工作区内的信息插座模块、信息插座模块至电信间配线设备（FD）的水平缆线、电信间的配线设备及设备缆线和跳线等组成。

3）干线子系统应由设备间至电信间的主干缆线、安装在设备间的建筑物配线设备（BD）及设备缆线和跳线组成。

4）建筑群子系统应由连接多个建筑物之间的主干缆线、建筑群配线设备（CD）及设备缆线和跳线组成。

5）设备间应为在每栋建筑物的适当地点进行配线管理、网络管理和信息交换的场地。综合布线系统设备间宜安装建筑物配线设备、建筑群配线设备、以太网交换机、电话交换机、计算机网络设备。入口设施也可安装在设备间。

6) 进线间应为建筑物外部信息通信网络管线的入口部位，并可作为入口设施的安装场地。

7) 管理应对工作区、电信间、设备间、进线间、布线路径环境中的配线设备、缆线、信息插座模块等设施按一定的模式进行标识、记录和管理。

（3）综合布线系统的构成一般规定

1) 综合布线系统设施的建设，应纳入建筑与建筑群相应的规划设计之中，根据工程项目的性质、功能、环境条件和近、远期用户需求进行设计，应考虑施工和维护方便，确保综合布线系统工程的质量和安全，做到技术先进、经济合理。

2) 综合布线系统宜与信息网络系统、安全技术防范系统、建筑设备监控系统等的配线作统筹规划，同步设计，并应按照各系统对信息的传输要求，做到合理优化设计。

3) 综合布线系统工程设计中应选用出具合格检验报告、符合国家有关技术要求的定型产品。

（4）屏蔽布线系统的选用一般规定

1) 当综合布线区域内存在的电磁干扰场强高于3V/m时，宜采用屏蔽布线系统。

2) 用户对电磁兼容性有电磁干扰和防信息泄漏等较高的要求时，或有网络安全保密的需要时，宜采用屏蔽布线系统。

3) 安装现场条件无法满足对绞电缆的间距要求时，宜采用屏蔽布线系统。

4) 当布线环境温度影响到非屏蔽布线系统的传输距离时，宜采用屏蔽布线系统。

5) 屏蔽布线系统应选用相互适应的屏蔽电缆和连接器件。

（5）综合布线系统在弱电系统中的应用

1) 综合布线系统应支持具有 TCP/IP 通信协议的视频安防监控系统、出入口控制系统、停车库（场）管理系统、访客对讲系统、智能卡应用系统，建筑设备管理系统、能耗计量及数据远传系统、公共广播系统、信息导引（标识）及发布系统等弱电系统的信息传输。

2) 综合布线系统支持弱电各子系统应用时，应满足各子系统提出的下列条件：传输带宽与传输速率；缆线的应用传输距离；设备的接口类型；屏蔽与非屏蔽电缆及光缆布线系统的选择条件；以太网供电（POE）的供电方式及供电线对实际承载的电流与功耗；各弱电子系统设备安装的位置、场地面积和工艺要求。

（6）光纤到用户单元通信设施一般规定

1) 在公用电信网络已实现光纤传输的地区，建筑物内设置用户单元时，通信设施工程必须采用光纤到用户单元的方式建设。

2) 光纤到用户单元通信设施工程的设计必须满足多家电信业务经营者平等接入、用户单元内的通信业务使用者可自由选择电信业务经营者的要求。

3) 新建光纤到用户单元通信设施工程的地下通信管道、配线管网、电信间、设备间等通信设施，必须与建筑工程同步建设。

4) 用户接入点应是光纤到用户单元工程特定的一个逻辑点，设置应符合下列规定：

每一个光纤配线区应设置一个用户接入点；用户光缆和配线光缆应在用户接入点进行互联；只有在用户接入点处可进行配线管理；用户接入点处可设置光分路器。

例如当单栋建筑物作为1个独立配线区时，用户接入点应设于本建筑物综合布线系统设备间或通信机房内，但电信业务经营者应有独立的设备安装空间（图 7-32）。

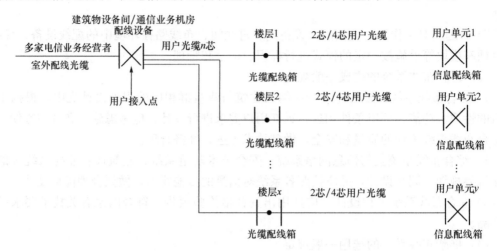

图 7-32　用户接入点设于单栋建筑物内设备间

说明：

1）每一个用户单元区域内应设置 1 个信息配线箱，并应安装在柱子或承重墙上不被变更的建筑物部位。

2）综合布线系统光纤信道应采用标称波长为 850nm 和 1300nm 的多模光纤（OM1、OM2、OM3、OM4），标称波长为 1310nm 和 1550nm（OS1），1310nm、1383nm 和 1550nm（OS2）的单模光纤。

（7）传输介质

在智能建筑的布线系统中，根据使用的不同要求，采用不同的传输介质，主要有以下几种。

1）双绞线　双绞线由两条绝缘铜导线排成匀称的螺旋状组成，一对线作为一条通信线路。通常一定数量的双绞线捆成一个电缆，外面包着保护护套。根据是否有屏蔽层，双绞线可分为非屏蔽双绞线（UTP）和屏蔽双绞线（FTP、STP 等）。目前局域网中最常用的是 4 对非屏蔽双绞线，用来传输模拟信号（电话网，视频信号等），距离限制在 100m 的范围内。

2）同轴电缆　同轴电缆的组成是最里层为内芯（铜导线）、向外依次是绝缘层、屏蔽层（密集网状导线），最外层是保护塑料外套，内芯和屏蔽层构成一对导体。金属屏蔽层能将磁场反射回中心导体，同时也使中心导体免受外界干扰，故同轴电缆具有更高的带宽和更好的噪声抑制特性。同轴电缆分为基带同轴电缆（阻抗为 50Ω）和宽带同轴电缆（阻抗为 75Ω）。

一般特性阻抗 50Ω 细同轴电缆最大传输距离为 180m，粗同轴电缆传输数字信号的距离可达 1000m。通常在智能建筑中，同轴电缆主要用作有线电视网的传输介质，进行视频图像通信和交互式信息服务。在闭路电视监控系统中，也大量使用同轴电缆传输视频信号。

3）光纤　光纤是光导纤维的简称，是传导光波的媒质。光纤利用光的全反射来传输携带电信号的光线，光波覆盖可见光频谱和部分红外频谱。目前已经采用的多模光纤结构

为直径 $50\sim75\mu m$ 的玻璃纤维芯线和适当厚度的玻璃包层构成，外壳为塑料保护层。

光纤通信系统可以传输数字信号、模拟信号、语音、图像、数据或多媒体信息。它具有容许频带宽、传输量大、损耗低、抗电磁干扰、保密性好、光纤线径细、质量轻、柔软以及原材料资源丰富等特点。所以，光纤通信替代铜网已经成为宽带建设的主流。光纤的缺点为质地脆、机械强度低、连接比较困难及弯曲半径不宜太小等，但是这些缺点在技术上都可以克服。

在智能建筑中，光纤用来传输模拟信号（如多路视频信号）和数字信号。在计算机网络中，光纤主要构建网络的干线传输系统。

附　录

附录Ⅰ　电气简图常用的图形符号

1. 常用图形符号

图形符号	说　　明	图形符号	说　　明
——	直流	柔软导线	柔软导线
~	交流	屏蔽导线	屏蔽导线
3N~50Hz380V	交流、三相 50 Hz、380 V		向上、向下配线
	交直流		
	具有交流分量的整流电流		垂直通过配线
N	中性线		
M	中间线	o　●	端子
PE	保护接零(地)线	Ø	可拆卸的端子
PEN	保护和中性共用线	11 12 13 14	端子板
L_1、L_2、L_3 U、V、W	交流电第一、二、三相(黄、绿、红)		导线的连接
+	正极		导线的多线连接
—	负极		
	接地一般符号		导线的不连接
	保护接地		插座和插头
	接机壳或接底板		接通的连接片
	等电位		断开的连接片
	故障		电缆密封终端头
	导线电缆、电路		电阻器一般符号
3	三根导线		可调电阻器(电位器)

250

图形符号	说　　明	图形符号	说　　明
	滑线式变阻器		电抗器、扼流图
	热敏电阻器		三相变压器星形——三角形连接
	电容器一般符号		
	可调电容器		电流互感器、脉冲变压器
	半导体二极管一般符号		
	发光二极管		动合(常开)触点、开关
	光电二极管		动断(常闭)触点
	稳压二极管		先断后合的转换触点
	晶体闸流管(P型控制极)		
	晶体闸流管(N型控制极)		中间断开的双向触点
	PNP型半导体三极管		吸合时延时闭合的动合触点
	NPN型半导体三极管		释放时延时断开的动合触点
	电感器、线圈、绕组扼流圈		释放时延时闭合的动断触点
	双绕组变压器		吸合时延时断开的动断触点
	三绕组变压器		吸合时延时吸合和释放时延时断开的动合触点
	自耦变压器		多极开关(三极)

图形符号	说　明	图形符号	说　明
	手动开关一般符号		熔断器式隔离开关
	动合按钮开关		熔断器式负荷开关
	动断按钮开关		火花间隙
	旋转开关、旋钮开关		避雷器
	行程开关、动合触点		避雷针
	行程开关、动断触点	V	电压表
	接触器的动合触点	A	电流表
	接触器的动断触点	Hz	频率表
	操作器件的绕组符号		示波器
	具有两个绕组的操作器件	W	记录式功率表
	缓放继电器的线圈	Wh	电度表（瓦特小时计）
	缓吸继电器的线圈	G	发电机
	热继电器的驱动器件	G	直流发电机
	熔断器一般符号	G	交流发电机
	跌开式熔断器	M	电动机
		M	直流电动机
		M	交流电动机

图形符号	说　明	图形符号	说　明
M 3~	三相鼠笼式异步电动机	◎	按钮一般符号
M 3~	三相绕线式异步电动机	□　□□	按钮盒
	热电偶	▭	屏、盘、架一般符号（可用文字符号或型号表示设备名称）
	钟一般符号		地下线路
	电喇叭		具有埋入地下连接点的线路
	电铃		架空线路
	蜂鸣器		管道线路
	扬声器	○	盒、箱一般符号
○─○	直流电焊机		带配线的用户端
⊕	交流电焊机		配电中心
∞	风扇一般符号	⊙	连接盒或接线盒
○	规划（设计）的变电所、配电所		动力或动力—照明配电箱
	运行的变电所、配电所		照明配电箱
	移动发电站		事故照明配电箱（屏）
	杆上变电站		电源自动切换箱
	地下变电所		多种电配电箱（屏）
	有线广播台、站		自动开关箱
			刀开关箱
		○○▶	防爆型按钮盒
		◎	带指示灯的按钮

图形符号	说　明	图形符号	说　明
电锁			带熔断器的刀开关箱
报警器			组合开关箱
警卫信号探测器			分线盒的一般符号 注：可加注 $\dfrac{A-B}{C}D$ A—编号；B—容量； C—线序；D—用户数
警卫信号区域报警器			室内分线盒
警卫信号总报警器			室外分线盒
电磁阀			分线箱
电磁制动器			壁龛分线箱
熔断器箱			

2. 插座、开关和照明图形符号

图形符号	说　明	图形符号	说　明
单相插座			暗装
暗装			密闭（防水）
密闭（防水）			防爆
防爆			插座箱
带接地插孔的单相插座			多个插座（示出三个）
暗装			具有护板的插座
密闭			具有单极开关的插座
防爆			具有连锁开关的插座
带接地插孔的三相插座			

254

图 形 符 号	说　明	图 形 符 号	说　明
	电信插座的一般符号 注：可用文字或符号加以区别如：（1）TP—电话；（2）TX—电传；（3）M—传声器；（4）TV—电视；（5）FM—调频		信号灯一般符号 注：可在近旁标出颜色、类型
	带熔断器的插座		闪光型信号灯
	开关一般符号		投光灯一般符号
	单极开关		聚光灯
	暗装		泛光灯
	密闭（防水）		荧光灯一般符号
	防爆		三管荧光灯
	双极开关（暗装）		在专用电路上的事故照明灯
	三极开关（暗装）		应急灯
	单极拉线开关		深照型灯
	单极双控拉线开关		广照型灯
	单极限时开关		防水防尘灯
	双控开关（单极三线）		局部照明灯
	具有指示灯的开关		安全灯
	钥匙开关		防爆灯
			球形灯
			天棚灯
	风扇调整开关、多位开关（不同照度）		花灯
			壁灯

3. 电力设备的标注方法

图形符号	说　　明
$\bigcirc^{A-B}_{C}$	电杆的一般符号(单杆、中间杆) 注：A—杆材或所属部门；B—杆长；C—杆号
$\overset{a\frac{b}{c}Ad}{\longrightarrow\!\bigcirc\!\longrightarrow}$ $\overset{a\frac{b}{c}Ad}{\longrightarrow\!\bigcirc\!\longrightarrow}\!\downarrow$	带照明灯的电杆 (1)一般画法 注：a—编号；b—杆型；c—杆高；d—容量；A—连接相序 (2)需要示出灯具的投照方向时
$a\dfrac{b}{c}$ 或 $a-b-c$ $a\dfrac{b-c}{d(e\times f)-g}$	电力和照明设备 (1)一般标注方法 (2)当需要标注引入线的规格时 　a—设备编号；b—设备型号；c—设备功率(kW)；d—导线型号；e—导线根数；f—导线截面(mm^2)；g—导线敷设方式及部位 　(敷设方式，例如：M明设，A暗设，S用钢索敷设，CP用瓷瓶或瓷珠，CB用木板、塑料或金属线槽板，G穿焊接钢管，DG穿电线管)；(敷设部位，例如：L—沿梁，Z—沿柱，Q—沿墙，D—沿地板，P—沿屋面或顶棚等)
$a\dfrac{b}{c/i}$ 或 $a-b-c/i$ $a\dfrac{b-c/i}{d(e\times f)}$	开关及熔断器 (1)一般标注方法 (2)当需要标注引入线的规格时 注：a—设备编号；b—设备型号；c—额定电流(A)；i—整定电流(A)；d—导线型号；e—导线根数；f—导线截面(mm^2)；g—导线敷设方式
$a/b-c$	照明变压器： 注：a——次电压(V)；b—二次电压(V)；c—额定容量(VA)
$a-b\dfrac{c\times d\times L}{e}f$ $a-b\dfrac{c\times d\times L}{-}$	照明灯具 (1)一般标注方法 (2)灯具吸顶安装 注：a—灯数；b—型号或编号；c—每盏照明灯具的灯泡数；d—灯泡安装高度(m)；f—安装方式(例如：D吸顶式，B墙壁安装，X线吊式，L链吊式，G管吊式)；L—光源种类(例如：IN白炽灯，FL荧光灯，Na钠灯，I碘钨灯，RD红色等)
⑮ 　●a ●$\dfrac{a-b}{c}$	最低照度(示出15lx) 照明度检查点 (1)a：水平照度(lx) (2)a-b：双侧垂直照度(lx) 　　c：水平照度(lx)
$\dfrac{a-b-c-d}{e-f}$	电缆与其他设施交叉点 注：a—保护管根数；b—保护管直径(mm)；c—管长(m)；d—地面标高(m)；e—保护管埋设深度(m)；f—交叉点坐标
$\nabla^{\pm 0.000}$ $\blacktriangledown\,{\pm 0.000}$	安装或敷设标高(m) (1)用于室内平面、剖面图上 (2)用于总平面图上的室外地面

附录Ⅱ 电气技术中常用的文字符号

项目代号	项目种类	举例 电器种类	电器代号
A	组件部件	激光器、调节器	A
		晶体管放大器	AD
		集成电路放大器	AJ
		磁放大器	AM
		电子管放大器	AV
		印刷电路板	AP
		抽屉	AT
		框架	AR
B	非电量—电量转换器或电量—非电量转换器	光电管、测力计、石英转换器、扩音器（话筒）、拾音器、扬声器、同步解算器	B
		模拟和多级数字转换器（作指示和测量用）	
		压力转换器	BP
		位置转换器	BQ
		转速转换器（测速发电机）	BR
		温度转换器	BT
		速度转换器	BV
C	电容器		C
D	二进制元件延时器件存储器 数字器件	数字集成电路和器件、延迟线；双稳态元件、单稳态元件、寄存器、磁芯存储器、磁带记录器	D
E	其他元器件	本表未列出的器件	E
		发热电器件	EI
		照明灯	EL
		空气调节器	EV
F	保护器件	过电压放电器件、避雷器	F
		瞬时动作限流保护器件	FA
		延时动作限流保护器件	FR
		延时和瞬时动作限流保护器件	FS
		可熔保险器	FU
		限电压保护器件	FV
G	发电机 发生器	旋转发电机、（石英）振荡器	G
		蓄电池	GB
		旋转或静止变频器	GF
		发生器	GS

项目代号	项目种类	举 例	
		电 器 种 类	电器代号
H	信号器件	音响信号器件	HA
		光信号器件、指示灯	HL
K	继电器 接触器	瞬时接触器式继电器、交流继电器	KA
		瞬时通断继电器	KL
		锁扣接触器式继电器（具有锁扣或永久磁铁的通断继电器） 双稳态继电器	
		接触器	KM
		极化继电器	KP
		簧片继电器	KR
		延时通断继电器	KT
L	电感器 电抗器	电感线圈、电抗器（并联或串联）、电路陷波器	L
M	电动机		M
N	模拟器件	运算放大器、模拟/数字混合器件	N
P	测量设备 试验设备	指示、记录和积算测量仪、信号发生器	P
		安培表	PA
		脉冲计数器	PC
		电度表	PJ
		记录仪	PS
		时钟、操作时间表	PT
		电压表	PV
Q	电力线路的机械开关器件	断路器	QF
		电动机的保护开关	QM
		隔离开关	QS
R	电阻器	固定式可调电阻器	R
		电位器	RP
		测量分流器	RS
		热敏电阻	RT
		压敏电阻	RV
S	控制、记忆、信号、电路的开关器件	控制开关、选择开关	SA
		按钮开关（包括电子接近探测器）	SB
		机械或电子式通断传感器（单级数字传感器）	
		液压传感器	SL
		压力传感器	SP
		接近传感器（极限开关）	SQ
		转数传感器	SR
		温度传感器	ST

项目代号	项目种类	举 例	
		电 器 种 类	电器代号
T	变流器 变压器	电流互感器	TA
		控制电路电源变压器	TC
		电力变压器	TM
		磁稳压器	TS
		电压互感器	TV
U	调制器 交换器	监频器、解调器、变频器、编码器、整流器、逆变器、电报译码器	U
V	电子管 半导体器件	电子管、气体放电管、二极管、晶体管、晶闸管	V
		控制电路用电源的整流器	VC
W	传输通道 天线	导线、电缆、汇流条、偶极天线	W
X	接线座 插头 插座	连接片	XB
		试验插孔	XJ
		插头	XP
		插座	XS
		接线端子板	XT
Y	电动器件	电磁铁	YA
		电磁制动器	YB
		电磁离合器	YC
		电磁卡盘,电磁吸盘	YH
		电动阀	YM
		电磁阀	YV
Z	终端设备 混合变压器 滤波器 均衡器 限幅器	电缆平衡网络、压缩扩展器、晶体滤波器、网络	Z

附录Ⅲ 三相异步电动机技术数据

Y系列全封闭自扇冷鼠笼型三相异步电动机，额定电压380V，频率50Hz

型　号	功　率 （kW）	电　流 （A）	转　速 （r/min）	效　率 （%）	功率因数 （cosφ）	堵转转矩 额定转矩	堵转电流 额定电流	最大转矩 额定转矩
Y90S-2	1.5	3.4	2840	79	0.85	2.2	7.0	2.2
Y90L-2	2.2	4.7	2840	82	0.86	2.2	7.0	2.2
Y100L-2	3	6.4	2880	82	0.87	2.2	7.0	2.2
Y112M-2	4	8.2	2890	85.5	0.87	2.2	7.0	2.2
Y132S₁-2	5.5	11.1	2900	85.5	0.88	2.0	7.0	2.2
Y132S₂-2	7.5	15.0	2900	86.2	0.88	2.0	7.0	2.2
Y160M₁-2	11	21.8	2930	87.2	0.88	2.0	7.0	2.2
Y160L-2	18.5	35.5	2930	89	0.89	2.0	7.0	2.2
Y280S-2	75	140	2970	91.4	0.89	2.0	7.0	2.2
Y280M-2	90	167	2970	92	0.89	2.0	7.0	2.2
Y90S-4	1.1	2.7	1400	79	0.78	2.2	6.5	2.2
Y90L-4	1.5	3.7	1400	79	0.79	2.2	6.5	2.2
Y100L₁-4	2.2	5.0	1400	81	0.81	2.2	7.0	2.2
Y100L₂-4	3	6.8	1420	82.5	0.82	2.2	7.0	2.2
Y112M-4	4	8.8	1440	84.5	0.82	2.2	7.0	2.2
Y132S-4	5.5	11.6	1440	85.5	0.84	2.2	7.0	2.2
Y132M-4	7.5	15.4	1440	87	0.85	2.2	7.0	2.2
Y160M-4	11	22.6	1460	88	0.84	2.2	7.0	2.2
Y160L-4	15	30.3	1460	88.5	0.85	2.2	7.0	2.2
Y280S-4	75	139.7	1480	92.7	0.88	1.9	7.0	2.2
Y280M-4	90	164.3	1480	93.5	0.89	1.9	7.0	2.2
Y90S-6	0.75	2.3	910	72.5	0.70	2.0	6.0	2.0
Y90L-6	1.1	3.2	910	73.5	0.72	2.0	6.0	2.0
Y100L-6	1.5	4.0	940	77.5	0.74	2.0	6.0	2.0
Y112M-6	2.2	5.6	940	80.5	0.74	2.0	6.0	2.0
Y132S-6	3	7.2	960	83	0.76	2.0	6.5	2.0
Y132M₁-6	4	9.4	960	84	0.77	2.0	6.5	2.0
Y160M-6	7.5	17.0	970	86	0.78	2.0	6.5	2.0
Y160L-6	11	24.6	970	87	0.78	2.0	6.5	2.0
Y280S-6	45	85.4	980	92	0.87	1.8	6.5	2.0
Y280M-6	55	104.9	980	91.6	0.87	1.8	6.5	2.0
Y132S-8	2.2	5.8	710	81	0.71	2.0	5.5	2.0
Y132M-8	3	5.7	710	82	0.72	2.0	5.5	2.0
Y160S-8	4	9.9	720	84	0.73	2.0	6.0	2.0
Y160LM-8	7.5	17.7	720	86	0.75	2.0	5.5	2.0
Y280S-8	37	78.7	740	91	0.79	1.8	6.0	2.0
Y280M-8	45	93.2	740	91.7	0.80	1.8	6.0	2.0

JZR$_2$ 转子绕线式起重用三相异步电动机，额定电压 380V，频率 50Hz，S$_3$ 断续定额运行工作方式，负载持续率为 25%。

型　号	功率 (kW)	转速（r/min）		功率因数 (cosφ)	效　率 (%)	定子电流 (A)	转子开路电压（V）	转子电流 (A)
		同步	最大					
JZR$_2$-12-6	3.5	1000	2500	0.73	72	10.1	206	12
JZR$_2$-21-6	5	1000	2500	0.75	73	13.8	192	18
JZR$_2$-31-8	7.5	750	1900	0.69	80	20.6	186	27
JZR$_2$-42-8	16	750	1900	0.70	82	42.1	215	49
JZR$_2$-51-8	22	750	1900	0.77	85	50	220	64
JZR$_2$-61-10	30	600	1500	0.71	86.8	74.2	144	133

附录 Ⅳ 导线型号与线路敷设代号

1. 导线、电缆型号（500V 以下）

型 号	说 明
BV、BLV	铜芯、铝芯聚氯乙烯绝缘电线
BVV、BLVV	铜芯、铝芯塑料绝缘护套线
BX、BLX	铜芯、铝芯橡皮绝缘电线
VV、VLV	铜芯、铝芯聚氯乙烯绝缘，聚氯乙烯护套内钢带铠装电力电缆
XV、XLV	铜芯、铝芯橡皮绝缘电力电缆
ZQ、ZL	铅护套、铝护套油浸纸绝缘电力电缆

2. 线路敷设方式

英文代号	汉语拼音代号	说 明
CT		用电缆桥架、托盘敷设
PEC	ZVG	用半硬塑料管敷设
K	CP	用瓷瓶、瓷柱式绝缘子敷设
PC	VG	用硬质塑料管敷设
PCL	VT	用塑料夹敷设
PL	CJ	用瓷夹敷设
PR	XC	用塑料线槽敷设
SC	G	用水燃气钢管敷设
SR	GC	用金属线槽敷设
TC	DG	用薄电工钢管敷设

3. 线路敷设部位

英文代号	汉语拼音代号	说 明
ACE	PNM	在能进入的吊顶内敷设
AC	PNA	暗敷在不能进入的吊顶内
BC	LA	暗敷在梁内
BE	LM	沿屋架或屋架下弦敷设
CC	PA	暗敷在屋面内或顶板内
CE	PM	沿天棚敷设
CLC	ZA	暗敷在柱内
CLE	ZM	沿柱敷设
FC	DA	暗敷在地面内或地板内
SR	S	沿钢索敷设
WC	QA	暗敷在墙内
WE	QM	沿墙敷设

主 要 参 考 文 献

［1］ 朱克编著. 建筑电工(第二版). 北京：中国建筑工业出版社，2008.

［2］ 陈继文编著. 电梯控制原理及其应用. 北京：北京邮电大学出版社，2012.

［3］ 梅霆等编著. 半导体照明技术现状与应用前景. 广州：广东经济出版社，2015.

［4］ 濮容生等编著. 消防工程. 北京 ：中国电力出版社，2007.

［5］ 陈龙等编著. 智能建筑安全防范系统及应用. 北京：机械工业出版社，2007.

［6］ 中华人民共和国建设部. 建筑照明设计标准. 北京：中国建筑工业出版社，GB 50034.

［7］ 中华人民共和国建设部. 安全防范工程技术规范. 北京：中国计划出版社，GB 50348.

［8］ 中华人民共和国建设部. 建筑设计防火规范. 北京：中国计划出版社，GB 50116.

［9］ 中华人民共和国建设部. 智能建筑设计标准. 北京：中国计划出版社，GB 50316.

［10］ 中华人民共和国建设部. 综合布线系统工程设计规范. 北京：中国计划出版社，GB 50311